理系
ジェネラリスト
への手引き

いま必要とされる 知 と リテラシー

岡村定矩
三浦孝夫
玉井哲雄
伊藤隆一
[編]

日本評論社

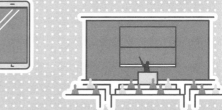

まえがき

　この『理系ジェネラリストへの手引き』は，法政大学理工学部の創生科学科から第一期の卒業生が出ることを記念して出版するものです．しかし，この本は，単に創生科学科の卒業生と在学生にとどまらず，広く社会を支えている方々，支えるであろう新社会人，そして理系文系を問わずどこの大学の学生さんにも使ってもらうことを想定して作られたものです．

　本書は，社会人が仕事や打ち合わせで，あるいは大学生が授業，実験やレポートで，迷う，確かめたい，わからないとき，即役立つハンドブック的な性格を持っています．さまざまな現場で，仕事，調査，実験をデザインし，計画を立てるときの確認手段として，またいろいろな事柄の関連を調べる読み物として使ってほしいと思います．

　各章は，丁寧に書けばそれぞれ一冊の本に相当する内容を持つものですが，本書では本質部分のみをわかりやすく抽出しています．一見まとまりがなく羅列的に見えますが，ハンドブック的な使いやすさを重視したものです．そのときどきで必要なところを見ることを想定していますが，本の構成は次ページの図に示すような考え方と流れに沿ったものです．

　創生科学科が主張する「科学のみちすじ」は，考え方・思想としての物理（物の真理）と扱い方である数理（数学）からなっていますが，本書では実際面である扱い方を重視しています．

　第1章（Chapter 1）「理系ジェネラリストと創生科学」では，創生科学科の設立とその理念を紹介しています．創生科学科は，法政大学小金井キャンパスにある理工学部に属しています．理工学部は，機械，電気，情報，経営の4工学科と「創生科学科」とから成り立っています．創生科学科は，名前のとおり「科学」を基礎とする学科であり，もの作りを目指す工（技術）に対し，真理探究の理（科学）を目指しています．ただし最先端技術の追求は「科

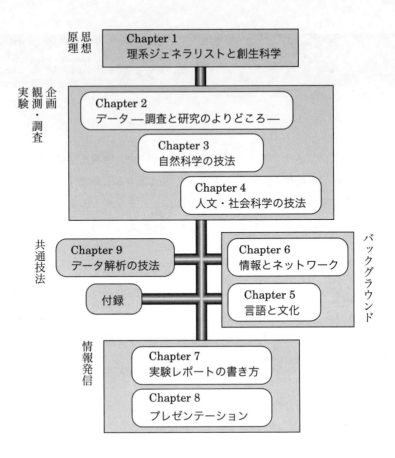

学」を基礎としていますから，その意味では，創生科学科は理工すべてを包含した学科といえます．本書を執筆した創生科学科の教員が専門とする「科学」の範囲は，いわゆる理系から文系まで，自然科学，技術，人文科学，社会科学のすべてにおよんでいます．

　第2章以降は，科学の基本であるデータの扱い方，モデル化，理論化という実際面に入ります．なんといっても科学は，実験，観測，観察，調査からデータを収集し，そこから「情報」を抽出することが基本です．そしてデータは，定量化し数値として扱わなければなりません．そしてこれが科学における共通の基盤です．第2章(Chapter 2)「データ—調査と研究のよりどころ—」では，尺度論から始めて，誤差と有効数字を解説し，さまざまなデー

タ収集法とその注意点を述べます．最後にデータ収集の拠点としての図書館の役割を利用者の立場で解説します．

「科学」は広い分野を対象としていますので，分野ごとに歴史もあり，用いられる技法にも違いがあります．第3章（Chapter 3）「自然科学の技法」では，自然，技術を対象とし，第4章（Chapter 4）「人文・社会科学の技法」では，人文・社会を対象としました．第5章（Chapter 5）「言語と文化」と第6章（Chapter 6）「情報とネットワーク」で扱うものは多岐にわたりますが，それらは現代科学すべてのバックグラウンドといえるでしょう．

第7章と8章は，未来の自分を含めた外部への情報の発信と情報の蓄積への活用を目的としました．報告やプレゼンテーションが必要になったときに見直すと有効でしょう．第7章（Chapter 7）「実験レポートの書き方」では，実験とはどういうものかを述べた上で，学生実験のレポートの書き方を，グラフの描き方も含めて紹介しました．より高度な実験に携わるようになっても参考になるはずです．第8章（Chapter 8）「プレゼンテーション」では，プレゼンテーションの基本的な技法を，スライド作成の実例を挙げて解説しました．

第9章（Chapter 9）「データ解析の技法」は，現代社会で文系・理系を問わず重要な分析手段となっている統計の基本手法を，応用を視野に入れて丁寧に解説しています．内容が豊富ですので最終章におきました．そして最後に数表や数値など便利なデータをまとめた付録がついています．参考文献は本文中に逐次記載するのではなく，おもなもののみを巻末に章ごとにまとめました．その中で本文中で直接引用したものは，たとえば，本文中で（猪谷千香，2014）と表記し，巻末では，猪谷千香著『つながる図書館』，ちくま新書，2014年，としています．

最後に，国立天文台の八木雅文，田中賢幸両氏には，9.1–9.3節の原稿を見て有益なコメントをいただきました．また日本評論社の佐藤大器氏には，本書の内容や構成について示唆をいただき，出版にこぎつけるためにご尽力いただきました．ここに感謝いたします．

2015年2月　春日　隆

目次

まえがき   i

Chapter 1   理系ジェネラリストと創生科学   1

1.1   なぜ「理系」ジェネラリストか 1

1.2   古くて新しい科学—創生科学の試み 3

  1.2.1   アトミズムとホーリズム 3

  1.2.2   アリストテレスの「学の体系」 4

  1.2.3   カントの認識論とチョムスキーの普遍文法 5

  1.2.4   創生科学 7

1.3   理系ジェネラリストへの道 9

Chapter 2   データ—調査と研究のよりどころ—   13

2.1   量の測定と尺度 13

  2.1.1   計測と測定と基準 13

  2.1.2   量についての認識と量の捉え方 15

  2.1.3   量を数として捉える公準 19

  2.1.4   さまざまな尺度 20

2.2   誤差と有効数字 25

  2.2.1   物理量の測定誤差と表記 26

  2.2.2   有効数字 29

  2.2.3   数値実験における計算誤差 33

2.3   データ収集法 36

  2.3.1   標本抽出と標本誤差 36

  2.3.2   観測と観察 38

  2.3.3   実験とフィールド調査 38

  2.3.4   文献資料や記録の調査 40

2.4   図書館の役割 43

  2.4.1   大学図書館の役割 43

| | 2.4.2 | 公共図書館の役割 | 46 |

Chapter 3 自然科学の技法   48

3.1	連続量のモデリング	48
3.2	確率によるモデリング	52
3.3	統計量によるモデリング	55
	3.3.1 ラッシュモデルを使ったテスト分析	55
	3.3.2 階層化意思決定法（AHP）	62
3.4	論理モデリング	67
	3.4.1 情報表現と論理	67
	3.4.2 データベースと論理	70
	3.4.3 演繹データベース	71
3.5	データマイニング	73
	3.5.1 データマイニングの目的と機能	73
	3.5.2 データマイニングの手法	76
	3.5.3 データマイニングの過信	82

Chapter 4 人文・社会科学の技法   83

4.1	言語の科学	83
	4.1.1 言語の構造	83
	4.1.2 言語の数理	90
	4.1.3 コーパスに基づく言語研究	95
4.2	社会科学のリサーチデザイン	101
	4.2.1 実証と説明（因果関係と相関関係）	101
	4.2.2 社会調査とその方法	103
	4.2.3 心理テスト，面接，観察，および実験の方法	116
	4.2.4 人間を対象とする研究	120
4.3	社会科学のフィールドワーク	125

Chapter 5 言語と文化   128

5.1	国際語としての英語	128
	5.1.1 英語社会の現状	129
	5.1.2 身につけるべき英語とは	131
	5.1.3 外国語学習の最新の考え方	132

5.1.4	「わかりやすさ」を目指す英語の学び方	135
5.2	複数の言語と複数の文化	141
5.2.1	複数の言語を学ぶ意味	141
5.2.2	言語学習の実際	142
5.2.3	目的別学習	144
5.3	言語と異文化交流	146
5.3.1	言語影響力評価と言語ランキング	146
5.3.2	異文化の交流と創造	151
5.4	コンピュータ言語	153
5.4.1	人工言語としてのプログラミング言語	154
5.4.2	プログラミング言語の学び方	157
5.4.3	プログラミング言語の種類	160
5.4.4	プログラミング言語以外のコンピュータ言語	164

Chapter 6 情報とネットワーク 166

6.1	インターネットの世界	166
6.1.1	プロトコル	166
6.1.2	インターネット	170
6.2	情報システムの構成	171
6.2.1	コンピュータの基本構成	171
6.2.2	パソコンのきほん	173
6.3	ソフトウェア	176
6.3.1	入力デバイスとその使い方	176
6.3.2	ワープロ・表計算・データベース	178
6.3.3	数値計算	181
6.4	情報リテラシー	184
6.4.1	コンピュータ・リテラシーとメディア・リテラシー	185
6.4.2	情報を扱う上での責任	187
6.4.3	情報通信技術の活用能力と問題解決への適用	189

Chapter 7 実験レポートの書き方 193

7.1	自然科学と実験	193
7.1.1	科学の方法	193
7.1.2	実験と検証	194

7.2	実験レポートの書き方	195
	7.2.1 カリキュラムとしての学生実験	195
	7.2.2 実験レポートの書き方	198
7.3	グラフの描き方	208
7.4	学術雑誌への投稿論文と卒業論文の違い	216

Chapter 8　プレゼンテーション　219

8.1	プレゼンテーションの「きほんのき」	219
8.2	プレゼンテーションの準備	222
8.3	スライドの作成と発表	230
8.4	ポスター発表	235

Chapter 9　データ解析の技法　238

9.1	統計処理の基礎	238
	9.1.1 母集団と標本	238
	9.1.2 ヒストグラムと特性値	240
	9.1.3 相関係数	245
	9.1.4 最小自乗法と回帰直線	246
	9.1.5 確率変数と確率分布	248
9.2	おもな確率分布	252
	9.2.1 二項分布（Binomial distribution）	252
	9.2.2 ポアソン分布（Poisson distribution）	254
	9.2.3 正規分布（Normal distribution）	255
	9.2.4 カイ二乗（χ^2）分布（Chi-squared distribution）	260
	9.2.5 F 分布（F-distribution）と t 分布（t-distribution）	262
9.3	検定と推定	264
	9.3.1 仮説検定	264
	9.3.2 推定の例——区間推定	268
	9.3.3 さまざまな検定と推定	270
	9.3.4 適合度検定（カイ二乗検定）	272
	9.3.5 コルモゴロフ–スミルノフ検定（二標本）	276
9.4	多変量解析	278
	9.4.1 回帰分析	279
	9.4.2 主成分分析	283

	9.4.3	因子分析	286
	9.4.4	クラスター分析	287

付録   295

付録 1	標準正規分布表	296
付録 2	10 の n 乗に付ける接頭語	296
付録 3	二標本コルモゴロフ–スミルノフ検定の判定表	297
付録 4	エクセルによる回帰分析表の見方	300
付録 5	おもな物理定数と天文定数	303
付録 6	角度と長さの換算	304
付録 7	エネルギー換算表	304
付録 8	SI 基本単位と組立単位	305
付録 9	慣用単位	308
付録 10	ギリシア文字	309
付録 11	明るい星	310
付録 12	人体標準値	311
付録 13	脳の機能	312

参考文献   313

索引   318

Chapter 1

理系ジェネラリストと創生科学

1.1 なぜ「理系」ジェネラリストか

　21世紀初頭，各大学はそれぞれの大学の個性に基づくメッセージを発信している．目についたものには次のようなものがある．「自立的で人間力豊かなリーダーの育成」（法政大学），「人と社会への責任を果たす人材」（青山学院大学），「意欲と行動力にあふれた人を育てます」（亜細亜大学），「多様な人とのかかわりを重視する」（学習院大学），「明日の世界に貢献できる人材」（明治大学），「"Do for Others" の精神で，社会貢献する人材養成」（明治学院大学），「"企業家精神" と論理思考力を持った指導的人材の育成」（流通経済大学），「実学の精神—大変化に求められる "自分の頭で考える力"」（慶應義塾大学），「人間力・洞察力を備えたグローバルリーダーの育成」（早稲田大学），「幅広い思考力を養えるリベラルアーツ教育で学生の新しい可能性を導く」（立教大学）

　また小宮山宏・東京大学総長の2005年入学式の式辞におけるメッセージは「本質を捉える知　他者を感じる力　先頭に立つ勇気」であった．これらのメッセージには，「文系」と「理系」という学問の単純な二分化を超えて，大学が育てようとする人物像が述べられている．1991年の大学設置基準の大綱化によって，我が国のほとんどの大学の教養部・一般教育課程が制度的基盤を失って崩壊した．その重大な影響を憂慮して，「学問のすそ野を広げ，

様々な角度から物事を見ることができる能力や，自主的・総合的に考え，的確に判断する能力，豊かな人間性を養い，自分の知識や人生を社会との関係で位置付けることのできる人材を育てる」(1998 年大学審議会答申) 教養教育の重視が謳われてきたが，それに向けて大学の進むべき道はいまだ明確ではない．単にかつての一般教育に回帰するだけで問題が解決しないことは明らかである．

　12 世紀後半から 13 世紀に誕生した中世ヨーロッパの大学の教育は「自由七科」に基礎をおいた．これは「学問四科」(代数，音楽，幾何学，天文学) と文法，修辞学，論理学(弁証術)をまとめたもので，現代の大学の教養教育をリベラルアーツという名前の由来もここにある*1．自由七科の内容に見られるように，学問が現在ほど細分化されていなかった時代には，人として身につけるべき知識と技能は現代の人文科学，社会科学，自然科学の広い範囲をカバーしていた．当時の知識人は大学を転々として長い時間をかけて様々な学問を学んだ．地動説で有名なポーランド生まれのコペルニクス(Nicolaus Copernicus, 1473–1543)は，クラクフのヤギェウォ大学でこれら自由学芸諸学を学ぶうちに天文学の力を付けた．その後，しばらくして法律を学ぶためにボローニア大学に赴いた．そこでは，天文学研究も行ったが，さらにその後パドバ大学に医学生として入学し，法学の博士号も取得した．この学問横断的な知識が彼の地動説の背景にある．また，当時の高名な人物，レオナルド・ダ・ビンチ(Leonardo da Vinci, 1452–1519)もミケランジェロ(Michelangelo, 1475–1564)もガリレオ・ガリレイ(Galileo Galilei,1564–1642)も，狭い分野の学者・芸術家ではなく，幅広い知識と視野を持つ万能人，今の言葉で言えばジェネラリストであった．彼らはまさに希有の天才であった．これからの教養教育に期待されているのは，天才である必要はないがジェネラリストの基本的資質を有する人材の育成であろう．

　知識の爆発の時代といわれる 21 世紀の現在，ジェネラリストに必要とされている知は，莫大な量の知識に流されず自分の頭で考えて「対象の本質を捉える知」である．我々が育成を目指すのは，まさに「対象の本質を捉える」

---

*1　法学，医学，神学はこれら「自由学芸」の諸学とは別格であった．

ための科学的方法の体系を身につけ、それをあらゆる分野に創造的に応用する能力を持った人材である。その意味では本書は「ジェネラリストへの手引き」でも良かったのかも知れない。しかし、人文科学、社会科学、自然科学をひっくるめて文系と理系に二分化する傾向が強い我が国[*2]では、ジェネラリストは文系の職と見なされることが多い。そこであえて「理系ジェネラリストへの手引き」としたのである。

1.2 古くて新しい科学―創生科学の試み

1.2.1 アトミズムとホーリズム

科学は細分化し先鋭化しながら進歩してきた。これは科学的思考の基礎がギリシア哲学に端を発するアトミズム (atomism) にあるからである。アトミズムは、自然を構成する物質を可能な限り微視的な構成要素に分解してそれが従う法則を明らかにし、我々が日常的に経験する物質の振る舞いや自然現象までも、その基本構成要素が従う法則から説明できるとする立場である[*3]。このような思考にたてば、科学は細分化し先鋭化するのは当然のことである。細かい分野に細分化された科学が自立できるためには、その基礎地盤が強固でありかつ細い体系でも固い構造を持たなければ崩落してしまう。一方、この細分化された体系を縦糸にたとえるならば、これらの縦糸分野を横糸で紡ぐ科学的思考がありうる。このような思考が新たなものを生み出すには、縦糸はそれほど強固である必要はなく、むしろ柔軟であるほうが望ましい。

近年、このような横糸が分野横断的科学あるいは学際的科学として検討され始めた。この哲学的基礎はホーリズム (holism) にある。ホーリズムの哲学の担い手は少なかった。ヘーゲル (Georg W. F. Hegel, 1770–1831) の思想はかなり近いものであったが、彼の主張の主眼は弁証法であった。またジャーナリストあるいは文筆家のケストラー (Arthur Koestler, 1905–1983) は著書「ホ

[*2] 文系理系の隔てが特に著しいのは世界でも、日本、韓国、中国の三国といわれている。

[*3] 現在の物理学では、17 個の素粒子で世界を説明する理論モデルが「標準模型」と呼ばれている。

ロン革命」で，全体と部分をつなぐシステムとしてホロンという考え方に基づくシステム論を提唱した．ここには横断的思考が色濃く含まれている．我が国では，1978-80年の大平内閣時代，総理の私的諮問機関でこのホロンによる政策の可能性を検討した．しかしアトミズムの明確さや力強い行動指針のまえに，ホーリズムは霞んだまま現在に至っている．

微視的（microscopic）と巨視的（macroscopic）という二つの言葉は一文字違いの英単語でしかないが，意味は全く反対である．前者は「微視的な；顕微鏡で細かいところを見るような」アトミズム的見方で，後者は「巨視的な；包括的な；肉眼で見える」ホーリズム的なものの見方である．この両者の見方を融合する新しい見方が今必要とされている．

1.2.2 アリストテレスの「学の体系」

この新らしい見方を描き出す第一歩として，図 1.1 に示すアリストテレスの「学の体系」を概観することから始めよう．枝葉末節があまりにも生い茂り，幹が見えにくくなった現代の学問体系よりも，枝葉がすっきりしているアリストテレスの体系のほうが見通しが良いからである．

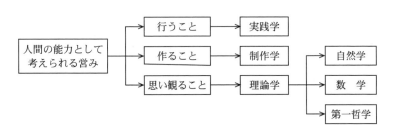

図 1.1　アリストテレスの「学の体系」

図 1.1 の「行うこと」を支える「実践学」は倫理学である．アリストテレスは倫理学に関しても多くの草案，講義ノートなどを残し，後にニコマコスがそれらを編纂したものが『ニコマコス倫理学』である．ここでは人間の基本的な問題である「正しい生き方」を検討している．『ニコマコス倫理学』は倫理学の古典であり現在でも新鮮である．現在，出版されている書籍の中でもこれほどしつこく分析的に学問として倫理を扱ったものは数少ない．「作る

こと」を支える「制作学」は修辞学である．レトリック論であり，文章の作り方といえよう．しかし，アリストテレスの「人間の能力としての作ること」の原点に戻れば，制作学を文章を作る学に限る必要はない．ものを作る技術も含めて構わない．「思い観ること」を支える「理論学」は「第一哲学」[4] に加えて，自然科学の根幹である「自然学」および「数学」からなっている．

　アリストテレスが想定したこれらの学は上述した縦糸にたとえられる．アリストテレスはこの縦糸に対して横糸の学の体系を作った．これが 6 世紀にオルガノンと命名される著作群であり，『カテゴリー論』，『命題論』，『分析論前書』，『分析論後書』，『トピカ』，『詭弁論駁論』よりなる．オルガノンとはあらゆる学問の道具という意味であり，現代流にいえば論理学である．プラトンの弟子であったアリストテレスは，後になって独立したが，プラトンの「根拠の根拠」を問うしつこさで鍛えられたのであろう[5]．その経験の中で自らがどのような知的構造の中で物事を考え，対話し，それを通していかに理解するかを学として体系化したのである．

1.2.3　カントの認識論とチョムスキーの普遍文法

　カント（Immanuel Kant, 1724–1804）の『純粋理性批判』は，ニュートン（Isaac Newton, 1643–1727）の万有引力理論に哲学的背景を与えるとともに，観測から自然現象の理解，法則の構築までの思考のプロセスをまとめたものである．カントの哲学では「超越論」という言葉をしきりと繰り返している．超越論とは，物事を客観認識できるためには，経験で得られる知識を統合する，「ベースとなる知識体系があらかじめ必要である」という理論である．超越（transcendence）という概念はカントの母語のドイツ語でもほぼ同じである．「アプリオリな」とか「先験的な」というほうが統計学を学ぶ人にはなじみがあるかもしれない．

---

[4]　現在の形而上学の起源である．

[5]　例えばプラトン全集の第 1 巻の初めの「エウチュプローン」はソクラテスとエウチュプローンのとても複雑な対話でトートロジーを批判している．そこでは屁理屈と思えるほどしつこく筋を通そうとし，読者は最終的には「もういいや」という気にすらなってしまう．

認識論においてカントは，「認識の源泉は，人間のもつ感性能力(sensing capacity; 外部から自分の心，脳内に情報を取り込む能力)と悟性能力(understanding ability; 理解する能力)である」という．カントは，すべての人間は時間と空間の絶対座標上で外部からの情報を受け止めているとし，時間と空間を感性における超越論的能力として外延量と定義した．そして，時間と空間の絶対座標系で与えられる舞台で諸現象が現れると考え，現象(運動)に伴う変数を内包量と定義した．現在の定義とは異なるがカントの定義はシンプルで分かりやすい[*6]．また悟性においては質，量，関係，様相の4つの大概念のもとにそれぞれ3個の個別概念を並べ，これを物事の理解の最上位概念(範疇)とし，これらを超越論的能力，すなわちすべての人間が生まれながらにして持つ知識処理の基本構造とした．カントはこの4×3の最上位概念を論理学から引き出し，このような体系で自然現象の理解のプロセスを述べた．

カントの超越論的なベース知識体系に関して，言語学の世界で，チョムスキー(Avram Noam Chomsky, 1928–)が普遍文法(Universal Grammar)を提案し，これを通して言語学の体系を作った．普遍文法とはすべての言語の文法のための文法(超文法)のことであり，この超文法を各言語に合わせて適用して行けば，個別言語の文法(個別文法)を構成できるというものである[*7]．この提案は言語学に留まらず，関連する情報科学の分野にも大きな影響を与え続けている．普遍文法の提案は，すべての言語の個別文法を生成する超知識機能が，ヒトの脳の中に生まれながらに組み込まれていることを前提としている．最近の脳科学研究においては，脳の活動のfMRIやNIRS[*8]による可視化技術を用いてこの前提が実証されつつある．母語でもなく第2言語でもない，普遍文法に従った完全人工言語を聞かせることで，ヒトの脳の言語野が活性化するという実験報告もある．

チョムスキーは対談のなかで，少しだけカントの純粋理性批判に触れてい

[*6]　現在は加法性が適用できる量(長さ，力，重さなど)を外延量，加法性が適用できない量(温度，湿度など)を内包量としている．

[*7]　より詳しくは 4.1 節参照．

[*8]　fMRI：functional Magnetic Resonance Imaging; 機能的磁気共鳴画像法．NIRS：Near InfraRed Spectroscopy; 近赤外線分光法(光トポグラフィー)．

るが，彼の普遍文法はカントの超越論を強く意識している．カントとチョムスキーは，ヒトは人種，性別によらず共通に物事を理解する基本的知識処理能力を持つと考えた．それはアリステレスが自らの対話の経験を通じて整理した論理的判断（論理学）でもある．こう考えると，論理学をルーツとし「対話と思考の道具」である「広義の言語」が，ヒトの脳の中の知識処理のベースとして機能しているという仮説が成立しそうである．ヒトの脳内にはみな，知識処理に必要なベースとなる知識処理機構としてこの広義の言語が内在している．地球上で他の種を圧倒する繁栄を遂げたことがそれを証明しているのかも知れない．

1.2.4 創生科学

「対象の本質を捉える知」がまさに必要とされている今，アリストテレスの「学の体系」はかなり活きたものに見えてくる．これまでの考察に基づいてアリストテレスの「学の体系」を現代風に表現したものが図 1.2 である．

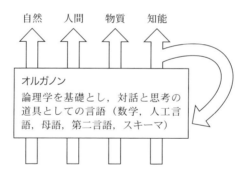

図 **1.2** 創生科学の体系．横糸は思考の道具であるオルガノンであり，縦糸はさまざまな分野の諸科学である．

まず，あらゆる学問の道具すなわちオルガノンを横糸とする．現代のオルガノンは，論理学をベースとする「広義の言語」から構成される．広義の言語には，最も論理的に内容を表現する「数学」，その数学と知能機械というべきコンピュータをつなぐ「人工的言語（コンピュータ言語）」，母語や第二言語などの「自然言語」，あるいは「図やスキーマ」などが含まれる．そし

てこの広義の言語をベースに縦糸となる諸科学を構築し深めていくという構造である．横糸のオルガノンがホーリズム的視点であり，このオルガノンを用いて諸科学にアトミズム的にアプローチする．思考の道具としてのオルガノンを横糸として常に意識し正当に評価しつつ縦糸の諸科学に挑戦する．この姿勢こそ，現代の知識の爆発的増大に流されるのではなく，新たな創造を積極的にリードする考え方である．この姿勢を基にした科学および科学の手法を私たちは「創生科学」と呼ぶことにする．

　創生科学の進め方をもう少し掘り下げてみよう．自然科学，人間科学，物質科学，知能科学および理工学の諸分野における課題の解決は，広義の言語を用いた対象現象の模型＝モデルを作るところから始まることが多い．現象が明らかな因果の関係で決定論的に表され量的変化で表される場合には，微分方程式を用いたモデルが作られるであろう．対象に不確定性が含まれる場合には，確率に基づくモデルとなり様々な数学で表される．また現象が論理的で離散的な場合には論理の数学が用いられてモデルが作られる．本書の第3章にはこれらのモデルの例が示されている．対象が言語の場合には，言語発生頻度に統計学が応用できるであろうし，単語の推移には状態推移モデルが用いられる．また諸言語における文法構造が対象となる場合には，前述したチョムスキーの普遍文法を基礎にした数学モデルが応用できる．現象の中には，それを記述する数学がまだ見出されていないものもある．このような場合には，論理的な表現による自然言語でその現象を表すこととなる．これも現象の見える部分を抽出して表現しているという意味ではモデルといえる．このモデル構築の過程では，対象の本質を捉えるアトミズム的注意深さと全体を見渡すホーリズムの姿勢が必要である．

　このようなモデル化は，縦糸である諸科学の入口になる．モデルは現象をあるルールのもとである広義の言語で表現しただけものである．縦糸的学問分野では，このモデルのもとで思考し，あるいは解析を進めて縦糸的な解釈を与えることとなる．このときには，その縦糸の学問分野で構築されてきた諸概念，諸法則の知見をベースに解釈が与えられることとなる．この解釈が普遍的な場合には新たな法則としてその分野を支え発展させていくこととなる．この解釈はまさに縦糸分野ごとに異なるものである．この解釈を統一し

ようとする科学はこれまで存在しなかったであろうか．まさにアリストテレスはすでに構築していたのである．ただ，アトミズムに根差す科学では，真理の要素還元論的究明に重点がおかれ，それをサポートするオルガノンは，その重要性にもかかわらず軽んじられてきたのである．

さて，このオルガノン，すなわち広義の言語を用いて，縦糸の分野に切り込もうとするとき，切り込み対象が明確でよく定義された問題であるなら，広義の言語をいかに選びいかに使うかというだけのことになる．これ自体は訓練を要するが，訓練により習得できる．それが従来の諸科学の学び方である．困難な問題は，縦糸の分野のどこにどのように切り込むかである．すなわちその分野で意義のある問題をどのように発見するか，またそのような問題が発見できたとして，その問題の解が存在するようにいかに問題を整理するかである．この場面ではしばしば，論を進めるために必要な前提条件を設けなければならないであろう．この問題の発見や整理にこそ，オルガノンを意識し評価する研究者のあるいは学ぶ者の力量が問われる．

私たちは，「対象の本質を捉える」ための科学的方法を体系づけ，それをあらゆる分野に創造的に応用する道標を与える学問として創生科学を定義した．細分化され先鋭化された科学を，本質を捉える知の構築という目標のもとで，総合し統一するという意味では，創生科学は古くてしかし新たな学問である．ここで述べた体系は学問としての出発点であり，今後，教育実践を通してこの体系は洗練されていくべきものである．さまざまな分野の研究者が集う場においては，若干の言語形式の壁を乗り越え，オルガノンを道具としつつ，縦糸の横連携を図ることで，そこに集う人々の脳内に新たな価値が生まれるであろう．少なくとも縦糸のままでいるより可能性は高い．オルガノンを共有して異分野間で果敢な交流をすることが，新たな価値の創造につながる．その繰り返しの中で創生科学の具体的成果が次第に生まれて行くことであろう．

1.3 理系ジェネラリストへの道

私たちが育成を目指す理系ジェネラリストにはどのような資質が必要とされるだろうか．それを述べる前にまず，企業の人事担当者や卒業生が共通し

ていう「大学生に期待する特性」を述べよう．それは，最低限の社会的要請に応える特性，社会を許容する特性，社会を駆動するための特性に分類される．

(1) 最低限の社会的要請に応える特性

- ハキハキ挨拶ができ，明るく一緒にいるだけで楽しくなる．
- 約束ごとや時間が順守できる．
- 心身共に健康で，多少のストレスにへこたれない．
- 楽しいコミュニケーションができる．
- Yes, No をはっきり言え，その客観的根拠を言える．
- 適切に空気が読める．
- 基本的社会正義を知り，それを実践できる勇気をもつ．

(2) 社会を許容する特性

- 他人の痛みが感じられる優しい心を持つ．
- 奉仕の心が持てる．
- 他人の話をじっくり聞くことができて，その話に適切に応答ができる．
- 仲間の感じていることを察しながら仲間をリードできる．
- 異文化を拒絶するのではなくその中に価値を見出す努力ができる．

(3) 社会を駆動するための特性

- 消去法で自分の道を選ぶのではなく，自らの自己実現のために道を選ぶことができる．
- 与えられたテーマが何であれ，そこに面白さを発見できる．
- 指示を待つのでなく，上司や同僚の思いを感じとり自ら仕事を進めることができる．
- 自らの考えに基づき積極的に提案できる．
- 仲間や組織に働きかけ新たな仕事を創ることができる．
- 言語能力に優れ，物怖じすることなく海外展開にも積極的である．
- 将来像が混沌とした中でも企業や組織で新たな道筋を見いだせる．

これらの特性は，分野を問わない基本となる特性である．文系でも理系でも学歴にも関係なく誰もが持っていると素晴らしいといえる特性である．学生にはこれらの特性をできるだけ大学生活を通じて身につけてほしい．しかし，これらの特性だけで，激動するグローバルな世界で理系ジェネラリストとして活躍できるだろうか．答えは否である．これらの一般的特性に加えて，それを効率よく賢く活かす知恵が必要なのだ．それを大学で学ばなければならない．

大学で学ぶことは，非常に狭い分野に特化した「知識」と全体を総合的に見渡せる「知恵」に分類できる．一定程度成熟した分野ではその分野を深めるため知識が必要である．しかし，分野がいまだ曖昧模糊として見定めがつかない場合には，狭いところだけを掘り下げても展望は開けない．むしろ全体を見渡すための知恵が必要である．20世紀の世界では狭い分野を深める知識が必要であった．しかし21世紀には，新たな文明を求め，問題の所在すらわからない地平に立ち，そこでフロンティアを切り拓いて行くための知恵を持った人材こそが求められている．それが理系ジェネラリストである．それは，激動の中の不動・普遍を知る知恵であり，その不動・普遍から激動を説明し対策を打てる知恵である．

2011年3月の東日本大震災は，多数の尊い人命の犠牲の上に，数多くの教訓を残した．福島第一原子力発電所においては津波を想定外とした．結果論ではあるが，津波襲来後の原子炉の電力完全喪失は考えられない事態であった．これは，原子力発電に対する部分的に深い知識はあったものの，全体を見渡す知恵が欠如していた結果といえるだろう．アップル社はiPodという素晴らしい製品を世に出した．しかし部品は世界からの寄せ集めで，多くは日本製である．20世紀型の知識は，素晴らしい部品を作り上げたが，部品設計者はiPodを創ることはできなかった．アップル社は部品を作ることなく21世初頭を代表する作品iPodを創り上げたのである．

いま我々が必要とする人材は，まさにiPodを創れる人材であり，福島の事故を合理的に収束させうる人材なのである．その能力はどのようなものかを整理してみよう．

- 物事の構造や体系を全体としてとらえるシステム的思考ができること．

- 激動する変化の中で不動・普遍は何かを認識する能力．すなわち，これらの変化は，ある原因の結果であることを認識し，その原因を知ろうとする姿勢をもつこと．

- 人類が獲得した最高の知識体系である科学的思考ができ，かつ科学的手法を会得していること．すなわち，実験により現象を観測し，そのデータを統計処理しその中の普遍性を抽出し，すでに分かっている諸理論からそのデータに解釈を与えること．そしてできるなら，統一的に説明できる理論体系を構築すること．

- 数学およびその具体層である情報科学の基本リテラシーを熟知し，知識処理における最大の武器というべきコンピュータを駆使できること．

- 科学の方法論，とりわけ統計の方法を，自然科学だけでなく，人文科学，社会科学のさまざまな分野に適用する能力を持つこと．

- 以上の能力を活かし，一つの分野において深い造詣をもつこと．

これらの能力は，大学生活だけでなく，一生を通じて研鑽を積むことで次第に磨かれてゆくものである．「創生科学」は，まさにこの一生を通じた研鑽の基礎を身につけた人材を育むことにつながるであろう．

Chapter 2

データ —調査と研究のよりどころ—

　自然科学においてはもとより，人文・社会科学でも実証的な研究はデータに基づいて行われる．データを収集する際の立場には大きく分けて二つある．一つは，ある命題(事実)をデータから証明したいという立場である．この場合は，証明したい命題をモデル化したり，それに関する仮説を立てたりして，そのモデルや仮説とデータとの整合性を議論する．もう一つの立場は，あらかじめデータに対する予測をすることなく，データが語るものを虚心坦懐に読み解こうとする立場である．近年重要になってきているビッグデータの解析はこの立場で行われることも多い．また，ある目的で取得されたデータの中から，その目的とはまったく異なる新たな事実が発見されることもある．これも後者の立場からのデータ解析の結果といえよう．

　いずれにせよ，データは調査と研究のよりどころである．本章ではデータの持つさまざまな側面とデータの収集法について述べる．

2.1 量の測定と尺度

2.1.1 計測と測定と基準

　日常生活や科学研究ではさまざまなデータが扱われている．データには大きく分けて「カテゴリー型(質的データ)」と「数値型(量的データ)」がある．カテゴリー型には，「商品コード」や「男女の性別」などのような「名義型」

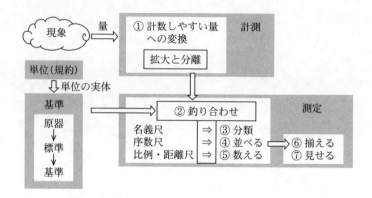

図 2.1 計測と測定．現象からの量を計数しやすい量に変換し，名義尺度で分類し，序数尺度で並べ単位に基づき比例・距離尺度で数として捉える．

と「成績評価(A+, A, B, C)」などのような「順序型」がある．名義型は分類をすることが可能だが，異なる名義データの大小を比較したり，演算をしたりすることはできない．名義型データに適用できる数学演算は「一致・不一致」のみである．順序型も分類のために用いることができるが，分類に加えて大小や優劣など何らかの方法で順序づけることが可能である．すなわち数学演算で「一致・不一致」に加えて「大小比較」が可能になる．数値型データは何らかの量を数値で表したもので，「加減乗除」の数学演算の対象になりうるものである．この節では，このような多様なデータの基礎となっている考え方を，測定と尺度という概念を中心に解説する．

はじめに計測と測定の用語を定義しておく．これらはほぼ同義語であるが，ここでは計測(measurement)と測定(determination)に次の機能を分担させる．計測とは「量を計数可能な量に変換すること」，測定とは「基準となる量を定め，その量との比較で量を計数すること」とする．基準とは「測定しようとする量の定められた量」とする．図 2.1 はこれらの計測と測定の操作をさらに分解して示したものである．計測は量の「拡大，分離」を伴いながら，その量を計数しやすい形に①「変換」する操作である．測定は後述する名義尺度，序数尺度，距離尺度・比例尺度[*1]を当てはめ，同量状態に②「釣

[*1] それぞれ，名義尺，序数尺，距離尺・比例尺ともいう．

り合わせる」ことで，量を③「分類」し，④「並べ」，⑤「数える」ことである．さらに測定は測定数値を⑥「揃え」，⑦「見せる」ことへ進む．基準は規約として定められた単位の実体である原器をもとに標準が作られ，基準となる尺度が実現され使用される[*2]．

2.1.2 量についての認識と量の捉え方

量の大きさの「分類」，「順序」，「数」による表現

　量についての認識と把握の仕方は，注目する量についてどれだけ理解しているかで変わる．温度を例に考えよう．温度計以前，人類は皮膚に感じる冷たさ暖かさに対して，「冷たい」，「寒い」，「涼しい」，「温かい」，「暑い」，「熱い」などの主観的な言葉でその量の度合いを示した．同じ温度のもとで多くの人が何度も繰り返し，上のいずれかの言葉を確認することで，温度と感覚は徐々に共通化されてきたが，これでは分解能が粗く不確定性を含んでいる．これに対して，人間の感覚ではなく，自然環境の中で水が凍結する温度とそれよりより低い・高い，バターが溶ける温度とそれより低い・高い，水が沸騰する温度とそれより低い・高い温度というように，自然現象を用いて温度の高低の比較により温度の範囲を表すようになった．現在では温度を，温度変化とともに再現性よく変化し可視化できる自然現象を用いて，しかも可視化された量を数に変換して温度を知ることができる．この歴史は，温度を人間の感覚を基に「冷たい」，「寒い」などの名義で把握した段階，水が凍る，解けるなどの自然現象の中で温度の高低を範囲で把握する段階，温度計のように数値で把握される段階からなっている．

　この温度計測の歴史で示したように，量は，その量に対する認識の深さに応じた表現で捉えられる．この量をどこに分類するかという「分類」，この量はこの量より大きいあるいは小さいと捉える「順序」，この量を数値で表す「数」である．図 2.2 に a, b, c なる量の大小を楕円の大きさで示す．この対象からの現象が極めて不確定であるか測定の方法自体が不確定である場

[*2]　1 メートルの定義の基準であったメートル原器は 1960 年に役目を終えて，新たな基準が設けられた．また，質量の基準であるキログラム原器も新たな基準への移行が検討されている（付録 8 参照）．これらの基準の精密化はここでの議論には影響ない．

合，その量は「小」，「中」，「大」という名義で分類される．量が何らかの方法で順序づけできる場合，これらの面積 $M(a)$, $M(b)$, $M(c)$ は数学記号を用いて $M(a) < M(b) < M(c)$ と表すことができる．量が尺度の分解能に対して十分大きい場合，この量は数 $M(a)$, $M(b)$, $M(c)$ として測定できる．

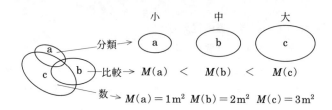

図 2.2 対象に関する認識の度合いと量概念．対象の認識が不十分で測定の方法が確立されず，対象が不確定に現象しているように見えるとき，および多次元的である場合，現象はまず「分類」で捉えられ，次に「比較」で並べられ，最後には「数」で計量される．

量の捉え方

量の捉え方には，上に述べたように，分類によるもの，順序によるもの，および数によるものがある．

分類とは，文字通り，量をその性質に応じて対応する集合に所属させることである．その際，集合の性質はあらかじめわかっており，その性質に相応しい名義がつけられている．人間の感覚による「音の強さ」，「音の高さ」，「色」，「線上の位置」，「正方形の大きさ」，「線の傾き」，「蔗糖液の甘さ」，「食塩水の辛さ」，「匂いの強さ」，「匂いの質」，「食の強さ」，「食の持続」，「食の位置」などを数種類の大きさや強さに分類することがその例にあたる．これらの量は現在では物理・数理的に数で与えることができ，このような分類は現在では，人間の感覚の検査のための方法となっている．

次に量を順序で把握することを考える．例として二つの物体の質量を考える．これらは量のまま，一方は他方よりより重い，一方は他方よりより軽い，両方は等しい，と比較する．この比較は，天秤における指示針の変位の目視から，

(1) もし二つの対象物が天秤上で釣り合うならば，これらの対象物は重さにおいて等しい．

(2) もし釣り合わないならば，下がった皿の上の対象物は，上がった皿の対象物より重い．

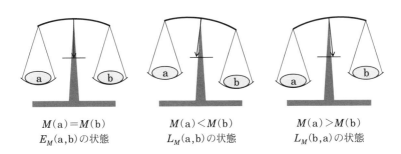

図 2.3　量の大小，多少の確認．量の大小と多少および等しい関係は数学における $<, >, =$ と等価である．

と経験的に定義できる．質量以外でも，量を可視化できる外延量[*3]に変換すれば，上述の(1)と(2)と同じ経験ができる．図 2.3 に示すように，(1)の経験による関係は「等しく重い(equally heavy)」であり，E で表す．また(2)の経験による関係は「よりも少ない(less than)」であり，L で表す．また対象 a, b の注目する量の大きさ M において(1)に相当する経験，すなわち対象 a, b の量 M が等しい場合，その関係を $E_M(a,b)$ で表す．(2)に相当する経験において下がった皿の上の対象が b，上がった皿の上の対象が a である場合，この関係を $L_M(a,b)$ と表す．さらに対象 a, b の量の大きさ M を，それぞれ $M(a), M(b)$ とし，数で表す．これらの数にはある数学演算が可能である．すなわち「等しい」関係を数学における記号と同じ「=」，「よりも少ない」関係を数学記号と同じ「<」さらに「より多い」を「>」で表すと，対象 a, b の量の大きさの数 M において表 2.1 に示す量の大きさに関する公準が成り立つ．

以上のような量の捉え方は心理学や社会科学で行われている．これらの分野では名義尺度や序数尺度を適用し，分類，順序を与えている．

量を上述の名義や順序で捉えられる場合には基準はもうけなかった．数で

[*3] 長さ，質量，時間，面積など測度論でいう加法性が成り立つ量のこと．これに対して温度，密度，濃度など加法性が成り立たない量を内包量という．

表 2.1 量の大きさに関する公準

$$\begin{aligned}
&\text{もし } E_M(a,b) \text{ ならば,} \quad M(a) = M(b) \\
&\text{もし } L_M(a,b) \text{ ならば,} \quad M(a) < M(b) \\
&\text{もし } L_M(b,a) \text{ ならば,} \quad M(a) > M(b)
\end{aligned}$$

量を把握する場合，必ず基準量があり，測定対象はその基準量が何個，何回あるかを計数することとなる．図 2.4 に示すように，振り子を用意し，振り子の往復運動 1 周期分の時間を基準量である単位時間と定める．振り子を動かし，振り子が最下点を通過するのを目視で確認し，1, 2, 3, ⋯ 回と離散数として計数し，それを記録していく．これにより，時間の長さが測定できる．同様に空間に広がる長さも，一定の長さを規定し基準量とする．その長さを対象の長さに合うように目視で当てはめ，その回数が何回であったかを離散数として計数する．図 2.4 に示した振り子が一往復する時間を単位時間，定めた長さを単位長さとする．この例で対象とした量は外延量である．外延量はそれ自体において加法性があるからこのような変換が可能になるのである．

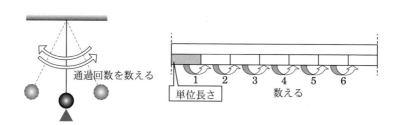

図 2.4 単位となる基準実体を用いた計数による測定．量の大きさは実体で基準として定められる単位の大きさ何個分として，あるいは回数として計数される．

人間の認識においては数によって量を認識することが便利でありかつ自然であるため，量と数はしばしば混同される．しかし両者は違う．たとえば，みかん「3 個」は量であるが，「3」は数である．すなわち，量は実体(物)の一つの属性であり，実体に属するが，数は実体から離れた観念(人間の心ある

いは思考のなかのにあるもの）に属する．

2.1.3 量を数として捉える公準

上述のように量は，分類する，順序に並べる，および数で捉えることができる．これらに適用できる尺度の公準を述べる．

同一均質の二つの量は表 2.1 に示す公準を満たす．この公準を基本として，さらに「同一性」，「順位性」，「加法性」の公準が規定される．

表 **2.2** 量を数として捉える公準

1 $A = B$ であるか，あるいは $A > B$ であるか，あるいは $A < B$ である．（同一性）
2 A が与えられたとき，$A = B$ を満たす B は存在する．
3 対称性：$A = B$ ならば，$B = A$
4 推移性：$A = B, B = C$ ならば，$A = C$ （順位性）
5 非対称性：$A > B$ ならば，$B < A$
6 推移性：$A > B, B > C$ ならば，$A > C$
7 $A > B$ であって，$B = C$ ならば，$A > C$
8 $A = B$ であって，$B > C$ ならば，$A > C$ （加法性）
9 $A = C$ であって，$B > 0$ ならば，$A + B > C$
10 $A + B = B + A$
11 $A = C, B = D$ ならば，$A + B = C + D$
12 $(A + B) + C = A + (B + C)$

対象 a, b, c, d があり，これらのある量 $M; A = M(\text{a}), B = M(\text{b}), C = M(\text{c}), D = M(\text{d})$ を名義あるいは数で表す．量に関する名義あるいは数 A, B, C, D についてこれらの公準を，図 2.3 の記号を用いて表 2.2 に整理しておく．同一性と順位性に関する 1–8 の公準はラッセル（Bertrand Russell, 1872–1970）によるもので，加法性の公準 9–12 はキャンベル（Norman Campbell,

1880–1949) が導入した.

これらの公準に基づき概念,序数および量を数として捉える尺度が構築される.これらの尺度は基本的に量を名義,序列,数に変換するものであり,量に関して,「等しい」,「より少ない」あるいは「より多い」,「数による量の把捉と数演算」を測る基準となるものである.

2.1.4 さまざまな尺度

名義尺度とその規則

分類のための尺度を名義尺度(nominal scale)という.名義尺度は「同一性」の公準のみを満たせばよい.対象の理解のための観測における第一ステップであり,現象を分類する尺度である.同一性の公準 2–4 の A, B, C はグループの違いを示す名義でありグループの名称,記号や数詞に相当する.この尺度で測定される数は観測された現象がどのグループに所属するかの頻度であり,これらは各グループに属する絶対頻度,相対頻度で与えられる.2 次元分類の場合には定性相関により統計評価される.また,この尺度ではあらかじめ分類グループ数を与えなければならないが,そのグループに観測現象が適切に分類できるかは測定データの情報量から評価できる.

名義尺度構築のための規則を考える.二つの対象 a, b において,その量 M の大きさが経験的に何らかの方法で比較でき,それらは互いに等しいとき $E_M(\mathrm{a,b})$ とする.このとき名義尺度の規則は次のように与えられる.

(規則 1)　もし $E_M(\mathrm{a,b})$ ならば,$M(\mathrm{a}) = M(\mathrm{b})$

序数尺度とその規則

均一同種の量を多い順に並べる尺度である.このような尺度を序数尺度(ordinal scale)という.この尺度は量を数で与えるものではなく,与えられた複数の量を大きい順に並べるだけのものである.この尺度は同一性および順位性の公準に基づくものである.この尺度は均一同種の量に名義尺度を適用した場合である.名義尺度で測定された数の場合に比較して,序数尺度で測定されたデータには中央値,パーセンタイル(9.1 節参照),異なる順位づけ

の順位間の相関を見る順位相関などの統計処理ができる.

序数尺度構築のための規則を考える. 二つの量 a, b において, その量の大きさ M が経験的に何らかの方法で比較でき, それらは互いに等しい, すなわち $E_M(a, b)$ のとき, また a の量が b の量より小さい, すなわち, $L_M(a, b)$ のとき, 序数尺度の規則は次のように与えられる.

（規則 1）　もし $E_M(a, b)$ ならば, $M(a) = M(b)$

（規則 2）　もし $L_M(a, b)$ ならば, $M(a) < M(b)$

序数尺度の適用

n 種の量において任意の 2 個を取り出す. これらに対して, 基準に基づき大小の判定を行わせる. すべての組み合わせにおいてこの大小を比べ, 公準の推移性を適用するとすべての量の順位を決定できる. 例えば, 四つの量の大きさ A, B, C, D があり, これらの大小を比べ,

$$A > B, \quad A > C, \quad A > D$$
$$B > C, \quad B > D$$
$$C > D$$

と判定された場合,

$$A > B > C > D$$

となり, 量の大小が定まる.

しかし, 例えば

$$A > B, \quad A > C, \quad A > D$$
$$B < C, \quad B > D$$
$$C < D$$

の場合には推移性が満たされず

$$A > B, \quad C, \quad D$$

となり A の量は最大であるが，B, C, D の順位は定まらない．このようなことは計測システムにおける誤差に伴い発生する "$>$" の関係の不確定さによる．この事情は名義尺度の同一性における等号の取り扱いと同様である．

　この誤差が偶発的なものとした場合，幾度か大小関係を比べ，その頻度の多さから大小関係を判定することとなる．いま $A > B$ と判定した頻度を f_{AB} と表す．上と同様に四つの量 A, B, C, D についてその大小を何度も比べ，これらの大小関係の頻度が，

$$f_{AB} > f_{AC} > f_{AD} > 0.5$$

$$f_{BC} > f_{BD} > 0.5$$

$$f_{CD} > 0.5$$

となったとする．確率的推移律が成り立ち頻度の多さから大小関係が判定できるとすれば，この頻度の不等式関係より "$>$" の関係の不確定性にもかかわらず確率的に次の不等式が高い可能性で成り立つ．

$$A > B, \quad A > C, \quad A > D$$

$$B > C, \quad B > D$$

$$C > D$$

　このようにある量に関して大小あるいは順位を明確にする方法は，順位性の公準を基本としつつ，この公準の不等号 "$>$" の不確定性に対する処理や対象とする量に応じて多数存在するが，ここでは以下の例を示すにとどめる．

(1) 順位法 (method of rank order)

(2) 一対比較法 (method of paired comparisons)

(3) 展開法 (unfolding technique)

距離尺度と比例尺度

　距離尺度 (interval scale) と比例尺度 (ratio scale) はともに均一同種の量を数で表す尺度である．距離尺度で測定された数に対しては変動係数 (9.1.2 項参照) を用いるもの以外のほとんどの統計処理が適用でき，比例尺度で測定された数に対してはすべての統計処理が適用できる．

距離尺度とその規則

距離尺度において量と数の関係は

$$（数）= aM（量）+ b$$

で与えられる．温度の単位である摂氏 (°C) がこれに対応する．この単位で測定された温度を経験的温度という．この尺度はある大きさと別な大きさの二つの量の大きさの差が等しいとき，すでに割り当てられる数も同じであることのみが必須な条件である．すなわち量 A と量 B の隔たり $B - A$ と量 C と量 D の隔たり $D - C$ が等しい場合，それらを距離尺度で変換した数 $M(A)$ と数 $M(B)$ の差 $M(B) - M(A)$ と数 $M(C)$ と数 $M(D)$ の差 $M(D) - M(C)$ が等しいことのみが保証される尺度である．この尺度では，量がゼロでもゼロ以外の数が割り当てられ，測定された二つの数を加えたり比を取ったりするともとの量との関係を維持できなくなり無意味になる．

温度を例として，その尺度を実際の現象に基づき構築するために必要な規則を考える．二つの状態 a, b において，その温度の大きさ T が経験的に何らかの方法で比較できるものとし，それらは互いに等しいときを $E_T(\mathrm{a,b})$, 状態 a の温度が状態 b の温度より低いときを $L_T(\mathrm{a,b})$ とする．さらに二つの状態 a, b と別な二つの状態 c, d における温度差が等しいことが何らかの方法で確認できるとし，a と b の温度差と，c と d の温度差が等しいことを $DE_T(\mathrm{a,b;c,d})$ とする．このとき規則は次のように与えられ，これに基づいて距離尺度が構築される．

（規則 1）　もし $E_T(\mathrm{a,b})$ ならば，$T(\mathrm{a}) = T(\mathrm{b})$

（規則 2）　もし $L_T(\mathrm{a,b})$ ならば，$T(\mathrm{a}) < T(\mathrm{b})$

（規則 3）　もし $DE_T(\mathrm{a,b;c,d})$ ならば，$T(\mathrm{b}) - T(\mathrm{a}) = T(\mathrm{d}) - T(\mathrm{c})$

（規則 4）　二つの定点を与えることができる．

摂氏温度では，1 気圧の大気中で水と氷が共存する温度 (凝固点) を 0, 水と水蒸気が共存する温度 (沸点) を 1 とし，この 0 から 1 の間をパーセント表示し 1% に相当する温度差を 1°C と決めている．二つの定点で低い温度に 0 を割り当て高い温度に 1 (100%) を割り当て，それに分数的に数を割り当て

る．カントのいう内包量（1 章参照）として扱う．1 気圧の大気圧は日常的に得られる．また水と氷が共存する現象と水と水蒸気が共存する現象も安定に再現でき定点として温度の範囲として適している．自然の現象において $0°C$ より低い温度と $100°C$ より高い温度の状態は存在し，これらに対しても同じように目盛りを与える．このような規則に基づいて作られたものが温度計であり，その例としてアルコールあるいは水銀温度計がある．これは温度上昇に伴って膨張するアルコールや水銀を細い等断面積の円柱に導き，体積の変化を円柱内の長さに変換するものであった．これは内包量である温度を外延量である長さに変換したものである．

比例尺度とその規則

比例尺度における量と数の関係は次のように与えられる．

$$（数）= aM（量）$$

温度単位のケルビン（K）がこの単位の例である．この単位で定まった温度を熱力学的温度という．観測量が絶対的 0 を持つ場合，この尺度で測定した数も 0 となる．この尺度で得られた数に対する数学的処理はそのまま並行して量の世界でも成り立つ．

図 2.5 に示すように物理的により安定した現象として $-273.15°C$ において気体分子の運動エネルギーが消滅する．この現象は氷の溶解や沸騰現象より普遍的で宇宙のどこでも起こり，この温度より低い状態は自然界には存在しない．この気体分子運動が消滅する温度を 0 とし摂氏温度と同じ温度間隔 1 を単位とする温度尺度が絶対温度である．

外延量の尺度の規則

外延量とは加法性が成り立つ量であった．すなわち同一均質の外延量が二つ与えられた場合，それらを合併するとその全体量はもとの量の大きさの和で与えられるという数学における加算が成立する．すなわち合併した実体を $A \cup B$ とすると，これらの量を数 M で表すと，$M(A \cup B) = M(A) + M(B)$ が成立する量である．したがって外延量に関しては，この加算が可能であるという性質に依存でき尺度構成に必要な規則は単純になる．ある対象 a, b の同一均質な外延量 M において，距離尺度の規則は次のように与えられる．

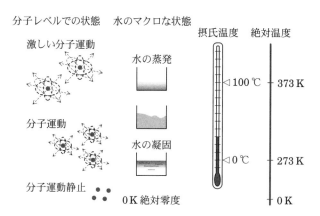

図 2.5 摂氏温度と絶対温度．理想気体の法則に基づく温度が絶対温度である．すべてが凍りついている状態すなわち分子運動が完全に静止している状態を 0 度 (0K) とする．0K 以下の温度は存在しない．

(規則 1)　もし $E_M(a,b)$ ならば，$M(a) = M(b)$
(規則 2)　連結あるいは合併を $a \cup b$ とすると，$M(a \cup b) = M(a) + M(b)$
(規則 3)　単位の規則：外延量のある大きさに数 1 を割り当てて単位とする．

尺度の適用も単位となる量の個数を計数し，端数がこの単位量より小さい場合，個の単位の分数でそれを与えればよい．

2.2 誤差と有効数字

誤差には，物理量の測定に伴う誤差，コンピュータによる数値計算に必然的に伴う誤差，規格製品のばらつきを示す誤差，統計学でいう標本誤差などなどいくつかの種類がある．ここではまず測定誤差について述べ，有効数字の概念を解説した後，計算誤差を説明する．

2.2.1 物理量の測定誤差と表記

　質量，長さ，時間などさまざまな物理量の測定は科学の基本である．そして物理量の測定には必ず誤差が伴っている．誤差があるということは測定を失敗したわけではない．どんな測定にも避けられない不確かさがつきまとっているのである．ある高さから金属球を落としたときの落下時間をストップウォッチにより測定することを考えよう．10 回測定して 10 回とも 0.001 秒までぴったり同じ時間になることはまずないことは経験から分かるであろう．このように，測定値は不確かさを持っている．このことを「測定値には誤差がある」と表現することが多い．すなわち誤差と不確かさは概念としては同種のものを表すと考えてよい[*4]．

　測定に誤差はつきものであるから，その誤差はどれくらい大きいのかを正しく見積もることは，測定値からどのような結果が導かれるか，また，誤差を小さくするにはどうしたらよいかを検討するために極めて重要である．

ランダム誤差と系統誤差

　上記の落下時間の測定の場合，1 回の測定値の誤差は大きい．測定者の癖やボタンを押すまでの反応速度，ボタンが押されてから実際にストップウォッチが止まるまでの応答速度，ストップウォッチそのものが持つ誤差などあらゆる誤差の要因が含まれるからである．しかし，同じ測定を何度か繰り返すことができる場合には，多数回の測定値の平均値をとるなどの統計的処理によって誤差を低減することができる．測定を繰り返すことにより，小さくすることができる誤差をランダム誤差（random error）[*5] といい，多数回測定しても小さくできない誤差を系統誤差（systematic error）という．この例では，測定者の癖（金属球が地面につくより前にストップウォッチを押す傾向がある

[*4]　「誤差」は真の値と測定値の違いであり，「不確かさ」は平均値など何らかの基準値（真の値は知られていない）と測定値の違いである．したがって両者は異なる概念である．しかし，本書のレベルでは両者を厳密に使い分けて表記するとかえって煩雑になる．測定値と比較する値が「真値」であるか，何らかの方法で定義された「基準値」であるかの違いをきちんと意識するという前提のもとで，本書では両者ともに「誤差」という語を用いることにする．

[*5]　統計誤差（statistical error）ということもある．

など)やストップウォッチそのものの狂いは系統誤差である.

ランダム誤差と系統誤差のイメージを，よく使われる射撃の例を使って説明しよう．ライフル射撃の上級者と入門者の撃った 20 発の弾丸が的にどのように当たったかを模式的に示したのが図 2.6 である．1 発の発射が 1 回の測定を表し，的の中心からの外れの度合いがその測定の誤差の大きさを示していると考える．まず左から 1 番目と 2 番目を見比べてみよう．上級者の弾丸は的の近くに集中しているが，入門者の弾丸はばらつきが大きい．これは入門者のランダム誤差が上級者のランダム誤差より大きいことに相当する．左から 3 番目と 4 番目は，二人が使ったライフル銃の照準が少し狂っていた場合である．この場合は，その系統誤差(照準の狂いによる的からのずれ)が，両者の結果に同じ影響を与えることがわかる．

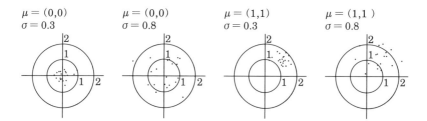

図 **2.6** ライフル射撃の上級者と入門者の弾丸痕の模式図．左から 1 番目と 3 番目は上級者で 2 番目と 4 番目は初心者，また左側の 2 つは照準の合ったライフルを使った場合で，右側の 2 つは照準が狂ったライフルを使った場合．

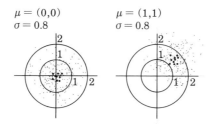

図 **2.7** 入門者の 20 発毎の平均位置 10 か所(黒丸)と全 200 発の位置．左は照準の合ったライフルを使った場合で，右は照準が狂ったライフルを使った場合．

次に，入門者が 20 発打つ度にその平均の位置を計算し，それを 10 回繰り返した結果を示したものが図 2.7 である．合計 200 発の弾痕のばらつきに比

べて，平均位置のばらつきは小さくなっていることがわかる．これは 9.2.3 項に述べる中心極限定理によるものである．このように，1 回ごとの弾痕の位置ではなく，何回かの平均位置を使えばランダム誤差が小さくなることがわかる．しかし，系統誤差は平均位置を使っても小さくならない．これを低減するには，照準の合ったライフル銃を使うしかない．

ここで注意しなければならない大切なことがある．実際の測定では的の中心（真の値）を知ることはできないので，弾痕が中心からずれているかどうか，つまり自分が使っているライフル銃の照準がずれているかどうかを知るすべがないのである．いろいろな銃を使って初めて照準のずれがわかる．このように，系統誤差を低減するには，その原因（誤差要因）を調べて，誤差要因ごとに誤差低減の措置をとらなければならない．

誤差と単位の表記

実験などの測定で得られた物理量 x は，$x = 2.34 \pm 0.06$ のように

$$x = x_{\text{b.e.}} \pm \Delta x \tag{2.1}$$

の形で表す．ここで，$x_{\text{b.e.}}$ は最良推定値（添え字 b.e. は best estimate の略），Δx が誤差を表す[*6]．最良推定値はその測定から得られる「最も真の値に近いと思われる数値」である．物理量には必ず単位があるので，実際には上の表記は単位を伴っていなければならない．最良推定値と誤差の単位（次元）は同じなので，

$$x = x_{\text{b.e.}} \pm \Delta x \quad [単位] \tag{2.2}$$

のように単位を一括して後ろに書くのが一般的である[*7]．

ここで，$x_{\text{b.e.}}$ と Δx にはどのような値を用いればよいだろうか．測定の状況によっても異なるが，最も単純な，繰り返し測定でランダム誤差だけがある場合には以下のようにするのが一般的である．n 回の繰り返し測定データを $(x_1, x_2, \cdots, x_n)$ とするとその平均値 $\bar{x}$ と標準偏差 σ_x は次の式で表され

[*6] 先端的な研究で誤差の見積が決定的に重要になる場合には，$x = x_{\text{b.e.}} \pm \Delta x_{\text{sys}} \pm \Delta x_{\text{rand}}$ のように，系統誤差とランダム誤差を分けて表記することがある．

[*7] 単位は数値の後ろに半角スペースを空けて括弧を付けずに立体で書くのが正しいが，ここでは見やすくするために [ ] を付けてある．

る (9.1 節も参照).

$$\overline{x} = \frac{1}{n} \sum_{i=1}^{n} x_i = \frac{x_1 + x_2 + \cdots + x_n}{n} \tag{2.3}$$

$$\sigma_x = \sqrt{\frac{1}{n-1} \sum_{i=1}^{n} (x_i - \overline{x})^2} = \sqrt{\frac{(x_1 - \overline{x})^2 + (x_2 - \overline{x})^2 + \cdots + (x_n - \overline{x})^2}{n-1}} \tag{2.4}$$

この $\overline{x}$ を最良推定値とし，その誤差として $\sigma_x/\sqrt{n}$ を用いて，

$$x = \overline{x} \pm \frac{\sigma_x}{\sqrt{n}} \quad [単位] \tag{2.5}$$

とする．平均値の誤差が σ_x でなく $\sigma_x/\sqrt{n}$ となる理由は 9.2.3 項で説明する[*8].

相対誤差

　測定値と誤差は (2.1) 式のように表したが，Δx だけでは誤差の意味合いを理解するのに十分でない．例えば 100 V（ボルト）で設計された電気回路に入力する電圧が 101 V である場合と，5 V で設計された回路の入力電圧が 6 V の場合では，誤差は同じ 1 V であっても回路への影響は大きく異なる．そこで，

$$E_{\mathrm{r}} = \frac{\Delta x}{|x|} \tag{2.6}$$

で定義される「相対誤差 (relative error)」を導入する．相対誤差は精度とも呼ばれる．100 m の距離を測った誤差が 10 cm となるような測定と，10 m の距離で誤差が 10 cm となる測定は精度が異なることから理解できよう．

　精密な測定では相対誤差は一般に小さな数値となるので，E_{r} の代わりに $100 E_{\mathrm{r}}$ としてパーセントで表すのが普通である．相対誤差は，その測定値がおよそどれくらいの精度を持っているかを表している．

2.2.2　有効数字

　有効数字とは「測定結果などを表わす数字のうちで，位取りを示すだけのゼロを除いた意味のある数字」（JIS K0211:2013）である．例えば，23, 2.3,

---

[*8]　要求される精度によっては，$2\sigma_x/\sqrt{n}, 3\sigma_x/\sqrt{n}, \cdots$ などとすることもある．

0.23, 0.023 はすべて有効数字が 2 と 3 の二つである．これを「有効数字 2 桁である」という．ここで，230, 23000 等のような書き方をすると，2 と 3 が有効数字であることはわかるが，それ以外の 0 は意味のある数字なのか位取りのために付けられた 0 なのかの区別ができない．このような場合にもし有効数字 2 桁であることを明示したい場合には，それぞれ 2.3×10^2, 2.3×10^4 のように表記する．数字が小さい場合には，0.0000023 とするのではなく，2.3×10^{-6} と表記する．有効数字 3 桁なら，それぞれ 2.30×10^2, 2.30×10^4, 2.30×10^{-6}，4 桁なら 2.300×10^2, 2.300×10^4, 2.300×10^{-6} となる．

有効数字の最終桁の数値には不確かさがあるが，それより一つ上の桁の数値には不確かさはない．上の例の 23 でいえば，3 には誤差があるが 2 には誤差がない．一般に，有効数字が N 桁の数値が持つ誤差は，N 番目の桁でほぼ 1 である．その誤差は ± 1 であるとする考え方もあるが，一般にはいわゆる四捨五入の考え方に則って ± 0.5 とする．すなわち，$x = 23$ は，$x = 23 \pm 1$ ではなくて $x = 23 \pm 0.5$ すなわち $22.5 \leqq x < 23.5$ と見なすのである．この考え方に従って，2.3（有効数字 2 桁），2.30（有効数字 3 桁），2.300（有効数字 4 桁）がそれぞれどの範囲を意味するのかを図 2.8 に示した．

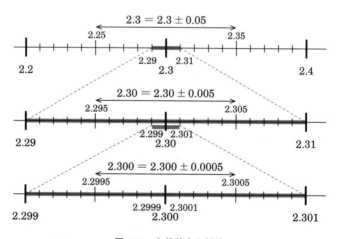

図 **2.8** 有効数字と誤差

有効数字と精度

有効数字は測定（測定器）の精度と密接な関係がある．例えば，大豆1粒の質量を測るとしよう．キッチンにあるようなアナログのクッキング用秤では，せいぜい目盛りは1gまでである．最小目盛りが1gの秤で大豆を測ると，針は4gと5gの間にあった．このようなアナログ表示の目盛の場合は目視により最小目盛りの1/10まで読み取るのが通例である[*9]．目視で0.1gの単位まで読み取ると4.2gであった．実際には，4.1–4.3gの間であろうと想像できる．この測定からは，大豆の重さは4.2gと有効数字2桁で表すのが適当である．この場合の有効数字の最終桁の誤差「ほぼ1」は±0.1に対応する．目視で±0.05までは読み取れまい．そこで，4.2±0.1gとするのが実情に合っているかも知れないが，慣例に従って4.2±0.05gとしても大きな問題はなかろう．このように，有効数字最終桁の誤差はあまり厳密に定義されたものではない．

次にこの大豆1粒を，0.01g（10mg）単位まで表示する（測定精度0.01g（10mg）という）デジタルスケールで測定すると4.21gという表示が出た．ではこの大豆の質量は4.21gちょうどであろうか．アナログ目盛の測定器と違って，デジタルな測定器の最小目盛（すなわち表示される数値の最小桁）の誤差は機器によってさまざまな場合があることに注意しなければならない．デジタルな計測機器で電圧が2.014523657Vのように見かけ上多数の桁の有効数字で表示されるケースがあるが，この最終桁まで意味のある数字でないことは明らかである．実際の測定精度は機器の取り扱い説明書などに書いてあるはずで，それを参考にして測定値を有効数字何桁で表すかを決めるべきである．ただし，一般的にはデジタル測定器は，その最小目盛が測定精度とほぼ等しいように設計されているので，今回のデジタルスケールによる測定によれば，大豆の質量を4.21±0.005gと表現することになる．この値とクッキング秤による値4.2±0.05gはお互いの誤差の範囲内にあり，二つの測定に矛盾はない．しかし，精度の高い（相対誤差の小さい）デジタルスケールによる測定のほうが，大豆の質量に対してより強い制限を課すことができた．

[*9] 目盛りの状況によっては常に1/10まで目視で読めるとは限らない．一方，バーニア（副尺）がついている場合は1/10よりもさらに細かく目視できる．

ここで再び図 2.8 を見ると，有効数字は相対誤差すなわち精度と密接に結びついていることがわかる．図の数値から 2.3, 2.30, 2.300 に対応する相対誤差を計算すると，それぞれ，$(0.05/2.3) \times 100 = 2.2\%$, $(0.005/2.30) \times 100 = 0.22\%$, $(0.0005/2.300) \times 100 = 0.02\%$ となる．より一般的な数値に対して有効数字の桁数と相対誤差の関係をまとめると，表 2.3 のようになる．

表 2.3　有効数字の桁数と相対精度

有効数字	対応する相対誤差	
の桁数	とりうる範囲	概略値
1	5%と 50%の間	25%
2	0.5%と 5%の間	2.5%
3	0.05%と 0.5%の間	0.25%
4	0.005%と 0.05%の間	0.025%

ここまで見てくると，式 (2.1) に現れる誤差 Δx に対してたくさんの桁の有効数字をつけても意味がないことがわかるであろう．たとえばある測定を行った結果，式 (2.5) を計算して $x = 230.5 \pm 0.2463$ という値を得たとする．これは最良推定値の 230.5 の有効数字最終桁（小数点以下 1 位）の 5 に相当する誤差の数字は 2 であることを示している．したがって，それ以下の桁の誤差がいくつであるかはもはやあまり問題にならない．基本的には，誤差は有効数字 1 桁で表記するのでほぼ問題ない．しかし，四捨五入の影響を考えて，誤差は有効数字 2 桁で表記するのがよい．仮に計算でそれ以上の有効数字が見かけ上出てきても有効数字 2 桁で丸めて表記する．すなわち，上記の例では $x = 230.5 \pm 0.25$ とするのがよい．

大きな数の計算と有効数字

1 年（1 太陽年）の長さを秒で表すと 31,556,925 秒である．しかしこれだけの精度が必要でない場合も多い．例えば，「宇宙の年齢 138 億年は何秒か」という計算をするとしよう．このような計算はほとんどの場合「桁の話」をしているので精度はさほど必要でない．そこで，有効数字 1 桁でよければ

$$3.2 \times 10^7 [秒/年] \times 1.4 \times 10^{10} [年] = 4.48 \times 10^{17} = 4 \times 10^{17} \quad [秒]$$

という計算をすればよい．この場合，1年の秒数と宇宙年齢は，実際の有効数字よりも少ない有効数字で計算してよい．結果が有効数字N桁でよければ計算は有効数字(N+1)桁で行えばよい．このように「桁の話」をする場合，計算の便宜上，有効数字と測定精度の関係を無視して，有効数字の桁を落として計算する場合がある．

「桁の話」は物理学的思考の基礎であり，自然の理解において重要な役割を果たす．このような計算のやり方をマスターしておけば，さまざまな問題に応用できる．一例を挙げよう．地球の水は海洋と大気と大陸の間を循環している．海洋の水は何年くらいで全部が入れ替わるかという問題を考えてみる．毎年，海から大気中に蒸発してゆく量と，雨となって直接海に降る量と陸上に降った雨が河川から海に流れ込む量の和はほぼ等しいはずである．それが海水の循環量に相当する．海にある水の総量をこの毎年の循環量で割れば，海の水の全部が入れ替わる年数を求めることができる．もちろん，海洋の深層水が完全にかき回されてすべて表層の水と混じるわけではないだろうから，一度も雨となって大陸に注いだことがない水もあるだろう．専門家はいろいろ注意すべき問題を指摘してくれるだろう．しかし，上記の計算をすれば「桁の話」はわかる．こう考えるのが「物理の見方」である．

やってみよう．幸いなことに計算に必要なデータはすべて『理科年表』にある．平成27年版によると，海水の総量は $1.348850 \times 10^9 \, \mathrm{km}^3$ である．海への降水量は毎年 $3.85 \times 10^5 \, \mathrm{km}^3$，河川から海への流入量は $4.0 \times 10^4 \, \mathrm{km}^3$ なので，循環量は $4.25 \times 10^5 \, \mathrm{km}^3$ である．ここでも有効数字1桁の計算をすると，3×10^3 年，すなわち3000年という答えを得る．

2.2.3 数値実験における計算誤差

計算機における実数の表現

数値計算で扱う実数のとる範囲は通常は極めて広い．そのため，実数は浮動小数点数(floating point number)で表現される．$0.012345 \to 1.2345 \times 10^{-2}$ のように，実際の小数点位置とは異なる表記で小数点数を表す手法を浮動小数点表示という．浮動小数点表示では，数は仮数部と指数部に分けて，一定のビット数を使って表現する．浮動小数点表示の利点は，有限のビット数で，

非常に小さな数から非常に大きな数まで，可能な限りの有効数字を保持しながら計算できるということにある．しかしながら，有限のビット数を用いているために，表現できる数は有限個であり，最大値と最小値が存在することになる．

浮動小数点表示では，数値 a を

$$a = \pm f \times \beta^m \tag{2.7}$$

の形に表現し，このときの小数部分 f とべき乗の指数 m をそれぞれ何ビットかの 2 進の整数で表して，それぞれ仮数部と指数部という．これらの 2 つと符号を合わせて 1 語の中にまとめて納める．f と m の組み合わせに関して，いくとおりの場合も考えられるので f が 1 より小さい最大の小数になるようにして表される．これを正規化という．

1 つの浮動小数点数を表現するために，仮数部が 23 ビット，指数部が 8 ビット，符号が 1 ビット，全部で 32 ビットを使う表示法がよく採用されている．これを単精度浮動小数点数という[*10]．任意の実数をこのような表示で表すということは，本質的に誤差を含むことを意味する．なぜなら，仮数部の桁数が有限であり，これで決まる有効数字以上の精度をだすことはできないからである．仮数部が 2 進 23 桁の単精度の場合，$2^{23+1} = 2^{24} \sim 10^{7.22}$ であるから 10 進数での有効数字は約 7 桁である．ここで 2^{23} でなく 2^{24} となるのは，仮数部を 2 進で $(1.d_1 d_2 d_3 \cdots d_n)_2$（$d_i$ は 0 か 1）となるように規格化しており[*11]，小数点の左の最上位桁は常に 1 なので省略できるからである．これを「暗黙の整数ビット」というが，この仕組みで仮数部は実質 $23 + 1 = 24$ ビットとなるのである．

単精度の有効数字では足りない場合もしばしば起きる．この場合には，仮数部が 52 ビット，指数部が 11 ビット，符号として 1 ビットの 64 ビットからなる倍精度浮動小数点数が用いられる．この表現では対応する 10 進数の有効数字は，$2^{52+1} \sim 10^{15.95}$ であるので，約 16 桁となる．

[*10] 浮動小数点数の計算で最も広く採用されている標準規格の IEEE 754（IEEE 浮動小数点数演算標準）による．

[*11] したがって (2.7) 式の f は，「1 より小さい最大の小数 ×2」に規格化されることになる．

計算誤差

　浮動小数点数の体系は有限個の数からなり，したがってそれには上限と下限がある．しかも，その分布は一様ではない．浮動小数点数の体系がもつこの制約から，丸め誤差，桁落ち，情報落ちという計算誤差が生じる．

　計算機の中では，実数型数値はすべて，符号，指数部，仮数部として記憶される．プログラムやデータとしてある数値を 10 進数で与えた（入力した）とき，計算の途中で現れる数値も，もちろん最終結果も，計算機の中ではすべてこの形式に変換されている．

　実数型数値の仮数部は有限の桁数しかもたないため，この形式に変換するとき，数値は原則として切り捨て，あるいは丸め（10 進の場合の四捨五入）を受ける．切り捨てと丸めを総称して丸めと呼び，丸めによって生じる誤差を丸め誤差（round off error）という．10 進数で有限な桁数である 0.1 であっても，計算機が記憶するために 2 進数に変換すると，無限循環小数になってしまう．これでは有限の桁数の仮数部には入りきれないので，丸め誤差を生ずる．したがって，10 進数はほとんどすべて，ひとたび浮動小数点数に変換されると丸め誤差を生ずることがわかる．

　切り捨てを行ったときに生ずる相対誤差の上限値は，β 進 n 桁の浮動小数点数 $(c_1 c_2 c_3 \cdots c_n)_\beta$ では $c_1 = 1, c_2 = c_3 = \cdots = c_n = 0$ のときの最後の桁の 1，つまり

$$\varepsilon_M = 1/\beta^{n-1} = \beta^{1-n} \tag{2.8}$$

となる．これは，丸め誤差の目安になり，浮動小数点体系に特有の値である．この値は計算機イプシロン（machine epsilon）と呼ばれ，仮数部が 2 進 23（+1）桁の単精度では

$$\varepsilon_M = 2^{1-24} = 1.192 \times 10^{-7}$$

仮数部が 2 進 52（+1）桁の倍精度では

$$\varepsilon_M = 2^{1-53} = 2.220 \times 10^{-16}$$

となる．

　大きさがほぼ等しい二つの浮動小数点数の引き算を行うときに，桁落ちが

生ずる．二つの浮動小数点数の大きさがほぼ等しく，n 桁からなる仮数部の
うち上位 k 桁が等しいとする．このとき引き算を行うと，上位 k 桁が打ち消
し合い，結果の仮数部には $n - k$ 桁の情報しか残らない．

　桁落ちとは逆に，大きさに桁違いの差がある二つの浮動小数点数の加減算
を行うときに，情報落ちが生ずる．大きさの異なる二つの浮動小数点数の加
減算を行う場合，小さい方の指数部を大きい方の指数部に合わせて，仮数部
の桁ずらしを行ってから加減算が実行される．したがって，両者の大きさに
桁違いの差があると，小さい方の下位の何桁かが失われ，この部分の情報が
結果に正しく生かされない．

2.3 データ収集法

　データを取得する方法にはさまざまなものがある．自然科学ですぐに思い
つくのは，観測と観察，実験，フィールド調査などである．人文・社会科学
においては，文献資料や記録の調査，文化人類学などにおけるフィールド調
査やいわゆる社会調査などが挙げられる．しかしこれらの方法は，必ずしも
この分野ならこの方法という具合に決まっているものではない．以下では，
いくつかの調査方法について具体例やデータ解析における留意点などを含め
て解説する．社会調査については別途 4.2 節にまとめて述べる．

2.3.1 標本抽出と標本誤差

　データを収集する場合，対象とするすべてのデータ，すなわち母集団，を
収集することは一般に困難あるいは不可能であり，母集団から抽出された標
本（サンプル）を与えられたデータとして解析することになる（9.1.1 項参照）．
母集団から標本を抽出することをサンプリングという．母集団の統計量と，
それに対応する量を標本から計算した値との差を標本誤差（またはサンプリ
ング誤差）といい，偏り（バイアス）と変動（ばらつき）の二種類がある．

　思考実験としてダイアモンド 6 個からなる母集団を考えよう[*12]．この 6

[*12]　このような少数の要素からなる集団を母集団としてさらにそこから標本を抽出す
ることは実際にはないが，標本誤差のバイアスとばらつきを理解するためにあえてこの
例を用いる．

個のダイアモンドの重さはカラット[13] 単位で $\{2, 4, 5, 5, 6, 8\}$ とする．母集団がこのような構成で，平均の重さが 5 カラットであることは観測者には未知である．ここでは，この中から 2 個からなる標本（後述するランダムサンプル）を取り出して，その二つの重さから母集団の平均値を推測することを考える．取り出した 2 個は重さを測ったらもとに戻すものとする．この場合，標本のすべての可能性を列挙すると，$\{2,4\}$, $\{2,5\}$, $\{2,5\}$, $\{2,6\}$, $\{2,8\}$, $\cdots$, $\{5,8\}$, $\{6,8\}$ の $15 (= {}_6C_2)$ 種類となる．これらの標本から計算される平均値（標本平均）はそれぞれ，$3, 3.5, 3.5, 4, 5, \cdots, 6.5, 7$ カラットとなる．このように，一つの標本に対する平均値は母集団の平均値からずれている場合が多い．これが変動である．しかし，15 種類の標本の「平均値の平均値」を計算すると 5 カラットとなり，母集団の平均値と一致する．このことを次のように表現する．「母集団の平均を推定するためにランダムサンプルの標本平均を用いると，この推定は変動（ばらつき）はあるが偏り（バイアス）はない」．

ところが，もし何らかの原因で，2 個のダイヤを取り出すときに，6 個のうちの重い方の半分 $\{5, 6, 8\}$ の 3 つが取り出されやすいとする．この場合は，標本平均の平均値を取っても 5 カラット以上になるので，標本平均には変動に加えて偏りがあることになる．このような形で抽出された標本はバイアスのある標本である．これに対してバイアスのない標本は無バイアス標本と呼ばれる．

サンプリングにおいては，どのようにして標本を取り出すかというところで，さまざまな方法がある．社会調査などでは調査目的に合わせて基準を設定してサンプリングすること（有意抽出）もしばしば行われる[14]．一方，自然科学においては無作為抽出（ランダムサンプリング）によることが一般的である．これは，母集団から完全に無秩序なやり方で標本（データ）を取り出す方法である．このようにして得られた標本を無作為標本（ランダムサンプル）という．これは概念的には明快であるが，取り出したデータが母集団を正しく代表するものであるかどうかを，無バイアス性の観点から立証するのは簡単ではない．

---

[13]　1 カラット $= 0.2\,\mathrm{g}$

[14]　「20 歳代の若者の意見分布を調査する」，「一人暮らしの 70 歳以上の人の 1 週間の外出頻度を調べる」など．

2.3.2 観測と観察

観測と観察は，対象に働きかけることなく，対象を観測あるいは観察することによって希望するデータを収集する受動的な方法である．典型的な例は天文観測や気象観測である．動植物の生態観察もこれに含まれる．この場合には，データを定量化する「目盛り」がきちんと定義され調整可能であることが重要である．目盛りの調整をキャリブレーション（校正）[*15] と呼ぶ．

眼視観測時代の天文学では，変光星の観測にドイツのアルゲランダー (Friedrich W.A. Argelander, 1799–1875) が光階法を提案し，観測精度が格段に上がった．これは基準となる星を定めて，その星の明るさと比較して変光星の明るさを測る方法である．二つの星の明るさの違いを，「何度見ても同じ明るさに見える（0 光階）」から，「一方がかなり明るく見える（5 光階）」までの 6 段階に分けて表現してキャリブレーションする方法である．天文観測技術の大きな進歩により，現在では天体の明るさの測定は，相対誤差 10^{-5} 以下で行うことが可能である．

2.3.3 実験とフィールド調査

実験とフィールド調査はともに，能動的に目的とするデータを収集する方法である．実験は対象を制御するのに対してフィールド調査は対象のありのままの状態からデータを収集する．

実験

実験には大別して精密科学実験と統計的実験がある．前者は，条件をできるだけ精密に制御して，ある現象の因果関係と法則性を明らかにするものである．具体的にいえば，「ある現象に関わる物理量 Q がある物理量 X によって決まり，その法則性は $Q = f(X)$ で表される」ことを実証する実験である．実際には，Q は X だけで決まることはなく，Y や Z など他の物理量も関係しているかも知れない．そこで，X 以外の物理量をできる限り均一にした条件を人為的に作り出し，X だけを変化させて Q の振る舞いを見るのである．

大学のカリキュラムとして行う物理実験によく登場する「振り子」の実験

[*15] 古くは「較正」という字があてられていたが，最近は「校正」が広く用いられるようになった．

を例に取ろう．振り子を特徴づける物理量は，錘の質量 m と糸の長さ l である．周期 T には振幅 A も関係する．はじめに，l を一定にして m を変えたいくつかの振り子の周期を測定してみると，T は m には依存しないらしいことがわかる．そこで，次に $m = M$（一定）に固定した振り子で，振幅 A を変えて周期を測る．今度はわずかではあるが A による違いが見て取れる[*16]．次に，$m = M$ としたままで，糸の長さ l を変化させて周期 T を測ると，今度は T が大きく変わることがわかる．しかし，T は A にもわずかに依存していたので，この測定では A を一定にしておくことが必要である．一般には $A = A_0 \leqq 30°$（微小振幅）と定めて l だけを変化させた実験から，$T \propto \sqrt{l}$ の関係を導くという筋書きである．さらに，実際には $T = 2\pi\sqrt{l/g}$ であることから重力加速度 g について何らかの課題を課す場合が多い．精密科学実験におけるデータの収集は，このように計画的かつ戦略的に行う必要がある．

　ある物理量 Q が X に依存して変わることを実証するのは（変化量が大きいときには）比較的簡単であるが，Q は X に依存しないことを実験で実証することは大変困難である．ある実験で変化が検出できない場合でも，厳密には「実験した X の範囲内では測定誤差を越える有為な Q の変化が観測できなかった」ことしかいえないからである．

　精密科学実験が人工的に制御された純粋な条件の下で行われるのに対して，統計的実験は，工学，農学，医学など現実の応用の場で因果関係を確かめ法則性を調べ，何をなすべきかという指針を与えるものである．実際，統計的実験の方法は，イギリスの統計学者フィッシャー（Sir Ronald A. Fisher, 1890–1962）が実験農場の研究員をしていたときに開発したものである．現実の場では条件を完全に制御することは不可能であるので，実験の場は実験室ではなく，現実の応用の場に近い状況を設定して行う．したがって，研究対象とする条件（因子）の他にさまざまな制御できない因子が影響して誤差が積み重なる．また，一つの条件（因子）だけを制御するのではなくいくつかの因子を同時に変化させる必要があることも多い．そのような状況下で，どのように因子を制御すれば最もよい結果が得られるかを調べるのが統計的実験

[*16] A を変化させる範囲が狭いと違いが検出できないことがある．

である．工場で生産される製品の品質管理，新薬の臨床試験，農作物の収穫量向上などさまざまな場面で利用されている．統計的実験の方法と得られたデータの解析法を研究する学問分野は実験計画法と呼ばれる．

フィールド調査

　自然科学において，ある地域で起きている現象の特質を正確に把握するためには，その現象が発生している現場においてフィールド調査をすることが有用である．この場合，対象となる地域全体で調査することは不可能なことが多い．そこではじめに，調査地域の選定，位置づけが重要である．つぎに，現象理解のための中心となる測定項目と測定方法を検討する．測定機器の特性や制約から，やむを得ず不完全な測定計画を立てる場合があるが，現象の特質から完全な測定方法を理解した上で測定することが重要である．またその現象が顕著に現れている地点を探し出すことも新しい知見を得るのに決定的となる．このようにフィールド調査は，対象地域の選定と測定方法，収集した分析資料の適否により結果が異なる．

　フィールド調査において必ずしも期待した成果が得られない場合，徹底した総括が重要である．現象を解析的に取り扱うあまりに，安易に単純化，理想化して現実と乖離したモデルになっていないか検討し，多様な側面を持つありのままの現実から常に学ぶ必要がある．実験のようにマニュアルはないが，試行錯誤を繰り返し得られる「現地調査能力」という目に見えない力はさまざまな分野への応用が可能である．

2.3.4　文献資料や記録の調査

　文献資料や記録の調査は，すでにある資料から必要なデータを探し出すいわば受動的な方法である．原資料は，本，論文，新聞，雑誌，手紙，ホームページ，メール，ツイッターなどであり，比較文化研究，文化人類学研究，文学研究，個人の伝記的事例研究などには欠かせないものである．これらの資料は必ずしも当該研究や調査のために記録されたものではないことが普通なので，内容をさまざまな手法で分析する．最近では，分析結果をより客観的に数量化するために，コンピュータを利用する方法も発達してきている．

　近年では，行政官庁の業務で集めたデータ，病院のカルテや患者の治療時

のさまざまな測定値，スーパーマーケットの売り上げなど，莫大な情報があり，しかもそれがデジタル化されて蓄積されている．これらの膨大な情報（ビッグデータ）を統計的に解析して新しい知見を得ようとするデータマイニング（3.5 節）は，記録によるデータ収集法を活用する最先端の形といえる．

経済資料，人口資料，国際統計，評論（review）など，複数の原資料をまとめた統計資料・評論的資料も重要な研究対象となり得る．現代では，研究者個人では出し得ない膨大なデータベース資料まで公開されている．ただ同じ数字を比較する場合でも，国により人により，算出の方法が異なることがあるから，利用に当たっては，資料収集の方法と数字算出の基準に注意しなければならない．

新しい研究を始める前には，参考とする先人の研究資料，いわゆる先行研究資料を調べておくことが必要である．追試をする場合を除き，すでに行われた研究を繰り返すことは無駄である．有用な文献の存在を絶えず追いかけるための情報検索をすることが重要である．これらさまざまな文献資料を収集するのに重要な役割を果たす図書館の利用については 2.4 節で述べる．

KJ 法

ここで，原資料の内容を分析するための方法の一つである有名な「KJ 法」を紹介しておく．KJ 法の名前の由来は，提唱者の文化人類学者，川喜田二郎（1920–2009）のイニシアルから来ており，元来は学問的な方法論であったが，1960 年代から 70 年代の高度成長期より，課題解決のために問題点を整理する方法として，ビジネスマンや研究者の間で広く用いられるようになった．

KJ 法は 4 つの作業段階からなる．第 1 段階では，考えなければならないテーマについて思いついたことをカードに書き出す．このとき，1 枚のカードには 1 つのことだけを書かなければならない．

第 2 段階では，集まったカードを分類する．このとき，分類作業にあたっては先入感を持たず，同じグループに入れたくなったカードごとにグループを形成するのがよい．グループが形成されたら，そのグループ全体を表す 1 文を書いたラベルカードを作る．以後は，グループをこのラベルカードで代表させる．さらに，グループをまとめたグループを作り出してもよい．ラベルカードは，小項目 → 中項目 → 大項目と，だんだん大きなカテゴリーを表

すものとなる.

第3段階では，グループ化されたカードを1枚の大きな紙の上に配置して図解を作成する. このとき，近いと感じられたカード同士を近くに置く. そして，カードやグループの間の関係を特に示したいときには，それらの間に関係線を引いておく. 課題解決の方法として用いる場合には，さらに，第4段階として，でき上ったカード配置の中から出発点のカードを1枚選び，隣のカードづたいにすべてのカードに書かれた内容を，一筆書きのように書きつらねて行く. この作業で，カードに書かれた内容全体が文章で表現される.

古代記録からのデータ収集例

考古学的な古代記録からデータ収集を行った例もある. アメリカの中国学者であるウィットフォーゲル (Karl A. Wittfogel, 1896–1988) は，中国の殷の時代の約15000点の甲骨片[17] から，月 (month) の名前と気象に関係ある事柄が記載されている300点あまりを選び出し，それに基づいて殷時代の季候に関する研究を行った.

これは古代記録といっても人間が記録したデータであるが，いわば「自然が書いた記録」からデータを収集する例もある. 南極やグリーンランドなどでは大昔から降り積もった雪がちょうど地層のように層状に積み重なり氷床となっている. 氷床のボーリングを行って取り出される筒状の氷の柱を氷床コアと呼ぶ. 最も深いところから掘り出された氷床コアは約70万年昔まで到達する. この氷床コアに含まれる酸素の同位体比から当時の二酸化炭素濃度が推定できたり，硝酸の量から地球大気に降り注いだガンマ線[18] の量が推定できたりする. このことを利用して，地球の気温と二酸化炭素濃度の長期にわたる相関や，太陽活動や超新星の発生頻度の研究が行われている. 氷床コアには自然が書いた記録が刻み込まれているのである.

---

[17] 占いのための文字が刻まれた亀の甲羅や動物の骨.

[18] 太陽から届くもののほか，銀河系内で超新星爆発が起きるとガンマ線の量が増える.

2.4 図書館の役割

　文献，資料，書籍などさまざまなデータの収集に図書館は欠かせない．しかし図書館は単に，本を借りに行くところ，あるいはデータを収集しに行くところではなくさまざまなサービスを得られる場だ．大学在学中はもちろん，卒業して社会に出てからも，勉強や仕事，趣味などのさまざまな生活上の局面で必要な情報を提供する情報拠点として，図書館は重要な役割を持っている．この節では，そんな図書館の役割について，利用者の立場に即して述べる．

2.4.1　大学図書館の役割

　文部科学省は大学図書館の機能を，以下のように述べている．「大学図書館は，大学における学生の学習や大学が行う高等教育及び学術研究活動全般を支える重要な学術情報基盤の役割を有しており，大学の教育研究にとって不可欠な中核を成し，総合的な機能を担う機関の一つである」．

　大学の教育研究にとって不可欠な中核である図書館は，さまざまなサービスを提供している．大学図書館には「学習室」の役割がある．一人一人が自分の時間割を作って学ぶ大学生は，学内で空き時間を過ごさねばならないこともある．そのようなとき，自分の時間を有効利用するために，図書館を学習室として使うとよい．教科書や参考図書，辞書などが置かれており，授業の予習復習はもちろん，資格取得のための勉強などもできる．

　大学生には，レポートや論文の作成，研究発表などが課されるが，そのときには，自分のテーマに応じた資料やデータを集めなければならない．情報を収集するのにインターネットの検索エンジンを使うのは極めて日常的な光景だが，ネット上の情報には信憑性の低いものもある．ウィキペディアに依存するだけでは，決して学問的とはいえない．検索結果が膨大なあまり，何を活用したらよいのかがわからないこともある．雑多な情報から信憑性のある情報を的確に得ることは，実は大変難しい．

　一つの例を示そう．2014 年 11 月 2 日時点で筆者の PC から「アポロ計画」というキーワードでグーグル検索を行った結果，トップページに出てきた 10 件の見出しは上から順に次のようになった．

- アポロ計画 — Wikipedia
- アポロ計画陰謀論 — Wikipedia
- アポロ計画 — デザイン会社 (MC)
- 航空の現代：アポロ計画の謎
- アポロ計画 — 宇宙情報センター
- アポロ計画の歴史 (年表) — The Moon Age Calendar
- アポロ計画の嘘と捏造の流失映像発覚！覆い隠すのに必死な…
- アポロ計画の嘘 徹底検証 part1 — YouTube
- 「アポロ計画の謎」のウソ — FC2
- アポロ計画とは (アポロケイカクとは) [単語記事] — ニコニコ大百科

自然科学のリテラシーに乏しい人がこの 10 のサイトを順に見ていくと,「アポロ計画って捏造だったのかも知れないな」という感想を持ってもふしぎではないくらいだ.

　ネットにある情報は信頼性がなく, 本に書いてある情報は正しいということでは決してない. しかし, ネットにある情報は玉石混淆でかつ膨大なので, そこから信頼性のある情報やデータを得るには, 基礎知識と一定の訓練が必要なのである. 探していた情報をネットで見つけたら,「良い手がかりを得た」と考えれば良い. その情報の原出典までたどれたら一安心できる. 種々の数値データについても同様である. 数値データの出典としては, 毎年発行される『理科年表』(国立天文台編, 丸善) を推奨する. 掲載データの原出典が明記されているのが特長である. これほどの広範囲の数値データを一冊にまとめた書物は世界にも類を見ない.

　図書館には「調査研究の基地」という重要な役割があるので, 資料を捜す際にはぜひ活用してほしい. 本や論文など, 自分に必要な資料がすでに決まっている場合は, まず自分の大学の図書館の蔵書検索 (OPAC)[19] を使い, 学内にあるかどうかを調べるとよい. 多くの大学の OPAC は図書館の OPAC コーナーからだけではなく, 自宅の PC やスマートフォンからでもア

---

[19]　Online Public Access Catalog の略. 図書館で公共利用に供している蔵書目録のこと. 異なる大学間の横断検索もできる.

クセスできるようになっているはずである.

　本の題名や著者名，キーワードなどを入力するとその資料が自分の大学内にあるかどうかがわかるので，ある場合は，資料の置いてある場所に行って読むか，館外に借り出す．大学内に複数の図書館がある場合には，他館に置いてある資料を取り寄せることも可能だ．また，必要な資料の題名がわからないとき，図書館の本棚の前に行って書名を眺めたり，参考図書コーナーを見ているだけでも調査研究のアイディアを得ることができ，勉強になる.

　さて，大学図書館の OPAC を調べた際，必要な資料が学内にないことがわかったら，どうしたらよいか．過去に出版された資料全般については，次のデータベースが便利である.

- NDL-OPAC（国立国会図書館蔵書検索システム）
  「国会図書館」という館名ゆえに，まじめな本しかないのではないかと思われがちだが，日本国内の出版物は国立国会図書館に納めなければならないという「納本制度」があるため，大学や研究機関ではお目にかかれないような資料を持っているのがこの館の奥深いところである．国内で刊行された文献を網羅的に調べるには，国会図書館の検索システムを勧める．満 18 歳以上であれば誰でも利用できるが，館外貸出サービスを受けることはできない.
- CiNii Books（国立情報学研究所）
  全国の大学図書館等が所蔵している本と雑誌を横断検索できる.
- CiNii Articles（国立情報学研究所）
  定期刊行物の雑誌・論文記事を調べるのに有効.

　いずれのデータベースもそれぞれ特徴があり，人によって必要な情報が異なるので，自分で検索語を入れて実際に検索して慣れておくことが必要である.

　これらのデータベース検索によって，必要な資料が学外の図書館に所蔵されていることがわかったら，自分の大学図書館のレファレンスカウンターで相談し，取り寄せか，複写依頼をするとよい．大学図書館で紹介状を書いてもらって，直接その図書館を訪ねることも可能である．大学図書館にない本

については，購入希望を出すのもよいだろう．自分で買えないような高額な専門書などは図書館に買ってもらうのがよい．自分に必要な本は他の利用者にも必要かもしれず，一人一人が欲しい本をリクエストすることで図書館がより豊かな場所になっていくだろう．

なお，大学図書館で使える有益なデータベースは他にもある．図書館公式サイトにアクセスし，「オンライン・データベース」のコーナーを眺めてみるとよい．法政大学図書館の例でいえば，『日本国語大辞典』『現代用語の基礎知識』など約50種のコンテンツを利用できる．Japan Knowledge Lib や，新聞や雑誌のデータベースなどもある．オンラインで辞書を引き，新聞記事や雑誌を読むことができるのは，日常生活を送る上でも非常に便利である．前掲の『理科年表』もオンライン上で使うことができる．かなり多様なデータベースが用意されているので，まずどういうものがあるか，自分にとって何が有益かを見ておくとよい．オンライン・データベースは個人で契約すると高額な利用料がかかるが，大学で使えば無料である．利用条件に注意してぜひ使ってみてほしい．

以上，基本的な事柄に絞って述べたが，図書館の活用方法でわからないことがあったら，ぜひ図書館員に相談しよう．図書館のプロとして，効率のよい文献の調べ方，資料検索のコツなどを教えてくれる．

2.4.2 公共図書館の役割

大学を卒業して社会人になると，学生時代とは別の意味で新たな勉強—就職先での情報収集，資格試験の準備など—をする必要が生じる．近年，東京の六本木に会員制の「六本木ライブラリーアカデミーヒルズ」がオープンし，自主的に学ぼうとする大人のための新しいタイプの図書館として注目されている．アカデミーヒルズの環境は実にすばらしいが，いかんせん利用料金が高いので誰でも使える場所とはいえない．

その点，大学図書館は心強い味方である．多くの大学図書館は，卒業生に門戸を開いており，登録料を払わねばならないこともあるが比較的安価である．在学中に自分の大学の図書館で身につけた図書館活用術をそのまま使えるのもありがたい点である．

また，公共図書館には年齢，性別，収入などの差別なく，すべての人に開かれている無料の施設として得がたい価値がある．先ほど国立国会図書館の例を挙げたが，国立，県立，市立，区立とさまざまな公共図書館が全国あちこちにあるのだ．しかも公共図書館には実は個性がある．筆者は国立国会図書館をよく利用するが，永田町にある東京本館だけでなく，上野にある分館（国際子ども図書館）もしばしば訪れる．この館は国内外の児童書および関連資料を広範に収集・保存している専門図書館である．子どもの本のミュージアムとしての展示や，子ども向けのイベントが楽しい図書館である．神奈川県立川崎図書館は全国的にも珍しい産業・科学技術中心の公共図書館だ．ビジネス支援に力を入れていることで知られ，本だけでなく，データベース，ビデオ，専門家による創業・経営相談なども利用できる．また，サイエンスカフェのようなイベントも定期的に開催され，多くの人々が科学に親しめるような工夫がなされている．

公共図書館の中には地域を支える情報拠点として注目されている館もあり，東京都内では千代田図書館や，武蔵野プレイスなどが新しいタイプの図書館として知られている（猪谷千香，2014）．しかし，どんなにすばらしい図書館が存在していたとしても，自分の活動範囲からあまりにも遠ければ日常的には利用できない．自分の活動範囲内にどんな図書館があるかを知り，使い勝手のよい場を捜しておくとよいと思う．

ニューヨークの図書館事情についての刺激的なレポート『未来をつくる図書館』（菅谷明子，2003）によると，図書館は「独自に資料を収集し，整理し，検索ツールを開発するという基本的な作業を行い，情報に対する民主的なアクセスを保証するための公共的な情報空間として存在するものである．いくらインターネットに膨大な情報があっても，そこに存在しないタイプの情報の方が当然ながら圧倒的に多いのだ」と述べられている．情報の時代であるからこそ，インターネットだけに依存せず，図書館を活用して優良な情報を得てほしいと思う．

Chapter 3

自然科学の技法

3.1 連続量のモデリング

　科学の世界では，事象や事象が起こる過程を抽象化することがしばしば行われる．この抽象化を「モデル化」といい，抽象化されたものを事象の「モデル」という．自然科学，とりわけ物理学の世界では，数式を用いた数理モデルが多用される．物理学は数理モデルを使うことで数学の恩恵を受けてきたが，一方，物理学のモデルに使われることで数学の発展も促されたという側面もある．物理学の世界において，頻繁にモデル化に用いられる数学的手法は，微分方程式である．通常の微分方程式などを用いたモデルは確率的要素を含んでいないために決定論的モデルと呼ばれる．まずはじめに，力学系と電気回路の二つの例について微分方程式を用いた決定論的モデルの例をあげて，モデル化することの利点を示す．

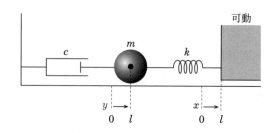

図 3.1　質量とバネとダッシュポッドからなる力学系の例

まず，図 3.1 のような力学系を考える．ここで，バネ定数を $k\,[\mathrm{N/m}]$，球の質量を $m\,[\mathrm{kg}]$，ダッシュポッド[*1]の粘性摩擦係数を $c\,[\mathrm{N\ sec/m}]$ とし，バネやダッシュポッドの質量や，空気抵抗，球と床面との摩擦抵抗などは無視できるものとする．球の位置を y，可動壁の位置を x とし，バネが自然長でかつダッシュポッドに十分な伸縮余地がある状態における球や可動壁の位置を，それら各々の基準位置とする．時刻 $t<0$ における十分な時間，可動壁が右に $x=l\,[\mathrm{m}]$ だけ変位して静止しており，球も右に $y=l\,[\mathrm{m}]$ だけ変位して静止している．そして時刻 $t=0$ において，瞬時に可動壁の変位をなくして $x=0\,[\mathrm{m}]$ とする．時刻 $t=0$ 以降の球の位置 y を求めるにあたり，まず行うことは x と y の関係を微分方程式で表すことである．この例では力の釣り合いに基づき次式が得られる．

$$m\frac{\mathrm{d}^2 y}{\mathrm{d}t^2} + c\frac{\mathrm{d}y}{\mathrm{d}t} + k(y-x) = 0 \tag{3.1}$$

ここで，$\omega_n = \sqrt{k/m}$, $\xi = c/(2\sqrt{mk})$ とおく．$\omega_n\,[\mathrm{rad/sec}]$ は固有角周波数，無次元の ξ は減衰比とよばれる．これらを用いると，式 (3.1) は次のように書き替えることができる．

$$\frac{\mathrm{d}^2 y}{\mathrm{d}t^2} + 2\xi\omega_n \frac{\mathrm{d}y}{\mathrm{d}t} + \omega_n^2 y = \omega_n^2 x \tag{3.2}$$

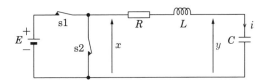

図 **3.2** R と L と C からなる電気回路の例

次に，図 3.2 で示す電気回路を考えよう．抵抗の値は $R\,[\Omega]$，コイルのインダクタンスは $L\,[\mathrm{H}]$，コンデンサのキャパシタンスは $C\,[\mathrm{F}]$ とし，コイルの内部抵抗やコンデンサの洩れ電流などは無視できるとする．そして RLC 直列回路に入力される信号の電圧を $x\,[\mathrm{V}]$，コンデンサの端に得られる出力

[*1] シリンダー内に流体を封入しピストンを入れて，ピストンの速度に比例する抵抗を発生させる装置．自動車などではダンパーと呼ばれる．

信号の電圧を $y\,[\mathrm{V}]$ とする．時刻 $t < 0$ における十分な時間，スイッチ s1 は閉じられ，一方でスイッチ s2 は開かれており，電源から $E\,[\mathrm{V}]$ が供給されているとする．よって，$t < 0$ では $x = y = E\,[\mathrm{V}]$ である．時刻 $t = 0$ において，スイッチ s1 を開くと同時にスイッチ s2 を閉じる．よって，$t \geqq 0$ では $x = 0\,[\mathrm{V}]$ である．時刻 $t = 0$ 以降の出力電圧 y を求めるにあたり，力学系の場合と同様，まず x と y の関係を微分方程式で表す．コンデンサに流入する電流は $i = C\mathrm{d}y/\mathrm{d}t$ で表される．一方で入力電圧 x と出力電圧 y の差は，抵抗の両端に生じる電圧とコイルの両端に生じる電圧の和として $x - y = iR + L\mathrm{d}i/\mathrm{d}t$ で表される．これらより，常に成り立つ次式が得られる．

$$LC\frac{\mathrm{d}^2 y}{\mathrm{d}t^2} + CR\frac{\mathrm{d}y}{\mathrm{d}t} + y = x \tag{3.3}$$

ここで，$\omega_\mathrm{C} = 1/\sqrt{LC}$, $Q = 1/(\omega_\mathrm{C} CR)$ とおく．$\omega_\mathrm{C}\,[\mathrm{rad/sec}]$ はこの回路における遮断角周波数，無次元の Q は共振回路の quality factor とよばれる．これらを用いると，式 (3.3) は次のように書き替えることができる．

$$\frac{\mathrm{d}^2 y}{\mathrm{d}t^2} + \frac{\omega_\mathrm{C}}{Q}\frac{\mathrm{d}y}{\mathrm{d}t} + \omega_\mathrm{C}^2 y = \omega_\mathrm{C}^2 x \tag{3.4}$$

この式 (3.4) を式 (3.2) と見比べると，ω_C が力学系の ω_n に，$1/Q$ が力学系の 2ξ に対応しており，両方の式は全く同じ形となっている．したがって，x を入力とし y を出力とする系として見たとき，図 3.1 と図 3.2 はまったく同じ振る舞いをするものであることが分かる．このように，微分方程式を用いて抽象化することにより，力学系と電気回路というまったく異なる種類の系を統一的に扱うことが可能になる．

　この回路で，$E = 1\,[\mathrm{V}]$，$L = 100\,[\mathrm{mH}]$，$C = 0.15\,[\mu\mathrm{F}]$ とした場合，$R = 0\,[\Omega]$ と $R = 220\,[\Omega]$ に対する式 (3.4) の解を図 3.3 に示す[*2]．

　抵抗 $R = 0\,[\Omega]$ の場合，式 (3.4) の左辺第 2 項は 0 で，かつ右辺も 0 であるので，この式は調和振動（単振動）の式と同じになり，振幅一定で定常振動する解が得られる．一方 $R = 220\,[\Omega]$ の場合，振幅が時間とともに減少して

[*2]　今回の条件設定ではどちらの場合も $t \geqq 0$ で $x = 0$ なので，式 (3.2)〜(3.4) の右辺 $= 0$ となっている．

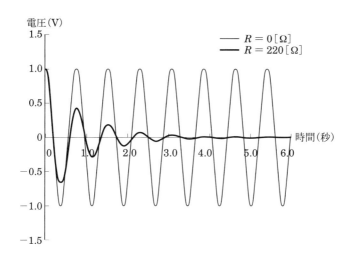

図 3.3 R と L と C からなる電気回路について計算で求められた出力波形の例.$E = 1 [\mathrm{V}]$,$L = 100 [\mathrm{mH}]$,$C = 0.15 [\mu \mathrm{F}]$ で,$R = 0 [\Omega]$ と $R = 220 [\Omega]$ の場合を示す.

次第に 0 に近づいている.このような振動を減衰振動という[*3].微分方程式の形(モデル)は二つの場合で同じなので,図 3.1 の力学系の場合でも,球の質量,ばね定数,ダッシュポットの粘性摩擦係数の組み合わせによって図 3.2 の電気回路と同様の解が得られることがわかる.

電気回路で $R = 220 [\Omega]$ の場合に振幅が減少するのは,抵抗に流れる電流による発熱によって,回路全体から電気エネルギーが少しずつ失われて行くからである.$R = 0 [\Omega]$ であれば $Q = \infty$ となるが,これを図 3.1 の力学系に対応させてみると,$\xi = 0$,すなわちダッシュポッドがない状態 $(c = 0)$ ということになる.電気回路の微分方程式の解から類推すれば,小球は,ダッシュポッドがなければ定常振動し,適切な c の値を持つダッシュポッドを付けると減衰振動することがわかる[*4].ダッシュポッドは小球の運動エネルギーを,内部にある流体の熱エネルギーに変換しているため,振動が減衰するのである.ダッシュポッドと空気抵抗や摩擦などがなければ定常振動となることは,

---

[*3] R, L, C の値によっては,臨界減衰や過減衰という解になることがある.
[*4] 現実には空気抵抗や摩擦のために系のエネルギーが少しずつ失われるので,ダッシュポッドなしでも減衰振動になる.

感覚的にも理解しやすい．微分方程式を用いたモデルを介することで，ダッシュポッドと電気回路の抵抗との間に，エネルギーを熱に変換することにより振動を定常振動ではなく減衰振動にするという共通性を見いだすことができる．

3.2 確率によるモデリング

次に確率的要素を含む確率論的モデルを紹介する．放射性元素の崩壊は，自然界で起きる確率現象の典型的な例の一つである．図 3.4（左）は，2012 年春に関東地方の山間部で採取した土を，自作のガイガーカウンタで測定している様子である．放射線が検出される度にパルス状の電気信号がガイガーカウンタから出力され，装置上の表示器のカウント数が 1 増加する．この状態で電気信号の発生を計測しパーソナルコンピュータ上に記録した．約 20 分間に放射線が 1391 回検出され，検出時間間隔のデータが 1390 個取得できた．階級幅を 0.2 秒として描いた検出時間間隔（放射性元素の崩壊が起きて放射線が検出される間隔）のヒストグラムを図 3.4（右）に示す．

この図からは，検出時間間隔が長くなるにつれて，度数は急速に減少しているように見える．時間間隔のデータを短い順に並べ，短い方から順に 1, 2, 3 と番号を付して，当該間隔に付された番号を 1390 で割ることにより累積相対度数分布が得られる．1 から累積相対度数分布の値を引いた値（補分布）を縦軸（対数目盛）にとり，時間間隔を横軸（線形目盛）にとってプロットしたものが図 3.5 である．この図上で，検出時間間隔が長いために生起数が少ない部分を除き，データはほぼ直線上にあることがわかる．片対数目盛のグラフ上で直線となるのは指数関数である．図には指数関数近似による直線ならびにその式と決定係数も示してある．

この結果は，検出時間間隔の確率密度関数が指数分布でモデル化できることを示唆している．指数分布の確率密度関数は，正の実数である λ のみをパラメータとして，$f(x) = \lambda e^{-\lambda x}$ で表される．また，累積分布関数は $F(x) = 1 - e^{-\lambda x}$ で表され，指数関数近似の結果から $\lambda \sim 1.086$ であることが分かる．

図 3.4（右）に示したヒストグラムの縦軸を相対度数で表したものと，$\lambda =$

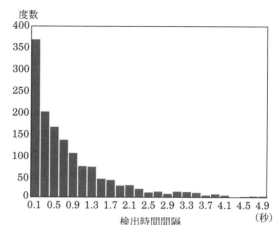

図 3.4 （左）自作のガイガーカウンタと 2012 年春に関東地方の山間部で採取された土．（右）放射線の検出時間間隔のヒストグラム．

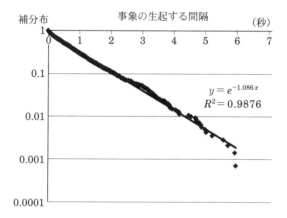

図 3.5 検出時間間隔の累積相対度数分布を 1 から引いて得られる補分布（データ点）と，それを直線近似した結果．

1.086 の指数分布から求められる累積相対分布関数をもとに算出した各階級の相対度数[*5]を，図 3.6 に示す．実測されたヒストグラムと，モデルである $\lambda = 1.086$ の指数分布から算出されたヒストグラムを見比べると，事象の生

[*5] 例えば中央値が $x = 0.3$ の階級であれば，x が 0.4 における累積相対度数分布の値から，x が 0.2 における累積相対度数分布の値を引くことで求められる．

起する間隔がごく短い部分を除き，算出されたヒストグラムは，実測されたヒストグラムのかなり良い近似となっていることが分かる．ちなみに，生起間隔が指数分布に従い分布する事象の場合，単位時間内に事象が生起する回数は，ポアソン分布に従う(9.2.2項参照)．

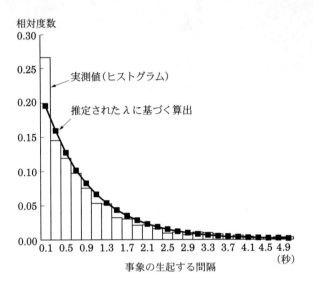

図 **3.6** 放射線の検出時間間隔ごとのヒストグラム

この例では，放射線の検出という純粋に物理的な事象の生起する間隔に対して，指数分布という確率的要素を含む統計学的なモデルをあてはめた．実は，指数分布やポアソン分布は，一見自然科学的ではないように見える分野においてもよく用いられている．

例えばスーパーマーケットにおけるレジの台数と待ち行列の長さとの関係について検討するとする．これは，オペレーションズ・リサーチの分野で扱われる課題である．レジへと向かう客の時間間隔や単位時間あたりにレジへと向かう客の数は，それぞれ指数分布やポアソン分布によりモデル化する．客一人あたりの会計所要時間については，これも適切な確率分布をあてはめてモデル化する．レジの台数を決めた上で，レジへと向かう客の数を一人ずつ指数分布に従う乱数により生成し，またその客の会計所用時間も，あては

めたモデルの分布に従う乱数により客ごとに生成する．この問題は非線形性により解析解を求めることは困難であるため，数値シミュレーションを行って数値解を求めることが，ごく一般的に行われている．純粋に物理学に近い領域だけでなく，日常の人の営みに近い領域においても，同じような確率的モデルが用いられることは興味深い．確率論的モデリングには，ここで述べたもののほかに，きわめてよく用いられる数学的手法であるフーリエ解析とその周辺を含めることもできる．

3.3 統計量によるモデリング

試験問題やアンケート調査に含まれる評価項目群への解答（回答）から，能力，知識，技術など解答（回答）者の特性を評価したり，項目の難易度を測定したりする場合に広く用いられるのが項目応答理論である．この理論は，試験問題への正誤や5段階評価の選択などの離散的データを確率論に基づいて間隔尺度に変換するための数理モデルに基づいている．

この節では，このような統計量によるモデリングの応用例として，項目応答理論の中でも代表的なラッシュモデルを用いたテスト分析手法，および階層化意思決定法（AHP）を解説する．

3.3.1 ラッシュモデルを使ったテスト分析

ラッシュモデルによる分析は，古典的テスト理論に基づいた分析に比して，次のようなメリットがある．

（1）受験者と質問項目の信頼性が別々に算出される（メリット1）

（2）各受験者の能力値および各質問項目の困難度の標準誤差が個別に算出される（メリット2）

（3）受験者の能力値と項目の困難度との関係が一瞥して示されるので，テストの改善に有用である（メリット3）

（4）不適合な項目や受験者を特定し，それらを除くことで分析の妥当性の向上やテストの改良に資することができる（メリット4）

(5) 共通項目・共通被験者計画を用いることで，異なった機会にテストを受けた受験者や異なった項目を用いて行ったテストの，全テスト項目の困難度と全受験者の能力値を同一尺度上で比較することができる(メリット5)

本節ではラッシュモデルのこの特長を活かしたテスト分析の具体例を示す.

英語のリスニングテスト分析

リスニングでは，sandhi-variation(同化，連結，脱落，弱化，以下 sv と省略する)と呼ばれる話し言葉特有の現象が日本人学習者の聞き取りを難しくする大きな要因の一つであるといわれている．例えば，英語聞き取りにおいて did you が「ディヂュー」，next station が「ニクステイシュン」と聞こえたりする．聞いて理解できる語彙の乏しい英語学習者にとって，音が同化や脱落によって書き言葉でのイメージと異なると，リスニングする際の単語の認識に支障をきたすのは想像に難くない．とりわけ，大学受験の影響で，書き言葉重視の英語教育を受けてきた日本人学習者にはこの傾向が強い．しかし，こうした sv が聞き取りに与える一般的影響の大きさに比して，リスニングテストの音声に含まれる sv が，聞き手(受験者)のテストの出来・不出来を実際にどの程度左右するかについては今まで検証が行われてこなかった.

本節では，この課題の検証に向けて，多肢選択式リスニングテストにラッシュモデルがどのように使えるかを示す．多肢選択式を取り上げる理由は，大学入試センターリスニング試験，英検，TOEIC 等の影響力の大きいテストがそれを採用しているからである．先に示したように，一般的には sv が多く含まれると聞き取りは難しくなり，各項目の困難度は上がる(問題は難しくなる)と予想される．一方で，多肢選択式リスニングテストの項目困難度は多様な要因，たとえば，英語本文と選択肢に使われる単語との重複関係に影響を受けるので，sv だけの影響が顕在化しにくいとも考えられる．以下では，「sv を操作することでリスニングテストの結果は影響されるか」ということを実証的に検証した例を解説する.

方法

まず，40 問から構成されるリスニングテストを 2 セット(A と B)作成する．A と B には 11 問の共通項目(アンカーアイテム)を設ける．69 項目(40＋

40 − 11）すべてについて sv の多寡による項目困難度の比較を可能にするためである（メリット 5）. 項目はすべて，2007–2010 年実施の大学入試センターリスニング試験から選んだ. これは，実験参加者の多くが大学入学直後の大学 1 年生であることによる. そして，英語のネイティブスピーカーに sv の多寡だけを変えて音声を吹き込んでもらった. sv が自然に含まれている版をA+, B+ とし，sv を最小限に抑えた版を A−, B− とする. そして，A+, A−,B+, B− 版を二人の英語教師に聞いてもらい，sv の多寡に知覚上の違いがあることを確認した. その後，予備テストを行い，本実験での使用に耐えるテストとした.

本実験参加者は，首都圏にある大学の既成の 4 クラスに在籍する 1, 2 年生計 148 名であった. 介入変数であるテスト効果と順序効果をなくすため，そして共通被験者・共通項目実験デザインを用いるため（メリット 5），A+,A−, B+, B− の 4 つのテストを 表 3.1 のように 4 クラスに割り振った. 1 回目のテストは 2011 年 4 月に，2 回目のテストは 6 月に行った.

表 **3.1** テストの割り振り

クラス(N)	2011 年 4 月	2011 年 6 月
1 (33)	A+	B−
2 (29)	A−	B+
3 (41)	B+	A−
4 (45)	B−	A+

このテストの分析にはラッシュモデル分析専用ソフトである Winsteps を用いた[6]. ラッシュモデル分析の結果そのものを判断する前に，その分析の信頼性と妥当性を確かめる必要がある.

信頼性

ラッシュモデル分析では，受験者の能力値の信頼性と質問項目の困難度の信頼性が別々に数値（最大値 1）として算出される（メリット 1）. この例では，それぞれ 0.79 および 0.92 となり，今回のラッシュモデル分析の信頼性の高

---

[6]　J.M. Linacre (2011), Winsteps (Version 3.70.0), http://www.winsteps.com より2011 年 7 月 5 日に取得したもの.

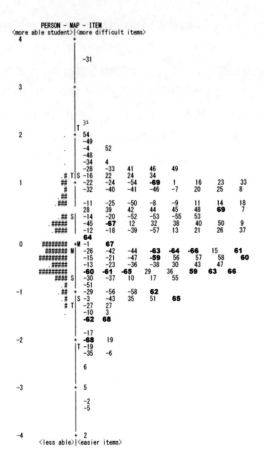

図 3.7 受験者と質問項目の関係(Winsteps による出力)

さを一定程度示している.

図 3.7 は受験者の能力値と質問項目の困難度の関係を示したものである. 一番左列の数値はロジットスコアと呼ばれる数値で, ゼロを平均とする間隔尺度である. この数値に対応する軸が, +印を挟んで垂直に引かれた線である[7]. この軸の左側には受験者に関する頻度分布が, また右側には項目に関する頻度分布が横向きのヒストグラムで表示されている. ロジットスコアの

---

[7] この軸に付けられた M, S, T, はそれぞれ, 平均, $1 \times$ 標準偏差(1σ), $2 \times$ 標準偏差(2σ)を意味する. 左側(能力値)と右側(困難度)では異なっている.

数値が高いほど，左側では能力値の高い受験者，右側では困難度の高い質問項目であることを示す．左側にある 148 人の受験者のロジットスコア（能力値）に対するヒストグラムでは，「#」は 2 人，「.」は 1 人を表している．右側の図は，質問項目（69 項目 × 2 ＝ 138 項目）のロジットスコア（困難度）に対するヒストグラムである．数字は項目番号で，同じ項目番号でプラスとマイナスがついている数字，たとえば「−31」と「31」，は sv の有無による一対の質問項目を指す．またその中で，「−67」と「67」のような太字はアンカー項目を示す．

図 3.7 から，まず，質問項目が受験者の能力を幅広くカバーしていることがうかがえる（メリット 3）．受験者の能力値が分布する範囲に質問項目がまんべんなく分布しているからである．また，受験者が比較的多く分布する能力値付近（−1〜1）に質問項目が多く分布し，弁別が必要な能力値付近に項目が手厚く配置されている．

この図から読み取れるこの二つの点は，前述した信頼性の高さ（0.79 と0.92）と符合する．

モデルへの適合度

ラッシュモデルを利用する際の条件として，一次元性（unidimensionality）が満たされている必要がある．一つの潜在特性（この例では「英語のリスニング力」という構成概念）だけを測定していることを確かめる必要がある．ラッシュモデル分析では，その指標としてインフィット平方平均値という値を算出する．ここでは，標準化されたインフィット平方平均値（Infit MSQ Zstd）を用いる．

図 3.8 は，全 138 項目のインフィット平方平均値を横軸に，項目困難度を縦軸に示したものである．円の大きさは標準誤差を示す．インフィット平方平均値が −2 を超えている質問項目はオーバーフィット項目と判断され，データの余剰性を示しているがモデルには適合している．一方，+2 を超えている項目（21 と 30）はミスフィット項目と判断され（メリット 4），「リスニング力」以外の他の要因に困難度が影響されていることを示す．ただし，そうしたミスフィット項目が全項目数の 5% 以内であれば，ラッシュモデルの分析結果は頑強であるとされているので，ここではそれら 2 項目を含めたまま分

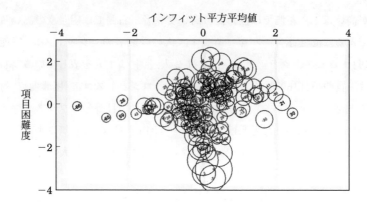

図 3.8 インフィット平方平均値（横軸）と項目困難度（縦軸）と標準誤差（円の大きさ）

析を続ける．

受験者 148 名に対しても同様にモデルへの適合度を確かめた．そのうち，5 人（3.4%）がミスフィット受験者として確認されたが，その比率が 5% に満たなかったことからそのまま分析を続ける．

分析結果

分析の結果，sv の多寡による 69 項目の項目困難度の平均 μ と標準誤差 σ は，sv を自然に含む場合は $\mu = 0.02$（$\sigma = 1.16$），最小限に抑えた場合は $\mu = -0.09$（$\sigma = 1.20$）となった．この結果を分散分析してみると 1% 水準で統計的には有意な差がないことが判明し，sv の有無は総体的には受験者のリスニングテスト結果に影響を与えないことが示された．

次に，sv の多寡によって個別の質問項目毎（たとえば，−31 と 31）に困難度に有意な差がないか，さらに分析を進めてみた．判断の基準は以下の式

$$sv \text{ の多寡による困難度の差の絶対値} > 標準誤差の和$$

に依った．この式が成り立つ場合は，対応する一対の項目の困難度に有意な差が認められ，成り立たない場合は有意な差はないと判断できる．

表 3.2 に結果を示す．ここで，ID は困難度を，S.E. は標準誤差を表す．上式にそれぞれの数値を入れたとき，有意な差が認められた項目については，difference の列にその結果を示す．"$sv+ > sv-$" と "$sv+ < sv-$" は，sv を

表 **3.2** sv の多寡による各項目の困難度と標準誤差（項目 59 以降がアンカー項目）

	$sv+$		$sv-$		difference	item	$sv+$		$sv-$		difference
	ID	S.E.	ID	S.E.			ID	S.E.	ID	S.E.	
1	1.05	0.34	-0.03	0.21	$sv+ > sv-$	36	-0.6	0.21	-0.48	0.33	
2	-5	1.84	-3.23	0.46		37	0.08	0.21	-0.7	0.34	$sv+ > sv-$
3	-1.5	0.4	-1.2	0.23		38	0.31	0.22	-0.38	0.32	$sv+ > sv-$
4	1.42	0.37	1.65	0.3		39	0.56	0.23	0.21	0.31	
5	-3.05	0.73	-3.47	0.51		40	0.36	0.22	0.81	0.32	
6	-2.61	0.61	-2.25	0.31		41	1.27	0.27	0.89	0.33	
7	0.6	0.32	0.87	0.24		42	0.56	0.23	-0.08	0.31	$sv+ > sv-$
8	0.82	0.33	0.53	0.23		43	-0.46	0.21	-1.19	0.37	$sv+ > sv-$
9	0.29	0.32	0.6	0.23		44	0.5	0.22	-0.18	0.32	$sv+ > sv-$
10	-0.65	0.34	-1.47	0.25	$sv+ > sv-$	45	0.59	0.23	0.31	0.31	
11	0.6	0.32	0.62	0.23		46	1.34	0.27	0.92	0.33	
12	0.29	0.32	0.16	0.22		47	-0.46	0.21	-0.22	0.32	
13	0.09	0.32	-0.38	0.21		48	0.61	0.23	1.64	0.37	$sv+ < sv-$
14	0.5	0.32	0.5	0.22		49	1.27	0.27	1.92	0.4	
15	-0.11	0.32	-0.29	0.21		50	0.26	0.22	0.51	0.31	
16	1.05	0.34	1.19	0.26		51	-1.07	0.23	-0.82	0.34	
17	-0.65	0.34	-1.82	0.27	$sv+ > sv-$	52	1.71	0.39	0.39	0.22	$sv+ > sv-$
18	0.5	0.32	0.11	0.21		53	0.4	0.32	0.43	0.22	
19	-2.03	0.49	-2.14	0.3		54	2.04	0.43	0.93	0.24	$sv+ > sv-$
20	0.82	0.32	0.44	0.22		55	-0.65	0.34	0.43	0.22	$sv+ < sv-$
21	0.09	0.32	-0.29	0.21		56	-0.24	0.21	-0.94	0.35	$sv+ > sv-$
22	1.17	0.35	0.93	0.24		57	-0.28	0.21	0.21	0.31	
23	0.93	0.34	-0.43	0.21	$sv+ > sv-$	58	-0.25	0.21	-1.06	0.36	$sv+ > sv-$
24	1.17	0.35	0.99	0.25		59	-0.52	0.18	-0.27	0.18	
25	0.82	0.33	0.55	0.23		60	-0.26	0.18	-0.57	0.18	
26	0.17	0.22	-0.08	0.31		61	-0.11	0.18	-0.62	0.18	$sv+ > sv-$
27	-1.25	0.24	-1.34	0.38		62	-0.96	0.19	-1.63	0.22	$sv+ > sv-$
28	0.56	0.23	1.25	0.34	$sv+ < sv-$	63	-0.62	0.18	-0.16	0.18	$sv+ < sv-$
29	-0.6	0.21	-0.94	0.35		64	0.09	0.18	-0.2	0.18	
30	-0.42	0.21	-0.7	0.34		65	-1.11	0.2	-0.64	0.18	$sv+ < sv-$
31	2.22	0.37	3.55	0.73	$sv+ < sv-$	66	-0.51	0.18	-0.1	0.18	$sv+ < sv-$
32	0.26	0.22	0.79	0.32		67	-0.05	0.18	0.3	0.18	
33	1	0.25	1.23	0.35		68	-1.6	0.22	-2.07	0.25	
34	1.13	0.26	1.48	0.36		69	0.56	0.19	0.97	0.2	$sv+ < sv-$
35	-1.09	0.23	-2.28	0.53	$sv+ > sv-$						

自然に含む項目のほうが制限した項目よりも各々統計的に有意に困難度が高かった，低かった項目のことである．その結果，全 69 項目中 24 項目に統計的に有意な差が認められた．そのうち，16 項目 (67%) は sv を自然に含む項目のほうが困難度が高く，8 項目 (33%) は低かった．

以上から，sv の多寡はリスニングテストの結果全体には影響を与えないことが示された一方，個別の項目ごとでは影響が出る（困難度に差が見られる）ことも認められた．有意な差が出た項目のそれぞれについてさらに詳細な分析を加えれば，sv がリスニングに与える影響の実像がよりくっきりと浮かび上がるが，ここでは詳細には立ち入らない．

ラッシュモデルは研究目的で使用するにはきわめて利用価値の高いモデルである．しかし，その利用にあたっては二つの注意事項がある．まず，質問項目が一次元性を満たしていなければならない．それを確認するために，インフィット平方平均値を用いて不適合な項目を除くなどの処置が必要になる．第二に，受験者数が概ね 100 人程度確保できることである．また，ラッシュモデルは 2 値データ（正解か不正解か）の分析以外にも，段階的尺度で構成されたアンケート用紙（態度や嗜好などを 4 段階や 5 段階で答える 4 件法や 5 件法など）の分析にも利用可能である．

3.3.2　階層化意思決定法（AHP）
AHP とは

あいまいな状況下で，意思決定をしなければならない現実が多く存在する．合理的な意思決定への科学的アプローチは，社会システムが複雑になるにつれ，その必要性が増大している．このような社会状況のもとで「定量的常識」を実感させる手法，AHP（Analytic Hierarchy Process; 階層化意思決定法またはゲーム感覚意思決定法）が 1970 年代にサーティ（Thomas L. Saaty, 1926–）により開発された．

AHP は，比較判断のために用いられる評定法の一つである一対比較法を基礎にしている．一対比較法は，好みなどの個人の心理的な感覚を扱う場合に，2 項目ごとに間隔尺度を用いる手法である．即ち，判断の対象となる項目の間に選択肢を設け，ここに順序があるとし，順位を間隔尺度で表すので

ある．この方法は，選択判断が容易であり，再現性(結果にずれが生じにくい)が高いとされる．

AHP は，一対比較評価結果を対象に，複数ある評価基準を階層化して客観的な関係で表す手法である．階層分析法は階層構造の構築，一対比較，重要度計算，総合評価値の計算のステップからなる．評価値結果から構成されるデータ行列の(最大固有値に対応する)固有ベクトルを用いた重要度を抽出することで，一対比較法に安定的な識別力を付与することができる．

例えば主婦が日常に使う車を買うとき，どの車を選択すれば良いか．夫としては安全性が最も気になるので大きい車を選択したいが，奥さんとしてはスーパーの駐車場に入れるときなどは小さい車の方が便利であるので，小さい車を選択したい．それでは，どの車を選択するのが妥当なのか．以下では，この車の選択問題を例として AHP の手順を示す．

AHP による評価手順

一般に，意思決定にはまず「問題」があり，その選択の対象となっている複数の「代替案」がある．代替案の中からどれを選択するかを判断するためのいくつかの「評価基準」がある．これを今回の車の選択の例に基づいて図に示したものが図 3.9 である．

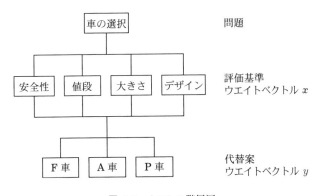

図 **3.9** AHP の階層図

ここでは車を選ぶときの評価基準として，安全性，値段，車の大きさ，およびデザインの四項目が重要であると考えている．今検討している F 車は，

値段と大きさで優れており，A車はデザインが気に入っている車で，P車は
安全性に優れているが，値段と大きさで他車より劣っている．そこで，「安
全性」がほかの評価基準よりきわめて重要であると考えれば，P車を選択す
るであろう．また「デザイン」がほかの項目にくらべて圧倒的に重要であれ
ば，A車を選択するであろう．それでは，この家庭における評価基準の重要
度（ウエイト）はどのくらいであろうか．

　そのために，AHPでは表3.3に基づいて，各項目間で「一対比較」を行う．

表 3.3　AHPにおける一対比較値とその意味

一対比較値	意味
1	両方の項目が同じくらい重要
3	前の項目が後の項目より若干重要
5	前の項目が後の項目より重要
7	前の項目が後の項目よりかなり重要
9	前の項目が後の項目より絶対的に重要
上記の数値の逆数	後の項目から前の項目を見た場合に用いる

表 3.4　一対比較行列

	安全性	値段	大きさ	デザイン
安全性	1	5	1/3	3
値段	1/5	1	1/5	1/3
大きさ	3	5	1	7
デザイン	1/3	3	1/7	1

　この家庭での，評価項目間の一対比較の結果を行列表示すると表3.4のよ
うになる．

　表3.4の行列を一対比較行列といい，記号Aで表現する．サーティは，評
価項目の重要度のベクトル（ウエイトベクトル）xをAの主固有ベクトルを
用いて推定することを提案している．すなわち，Aの最大固有値を$\lambda_{\max}$と
すると

$$Ah = \lambda_{\max}h, \quad x = h/\parallel h \parallel \tag{3.5}$$

である．ここで，$\parallel h \parallel$は，ベクトルhの要素の和である．これを表3.4の
一対比較行列に適用すると，

$$
h = \begin{pmatrix} 2.34453 \\ 0.57011 \\ 5.21601 \\ 1.00000 \end{pmatrix}, \quad x = \begin{pmatrix} 0.257 \\ 0.062 \\ 0.571 \\ 0.110 \end{pmatrix}
$$

を得る．この家庭では「大きさ」に 57%，「安全性」に 26%，「デザイン」に 11%，そして「値段」に 6% のウエイトをおいて車の選択をしようとしていることが確認できた．

次に「安全性」にのみ着目して，F 車，A 車，P 車間の一対比較を行うと，表 3.5 のようになる．この一対比較行列から「安全性」の観点から見た各車のウエイトベクトル w_1 が推定できる．すなわち，この行列の主固有ベクトルを h_1 とすると，

$$
h_1 = \begin{pmatrix} 0.142857 \\ 0.142857 \\ 1.000000 \end{pmatrix}, \quad w_1 = \begin{pmatrix} 0.111 \\ 0.111 \\ 0.778 \end{pmatrix}
$$

が得られる．

表 **3.5** 安全性に関する一対比較行列

安全性	F 車	A 車	P 車
F 車	1	1	1/7
A 車	1	1	1/7
P 車	7	7	1

同様にして，「値段」「大きさ」「デザイン」にのみ着目して各車間の一対比較を行うと，表 3.6–3.8 のようになる．

これらの一対比較から「値段」「大きさ」「デザイン」の観点から見た各車のウエイトベクトルを求め，それらを w_2, w_3, w_4 とすると，

$$
w_2 = \begin{pmatrix} 0.649 \\ 0.279 \\ 0.072 \end{pmatrix}, \quad w_3 = \begin{pmatrix} 0.735 \\ 0.207 \\ 0.058 \end{pmatrix}, \quad w_4 = \begin{pmatrix} 0.188 \\ 0.731 \\ 0.081 \end{pmatrix}
$$

表 3.6 値段に関する一対比較行列

値段	F 車	A 車	P 車
F 車	1	3	7
A 車	1/3	1	5
P 車	1/7	1/5	1

表 3.7 大きさに関する一対比較行列

大きさ	F 車	A 車	P 車
F 車	1	5	9
A 車	1/5	1	5
P 車	1/9	1/5	1

表 3.8 デザインに関する一対比較行列

デザイン	F 車	A 車	P 車
F 車	1	1/5	3
A 車	5	1	7
P 車	1/3	1/7	1

となる．そして w_1, w_2, w_3, w_4 を列ベクトルとする行列を W とおくと W は各列ベクトルが各評価基準から見た各車のウエイトベクトルであるので，代替案（各車）のウエイトベクトル y は $y = Wx$ として求まる．実際に計算すると，

$$y = \begin{pmatrix} 0.509 \\ 0.244 \\ 0.246 \end{pmatrix}$$

であるので，この y の要素の中で最も大きい値に対応する F 車を選択すれば良いことになる．これがサーティの AHP の手順である．

　項目間で一対比較を行うとき，一部の項目間に十分な情報がない場合には，その部分の一対比較値を欠落させた一対比較行列を作成し，この不完全な一対比較行列からウエイトを推定する．これを「不完全情報の AHP」といい，この分野ではハーカー（Patrick T. Harker, 1958–）によるハーカー法が有名である．

AHP は人事の評価に用いられることが多い．しかし，AHP では評価される側の意見が反映されないので，不公平感がある．そこで，評価される側の意見も取り入れることを可能にしたネットワーク型の手法を 1990 年代にやはりサーティが提案している．この手法を ANP (Analytic Network Process) という．前述の車選びの例でいえば，各評価基準の下での各車のウエイトベクトルを列ベクトルとする行列 W と，各車はそれぞれの評価基準にどれくらいの重要度を置いて作られているのかという情報を表す行列 V から，成分がすべて 0 の行列 O を用いて

$$S = \begin{pmatrix} O & W \\ V & O \end{pmatrix}$$

という行列を作り，この確率行列 S の定常分布でウエイトベクトル x と y を推定するのが ANP の手法である．サーティは，行列 S を超行列とよんでいる．S は列和が 1 の非負行列であるので，S の最大固有値は 1 であり，S の定常分布は AHP と同様に S の主固有ベクトルと解釈することができる．

3.4 論理モデリング

本節では，数理論理学における第一階述語論理の立場から，情報表現と論理的基礎，データベースと論理の関連についてモデル化と考察を行う．第一階述語論理とは，「個体の量化のみを許す数理論理学の数理モデル」である．ここでは具体的な例を挙げて要点のみを説明する．

3.4.1 情報表現と論理

基幹業務を扱う情報処理では多量の情報が生じる．それらが満たすべき規則は，簡単で小規模ならば対応できるが，通常は既存の業務内容の細部や歴史的経緯を理解する必要があり，容易ではない．しかし，いったんこのような背景に存在する法則性を抽出し体系化すれば，情報の内部構造が明らかになり単純明快な方法で表現できる．経験に基づくわけではない客観的な判断により，管理保守や利用を容易にし，一般化された状況でも利用できること

が多い.

　対象とする「情報」を計算機（コンピュータ）により何らかの方法で表現したものを「データ」という. 個々の情報は全体として一定の体系に分類され, この分類に対応してデータも「型」を有する. 分類（あるいは型）同士にも, 因果関係や上位概念, 同義概念など何らかの結び付きがある. 分類基準に対して個々のデータを「インスタンス」と呼ぶ. 情報の結び付きも分類され, いくつかの「情報構造」（データ間のつながり）を得るが, このプロセスを「データ設計」という. 現実の結びつきを反映した情報構造は, 利用者にとっても理解しやすく拡張性の高い表現となる.

　「データモデル」は, 情報構造を記述するための計算機上の枠組みであり, データ表現方式, 操作, 制約条件, 法則性の操作などからなる. 現実を忠実に反映した枠組みがよい. データ表現方式とは, 個々の情報やその法則性を素直な方法で写し取る言語である. 特に, 型や情報構造記述はスキーマと呼ばれる.

　データ操作には簡単なものから高水準なものまで様々にある. 例えば, 社員氏名から給与額を得ることや, 給与マスタと残業情報から支払額を計算することなど, よく用いられる処理パターンが計算機プログラム化され, 高速処理される.

　法則性の操作あるいはスキーマ操作に必要とされる機能は, データ内容が整合する条件（制約条件）の記述に利用される. 例えば, 社員コードは一意であること, 入社時期の古い社員の基本給を超えることはないなど, 初等的なレベルから, どの車体の設計でも重心が車体の中央にくる, といった複雑な検証を要するものまである.

　スキーマの詳細に立ち入らずにデータを処理することは, 簡単ではない. 方法（how）でなく目的（what）を記述して処理する, 即ち「宣言的」な処理をどのようにして達成するのであろうか.

　例えば, 給与情報と残業情報から支払額を計算する処理をするとしよう. 給与情報を次のものとしよう:

社員	氏名	基本給	残業単価	入社年次
10	法政太郎	80	3	2005
20	小金井二郎	16	12	2010
...				

残業情報は社員ごとに労働時間で管理されるとする：

社員	残業時間
10	5
10	7
20	5
...	

社員 10 の残業情報が繰り返しで与えられれば，支払総額は基本給と残業の和であるから，$80 + 3 \times (5 + 7) = 116$ である．しかし，異なるデータ表現形式を仮定しよう[*8]：

社員	氏名	基本給	残業単価	入社年次
10	法政太郎	80	2.0%	2005
20	小金井二郎	16	18	2010
...				

この例では基本給の 2.0% が残業単価になるので，$80 \times (1 + 0.02 \times (5 + 7)) = 80 \times 1.24 = 99.2$ と計算方法が違う．データ表現の形式に強く結びついた計算方法であるがゆえに，それぞれに異なるプログラムが必要である．結び付きを弱めたデータ操作ができるかが，「宣言的で独立性の高い」プログラム設計のポイントである．宣言的なアクセスが可能とすれば，「社員の残業データと給与情報」という要求記述だけで支払総額が決定できる．計算方法は重要でなく，得られた結果が信頼できればよい．

「データベース」は，これまで設計論と操作論の二つの側面から研究されている．前者では，独立性を達成するためにデータモデルの表現の大きさ，標準的な記述形式や最適な形式，制約条件などを論じている．後者では，データ操作能力の拡大や同時実行制御，分散機能などが含まれる．

これらの研究の進展には，実現の方法や環境と独立に議論するため，理論的な枠組みとして数理論理学，とくに第一階述語論理を用いることが多い．

[*8]　残業単価は定額の数値で与える場合と基本給の割合（%）で与える場合があり得る．

関係モデルの理論的な支援では，その記号系が第一階述語論理と対応し，関係をその論理の解釈と捉える（データベースを論理のモデルとみる）ことで，論理帰結や推論方式などを論じる.

3.4.2 データベースと論理

　述語論理は，基礎理論だけでなく，データモデルとしても利用できる. この考え方を「論理データベース」と呼ぶ. コッド（Edgar F.T. Codd, 1923–2003）の提案した関係モデルは論理データベースの代表といえる.

　（多類）述語論理では，情報を記述するため，「個体定数」，「型」，および「述語」からなる記号系を用いる. 定数は個々のデータ（インスタンス）を，型はそれらの分類を意図し，「項」と呼ばれる形式で構文化される. データの結び付き（事実）はその分類である述語を用いて「基礎式」の形式で記述される. インスタンスと型や情報構造の分離が比較的明快であるから，型や情報構造というスキーマ記述は述語記号系の定義と対応し，記号系の解釈はデータベースとして格納されていると考える. 例えば次の二つの述語定義は，給与と残業の情報形式に対応する：

給与（社員，氏名，基本給，残業単価，入社年次）

残業（社員，残業時間）

　制約条件として与えられる記述は「閉述語論理式」と対応する. データ集合はすべての制約条件を満たし，「正しい」内容がデータベース内容と見なされる. このような考え方を「モデル論的データベース」という. 例えば，次の閉述語論理式は，「どの残業社員 x_1 も給与情報に登録されている」ことを示している[*9]：

$$\forall x_1 \forall x_2 \exists y_2 \cdots \{残業\,(x_1 x_2) \to 給与\,(x_1 y_2 y_3 y_4 y_5)\}$$

同様に，"社員コードは一意である" は次で表される：

[*9]　以下に出てくる主な一階述語論理の記号は次のような意味である. $\forall x$（すべての x について）, $\exists x$（x が存在する）, $x \wedge y$（x と y がともに成り立つ）, $x \to y$（x ならば y である）.

$$\forall x_1 \cdots \forall y_2 \cdots \{給与\ (x_1 x_2 x_3 x_4 x_5) \land 給与\ (x_1 y_2 y_3 y_4 y_5) \longrightarrow$$

$$(x_2 = y_2 \land x_3 = y_3 \land x_4 = y_4 \land x_5 = y_5)\}$$

"入社年次の古い社員の基本給を超えない" も次のように表す：

$$\forall x_1 \cdots \forall y_1 \cdots \{給与\ (x_1 x_2 x_3 x_4 x_5) \land 給与\ (y_1 y_2 y_3 y_4 y_5) \land (x_5 < y_5)$$

$$\longrightarrow (x_4 < y_4)\}$$

データ操作は，論理的にはインスタンスや事実の計算であり，自由変数を含む述語論理式によって記述する．データ操作と制約条件記述が同じ方法で表せるため，新たな操作方法を習得する必要はない．例えば，基本給が 2 倍以上違う社員番号 X を得るには，次の論理式を用いる：

$$\{X | \exists x_2 \cdots \exists y_1 \cdots 給与\ (X x_2 x_3 x_4 x_5) \land 給与\ (y_1 y_2 y_3 y_4 y_5) \land (x_4 > 2y_4)\}$$

変数 X が問合せ内容であり，限量機能 $\exists$ は条件となる変数を示す．「解」とは，質問式の X に値を代入すれば真となるようなものの集合(割当方法)である．データ間の結び付きも (変数のない) 論理式であり，解は質問式の論理帰結である．データベース(正しい情報)から得た解は，正しい根拠を持つ．述語論理は，データ操作プログラムと見れば宣言的な言語である．しかも (導出原理などの) すべての論理帰結を計算する方法も知られており，論理式を見るだけで，質問の最適化や充足性検証が (データベースを検査することなく) 実行できるので設計作業やデータ操作の基準となる．もちろんゲーデルの不完全定理の枠に従うことから，できることとできないことは明確である．

3.4.3　演繹データベース

通常，どのような情報もデータベースにあれば正しいと判断される．これに対し，演繹データベースでは，格納されている情報だけでなく，そこから導き出すことのできる情報をもデータベースに含まれると判断する技術である．導かれたデータは充分信じることのできるものでなければならない．その論拠を与えるのが論理である．

氏名	グループリーダ
法政太郎	小金井花子
小金井花子	市谷二郎
市谷二郎	…
…	

　論理帰結では，すでに正しいと判っている情報から新たな情報を導き出す．例えば，「小金井花子は法政太郎のグループリーダー」という情報から，「小金井花子は法政太郎の上司」であると結論できる．「市谷二郎は法政太郎の上司」であっても，（可能性はあるが）直接のグループリーダーとは断定できない．なぜだろうか？　この規則を式で表せば，次のようになる：

$$\forall x \forall y (\text{上司} \ (x,y) \leftarrow \text{グループリーダー} \ (x,y))$$

　式の右辺「グループリーダー (a,b)」が正しいとき，矢印をたどって「上司 (a,b)」を得る過程が妥当であり結論を信じることができる．「上司（法政太郎，市谷二郎)」から「グループリーダー（法政太郎，市谷二郎)」を得るには矢印を逆にたどる必要がある．後者が信じにくいのは，この過程が妥当でないと感じるからである．前者の思考過程を演繹推論と呼び，後者を仮説推論という．

　データベースに「グループリーダー」情報だけを格納すれば，上記規則から「上司」情報が計算（演繹）できるため，二重に格納する必要がない．一般的に，データと規則から演繹できる情報を推定し，あたかもそこに存在するかのように振る舞ってよい．さらに，演繹的な述語「上司」が規則の右辺にも現れてもよい．例えば，「法政太郎」の上司は誰か？　という問いに「市谷二郎」と答えることができれば，論理的な重複を避けることができる．この場合,「上司の上司はまた上司」という規則は次のように表される：

$$\forall x \forall y (\text{上司} \ (x,y) \leftarrow \text{グループリーダー} \ (x,y))$$
$$\forall x \forall y \forall z (\text{上司} \ (x,y) \leftarrow \text{上司} \ (x,z), \text{上司} \ (z,y))$$

　仮想述語「上司」はどのように計算するのだろうか？　また，それはこの述語の意味を正しく反映するのだろうか？　仮想述語の解釈の定義方法は演繹データベースの意味論とよばれる．演繹データベースでは，どのように

規則を解釈しても，計算結果に必ず現れる基礎式の集まり（どのような正し
い解釈でも必ず現れる情報，つまり最も信頼の置ける情報）を「意図する意
味」と呼ぶ．この解釈を用いた定義は，導出原理を用いた計算結果に一致す
ることが知られる．このことから，右辺に仮想述語を含んでも，それが表す
意図を確定することができる．

氏名	上司	氏名	上司
（第 1 次）		（第 2 次）	
法政太郎	小金井花子	法政太郎	市谷二郎
小金井花子	市谷二郎	・・・	・・・
・・・	・・・		

　実際には，データベースシステムはグループリーダー情報を基に演繹を繰
り返し変化がなくなるまで続ける．上記の例では，第 2 次で変化がなくなり，
これらすべてが上司情報となる．このように計算方法（情報の演繹方法）を自
動的に判断することが可能であるため，高度の宣言的なプログラム作成が可
能となる．

3.5 データマイニング

3.5.1　データマイニングの目的と機能

　インターネットの普及により，膨大なデータが容易に収集できる．例えば
ホームページ，e-Commerce, デパート・ネット通販の購買情報，銀行・クレ
ジットカード情報に加え，ツイートデータ・ブログなどの SNS（社会ネット
ワーク）データが簡単に手に入る[*10]．一方，このデータ爆発の時代では，大
量の情報が何も利用されないままに流れ去っていく．これまで情報の管理・
獲得・組織化・検索・視覚化など多くの基礎技術が研究され，おおよそデータ
量に比例した時間により，有用で信頼性の高い処理が可能になってきた．し
かし現在は，生成されるデータ量と処理のギャップが埋まらない状況になっ

[*10]　Google では 24 PB（2009 年現在）の URL および関連データが保持され，毎分 5000
万件の索引が登録され（2012 年現在），毎月 1147 億回の検索処理がなされる（2012 年現
在）．Wayback Machine（web.archive.org）では 2014 年現在で 9 PB のホームページ蓄
積をしており，毎週 20 TB 以上の情報が増加している．

ている.

　データマイニング(data mining)は，大規模データ集合からそれが表す意図・意味を獲得する方法・技術であり，近年はビッグデータ解析とも呼ばれる. 2012年3月29日，米オバマ政権はビッグデータ解析に取り組むイニシアチブ(Big Data Research and Development Initiative)を立ち上げたと発表し，米連邦政府はこの取り組みに約2億ドルを投資する[11]. ビッグデータ解析は，例えばビジネス戦略設定に有効な情報の抽出に有用である. つまり，分析(統計学)と探索(情報検索)の技術を前提として，データが意味するものは何か，それは有用か，主要な情報は残らずあるのか，信頼性のある情報か，といった疑問に応えようとするものである.

　この状況は，科学分野の研究方法に大きな影響を与えている. 1950年代に登場したコンピュータは計算機科学として自らの学問体系化を進め，新たな研究方法を生んだ. 実際，過去の計算論，物理，言語学，計算科学等の多くの科学的研究では，何らかの統計モデル(原理)を推定しその理論を進化させ，理論モデルは実験・計算で確かめ理解を一般化させるのに有用な働きをするものと信じられてきた. ところが，あまりに複雑な状況・条件では，超高速大型計算機によるシミュレーションで確かめられることがあっても，モデル解の構築や特性の解明にはほとんど手に負えないような問題が登場してきた. 現在ではそのような問題の研究手法としては，データ科学(data science)と呼ばれる数値分析的な手法が中心的なものとなっている.

データマイニングの機能

　データマイニング研究は，データベース，人工知能・機械学習，および統計学という3つの研究分野に由来する. データマイニングは，データベース分野では大規模データの効率よい検索手法に，人工知能・機械学習分野では履歴データからの知識獲得に，そして統計学分野ではモデル推定手法に対応する. いずれも未整理な大量(massive)データからモデルを推定するという目的を有する. データマイニングがこれまでの観測・実験を中心とする科学の基本方針と違う点は，しばしば計算機を大規模に駆使したデータアナリティ

---

[11]　実際には，さらに2つの重要な提言を含む. ひとつは3次元プリンティング技術であり，もうひとつは大学・高校を通じての理工系教育の支援である.

クス（data analytics）と呼ばれる解析方法を構築し，次のような問題を取り扱うことである．

(1) 膨大な量の情報を概括し意図・意味をとらえたい．
(2) 個々のデータは流れ去るが，その中から動向の変化を読み取りたい．
(3) 戦略設定に有用な知識を検出し明確に記述したい．
(4) 現状で信頼性があり興味深い結果を可視化したい．

　データマイニングの機能は大きく分けて，「予測」，「リンク解析」，「パターン検出・分類」，「指示」，「報告」，「定性分析」，および「シミュレーション」のこれまで知られた 8 種類の基本手法に分類できる．

　「予測」とは，何らかの仮定の下で，統計・確率モデルにより（頻度等の）計測値を記述・近似することをいう．代表的な手法には多変量解析や統計論的学習理論がある．

　「リンク解析」は，Web ページや人の関連性などの「つながり」構造を用いて，個々の特徴やグループの構造特徴を抽出する手法である．例えば，嗜好や趣味が類似する人々の行動は類似する．この方式（「口コミ原理」）を用いれば，行動や嗜好・趣味の類似性から推薦項目を推定できる．このようなコミュニティ検出手法（協調フィルタリング）により「おすすめ商品」を推定する手法を推薦システムという．

　「パターン検出・分類」では，同時に出現する項目集合が互いに共起する傾向にあることを利用し，潜在的な規則性を推定する．出現頻度をカウントし頻度の高いパターンを発見する手法は，高速単純な計算機処理に馴染みやすい．パターン検出で見出された規則性によって項目を「分類」することができる．「分類」とは，既知ラベルのいずれかをデータに割り当てる予測手法である．あらかじめ正解データ（訓練データ）集合を解析し分類条件を抽出して，未知データに適用する．クレジットカード認証，分野別マーケティング，医療診断，電子メールの自動仕分け，未知・欠損値推定など，実用化された応用も数多い．

　「指示」とは，抽出された知識の意味を解釈しその価値を判定することをいう．2.3.4 項で述べた KJ 法や信用情報や市場動向の判定などが典型的な例

である．「指示」機能には，知識を使いこなす，あるいは結果を解釈する資質・分析力が必要となるため，有効な計算機手法は知られていない．

「報告」とは，何が問題か，なぜそうなるのかなど問題を要約し定式化して行動へのフィードバックを発見する手法をいう．初等的には，文書要約や可視化があるが，高度な推定や予測，新たなモデルの構築評価といった知的なモデル化手法はない．

「定性分析」とは，数量化できない事象（アンケート等の意見や視覚的データ，数量評価しずらい評価項目等）の評価をいう[*12]．顧客クレーム情報，お客様の意見，評価・アンケート結果等のビッグデータを体系的横断的に分析する定性分析の手法はほとんど知られていない．

「シミュレーション」は，状況を模倣し精密な条件で変化を予測するもので，従来は統計的手法の物理解析への応用とみなされることが多かった．しかし，複数の要因の相互干渉や振る舞いのモデル化を統合的に行い，新たなモデルを提示できるかどうかは不明である．

実際，文章を最小意味単位に分解する形態素解析や分かち書きは，もはや（自然言語研究ではなく）確率モデルの応用事例であるが，blog やツイート文は極めて短く，絵文字や個性的な表現が多いことから文法的な解析はできない．表3.9 に，データマイニングのおもな手法と，これまで知られた基本手法との対応をまとめた．

3.5.2　データマイニングの手法

以下では，いくつかの適用分野で用いられる具体的な手法を述べる．

予測における最尤推定法

統計モデルによる予測の代表的な手法には，多変量解析の中の回帰分析，主成分分析，因子分析や，時系列分析などがある．これらの手法では何らかのモデルが仮定されるが，予測とはモデルに含まれるパラメータを推定し，そのモデルに基づいて予測をすることであり，どの現象にどの手法を適用するか（モデル推定）ではないことに注意する．

[*12] 例えば，名義尺度（名前，性別，職業），順序尺度（金銀銅，松竹梅），態度尺度（コピペでレポートを書くことをどう思うか，など）の扱いを考えればよい．

表 3.9 データマイニングの手法と基本手法

データマイニングの手法	基本手法
回帰分析（多変量解析）	予測・定性分析
クラスタリング	抽象化・予測・報告
最近傍検索	予測・抽象化
同時関係発見	パターン検出
ベイズ確率推定	予測
ニューラルネット	分類・パターン検出
サポートベクトルマシン	予測・分類・パターン検出
決定木	予測・分類
時系列分析	パターン検出・指示
文書処理	予測・分類・報告
モンテカルロ法	定性分析・シミュレーション
数理計画法	定性分析・指示
オンライン分析	予測・報告
ランキング	リンク解析
グラフマイニング	パターン検出

　一方，統計論的学習では，経験的に知られた確率分布表現 $P(X|\Theta)$ により，できるだけ多くのデータが当てはまるような分布パラメタ Θ を推定する．ここでの予測とはパラメータ Θ の推定である．

　例えば，確率変数 x の観測値 20, 30, 95 がすべて同一の正規分布

$$f(x; \mu, \sigma) = \frac{1}{\sqrt{2\pi\sigma^2}} e^{-(x-\mu)^2/2\sigma^2} \tag{3.6}$$

に従っているとする．このとき，これらの値集合は正規分布に従って生じるので，$L = f(20; \mu, \sigma) \times f(30; \mu, \sigma) \times f(95; \mu, \sigma)$ は一番尤もらしい値（最大の確率値）となるはずである．観測データ集合で 最も高い確率を有することが，当てはまりが良いことと等価であると見なし，分布パラメータ $\Theta = (\mu, \sigma)$ を推定する．L が観測値で最大になる μ, σ を得るために，L をそれぞれの変数で偏微分して，$\partial L/\partial \mu = 0$ と $\partial L/\partial \sigma = 0$ から μ と σ の値を求める．L は尤度とよばれ，この手法は最尤推定法（最尤法）と呼ばれる[13]．この例では

$$\mu_m = (20 + 30 + 95)/3 = 48.33\cdots,$$

---

[13] それぞれ，「ゆうど」，「さいゆうすいていほう」などと読む．

$$\sigma_m^2 = \frac{1}{3-1}\{(20-48.3\cdots)^2 + (30-48.3\cdots)^2 + (95-48.3\cdots)^2\}$$
$$= 1658.33\cdots,$$
$$\sigma_m = 40.7\cdots$$

で尤度 L が最大となる．最尤推定された正規分布関数は $f(x; 48.3, 40.7)$ である．ちなみに，9.1.4 項で述べる最小自乗法は，測定誤差が正規分布する場合には最尤推定法と一致する．

リンク解析における Web ページランキング

類似した行動をとる Web ページは参照関係を設定することが多い．話題の中心となる Web を検出しランク付けする手法 (Web マイニング) では，重要度に応じてページをランキングする．PageRank は Google が実用化した代表的な方式である．

図 3.10 に示す 4 つの Web ページ a, b, c, d の参照関係を例にして，PageRank による重要度算出法を述べる．

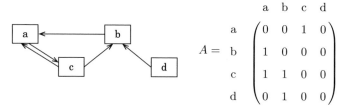

図 **3.10** PageRank による重要度算出

どのページも重要度 (authority) という値を有すると考え，参照リンクによってこれらが平等に伝達されるとする．図の右の行列は参照状況を示し，例えばリンク a → c は a 行 c 列に 1 を設定することで表現する．公平性を期すために，この行列 A の行の重み合計が 1 になるように規格化して次の行列 S を得る．

$$S = \begin{pmatrix} 0 & 0 & 1 & 0 \\ 1 & 0 & 0 & 0 \\ 1/2 & 1/2 & 0 & 0 \\ 0 & 1 & 0 & 0 \end{pmatrix}$$

4 つのページの重要度をベクトル x で表すと，この関係は（長さ 1 の固有値を持つ）固有ベクトル $S^t x = x$ として表される．例えば b の重要度 x_b は c と d から，それぞれ 1/2, 1 の重みで伝達されるから，$x_b = (1/2) \times x_c + x_d$ を満たす．この例では x は次のようになる．

$$x = \begin{pmatrix} x_a \\ x_b \\ x_c \\ x_d \end{pmatrix} = \begin{pmatrix} 0.669014 \\ 0.333693 \\ 0.664131 \\ 0.0 \end{pmatrix}$$

パターン検出における同時関係の検出

同時に出現する項目集合は，互いに関連しあう頻出パターンとなりやすく，潜在的な規則性を推定できる可能性が高い．出現頻度の高いパターンを発見するというアイデアは，スーパーマーケットでの購買動向の分析手法として著名であり，多くの顧客が同時に購入する品物の組み合わせパターンを見出すことから，「マーケットバスケット法」と呼ばれる．実際の売上げデータを分析した結果，おむつとミルクを購入する人が同時にビールも購入する傾向にあり，おむつ–ビール（Diaper–Beer）問題ともいう．

この手法は高い汎用性を有する．抱き合わせキャンペーンやサービスチケット配布など販売戦略の設定の他，文書に生じる語集合で同一文章に共起する度合いの高いものを見つけることもできる．その多くは熟語や連語に対応するだろうが，複数文章が同時に生じる文書剽窃の可能性を見つけることにも利用できる．マーケットバスケット法は，クロスマーケット分析，カタログ設計，販売キャンペーン，Web ログ分析，DNA 列解析など，近年のデータマイニングブームのコアとなるものである．

以下では具体例に即してこの手法を解説する．同時に購入される品物集合を発見するためには，客の購買履歴を解析し，一定数（支持度数）以上の購入

実績の組み合わせ（頻出項目集合）を見出す.

ID	品物
1	パン，ジュース，牛乳
2	ビール，パン
3	ビール，ジュース，おむつ，牛乳
4	ビール，パン，おむつ，牛乳
5	ジュース，おむつ，牛乳

同時関係（association rules）とは「α: ｛おむつ｝ → ｛牛乳，ビール｝」の形の規則であり，品物 ｛おむつ｝ を購入すれば同時に ｛牛乳，ビール｝ も購入することを表す[*14]．現実には支持度は最小売上数を表し，規則の信頼性は次式で定義される確信度 $conf(\alpha)$ で表される.

$$conf(\alpha) = \frac{C\left(\{ビール，おむつ，牛乳\}\right)}{C\left(\{おむつ\}\right)} = 2/3$$

ただし $C(A)$ は品物集合 A の出現数である．｛おむつ｝ を買う人が ｛牛乳，ビール｝ も同時に買うという同時関係「｛おむつ｝ → ｛牛乳，ビール｝」の確信度は条件確率 $p(\{牛乳，ビール\} \mid \{おむつ\})$ である．単に ｛牛乳，ビール｝ を同時に買うというだけなら，その購入確率 $p(\{牛乳，ビール\}) = 2/5$ を考えればよい．同時関係とは ｛おむつ｝ との同時購買パターンを検出することである．したがって，このメリット（同時規則への興味）は，確信度と品物 ｛おむつ，牛乳｝ の購入確率との差で与えられる.

$$p(\{牛乳，ビール\} \mid \{おむつ\}) - p(\{牛乳，ビール\}) = 2/3 - 2/5 = 0.27$$

この値が大きいほど ｛おむつ｝ との関連性が高い.

　同時関係の検出手続きは，1994 年にアグラワル（Rakesh Agrawal）らが提案した APRIORI アルゴリズムが代表的である．さらに，多くの高速化や拡張方式が提案され，順序概念を伴う順序パターン抽出，時系列データストリームへの応用などへ発展している.

[*14]　この例で支持度数を 2 とすれば，｛牛乳｝₄，｛ジュース｝₃，｛パン｝₃，｛ビール｝₃，｛おむつ｝₃，｛パン，牛乳｝₂，｛ジュース，牛乳｝₃，｛ビール，パン｝₂，｛ビール，おむつ｝₂，｛牛乳，ビール｝₂，｛おむつ，牛乳｝₃，｛ジュース，おむつ｝₂，｛ビール，おむつ，牛乳｝₂，｛ジュース，おむつ，牛乳｝₂ が頻出項目集合すべてである．添字は支持度数.

分類の手法

既知ラベルのいずれかをデータに割り当てる予測手法が分類である．分類知識の抽出方法に応じてラベル割り当て確率を推定する生成法，何らかの指標を用いる識別法，ニューラルネット法などのパターン識別法がある．素直な生成法では，データ d がラベル c を有する確率 $p(c|d)$ を計算し，最大確率となるラベル c を割り当てる．

サポートベクトルマシン (Support Vector Machines; SVM) は，一次式（直線・平面など）でデータを 2 つのラベルに分離（線形分離）して分類する識別法である．

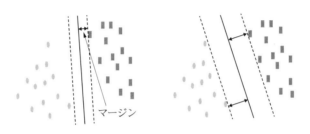

図 **3.11** SVM による線形分離

図 3.11 のデータを見てみよう．左図の実線でも右図の実線でもデータを正しく分離できている．しかし，右図の方がより適切な分離の仕方に見える．ここで，データ点から分離線までの距離のうちで最小の値をマージンという．SVM はこのマージンを最大化する（二つのラベルに属するデータ点のマージンが等しくなるように）分離を行うアルゴリズムである（右図）．マージンを決定するデータ（サポートベクトル）は少量で済むため，この手法は極めて効率が良い．

ところが，図 3.12 の左図のような 4 つのデータは，どのような直線を用いても正しく二種類に分類できない．このような場合には，カーネル関数を用いて次元数の多い空間にデータを写像し，その空間内での高次元平面（あるいは超平面）で分類する手法（右図）が開発されている．

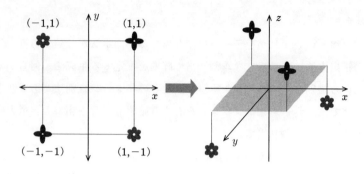

図 3.12 超平面による分離

3.5.3 データマイニングの過信

　データマイニングは，大規模データ集合からそれが表す意図・意味を獲得する方法・技術である．しかし，この結果が有用であるという保証はない．

　結果が有用かどうかという判断は，どのような条件で知識を抽出したかに依存する．すなわち，条件を満たす知識が正しく（健全），しかも漏れがなく（完全）得られたものか，という視点が評価となる．パターン検出では高頻出性が，分類では訓練データの質と量が「戦略設定」にどの程度有効なのかを判定することは容易ではない．現実には，雑音を含む膨大なデータを効率よく処理する必要があり，信頼性の高い結果を得るための検証作業が必要である．あらかじめ正解率を見越しているか，統計的検定や雑音・欠損値の補正などが必須であるが，処理時間が大きく変動するので試行錯誤しにくい．

　統計的な視点から考えれば，データマイニングとは検定を繰り返して実施することである．膨大な同一の母集団から抽出された標本集合に仮説を与え，繰り返し検定すれば，有意性が次第に低下する[15]．いったん得られた知識を前提にして進化させるほどに信頼性が失われる．手法を研究する立場からは，母集団も抽出される知識も前提も異なるため，この問題を論じることはないが，実用上の観点からは過信すべきでないとの警告であろう．

---

[15] たとえ個別には 90% の有意性があっても繰り返すうちに 0 になる：$0.9 \times \cdots \times 0.9 = 0.9^n \to 0.0 \ (n \to \infty)$

Chapter 4

人文・社会科学の技法

4.1 言語の科学

4.1.1 言語の構造

伝統文法と歴史言語学

　言語学はまだ現れてから 200 年ぐらいしか経たない比較的新しい学問である．それまでは言葉の研究といえば，「文法」(grammar)のことであった．その歴史は古くギリシア語，ラテン語の古典文法にさかのぼる．しかしながら，その文法とは，いかに古い文献を正しく読み解くか，またはどうしたら正しい文が書けるかを目的とした「規範文法」(prescriptive grammar)であった．現在でも，学校で行われている英文法，つまり「学校文法」(school grammar)もギリシア語，ラテン語の文法伝統が基礎になっているといっても過言ではない．文法は，本来，実用的な規則の集合に過ぎなかったのである．

　19 世紀初頭になるとギリシア語，ラテン語，ペルシア語，ゲルマン語，サンスクリット語などの古典語を比較研究することによって，共通祖先であるインドヨーロッパ祖語の存在を推定する歴史言語学が盛んに行われた．同系の異なる言語を比較するので「比較言語学」(comparative linguistics)とも呼ばれる．ここで初めて異なる言語間の比較から共通点を見い出したり，言語の歴史変化規則の仮説を立てるということが行われた．個別言語の研究から言語一般への研究に踏み出したのである．

言語学の誕生

スイスの比較言語学者フェルディナン・ド・ソシュール(Ferdinand de Saussure, 1857–1913)は言語の歴史変化を正しくとらえるには「体系」(système)という構造的な考え方が必要と主張し，言語学を科学として確立させた．その言語学講義を弟子が記した『一般言語学講義』(*Cours de Linguistique Générale*, 1916)は，言語学を発展させ，文化人類学，哲学，文学評論などの他分野にも構造主義(structurism)の考えとして大きな影響を及ぼした．

ソシュールの理論は4つの二項対立概念，ラング(langue)とパロール(parole)，通時態(dimension diachronique)と共時態(dimension synchronique)，連辞関係(rapports syntagmatiques)と連合関係(rapports associatifs)，そしてシニフィアン(signifiant)とシニフィエ(signifié)に要約することができる[*1]．

「ラング」は社会的に認められた言語のコード，「パロール」は言語活動の個々の具現である．そして言語学の対象はラングであるとした．これは後にチョムスキーが唱えた言語能力と言語運用の区別に対応する．また，「シニフィアン」(指示するもの)との「シニフィエ」(指示されるもの)区別は記号表現と記号内容として，やがて記号学を誕生させることになる．

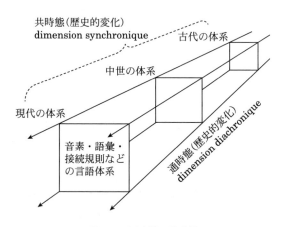

図 4.1 通時態と共時態

[*1] ソシュールの用語のいくつかには対応する英語がないため，この項ではソシュールの用語はすべて原語のフランス語表記とした．

表 4.1　連辞関係と範列関係

	連辞関係（rapports syntagmatiques）						
範列関係 （rapports paradigmatiques）	The ⇕ A An	clever ⇕ bright smart wise	boy ⇕ girl person child	jumped ⇕ plunged fell dived	into ⇕ in to	the ⇕ a an	pool. ⇕ river lake pond

　「通時態」と「共時態」はラングをとらえる二つの見方である（図 4.1）．通時態は歴史的に言語の変化を見ることで，共時態は歴史変化の背景を考えに入れずに同時代の枠内で体系としての構造を把握することである．例えば，奈良時代には 6 つか 8 つあった母音が平安時代には 5 母音に収束したという説明は，それぞれの同時代の母音体系が時間を経て新たな母音体系を形成したことを意味する．

　統語論においては連辞と連合という二方向の考え方が提示された．連辞は語と語の統語関係のことであるが，ソシュール自身はその具体例についてはとんど触れていない．語と語の連合関係については置き換え可能な範列関係（rapports paradigmatiques）ととらえ直されて，後の構造主義言語学の発展に寄与することになった（表 4.1）．

　ソシュールの連合関係は語の意味体系を考慮したものであったが，置き換え可能な範列関係ととらえると音素，音節，形態素，語，句などの言語のレベルでも階層的に体系を考えることが可能になる．このようにしてソシュールに啓発されて発展してきたのが構造主義言語学である．その中心領域と学際領域を図式化すると図 4.2 のようになる．

　音声学（phonetics）から意味論（semantics）までが言語学の中心領域であるが，音声学だけは意味が関係しない純粋に音の生理学的または物理学的な研究領域である．意味がかかわって音素が決まる音韻論（phonology）からが言語学であり，音声学は厳密には言語学の一部とはいえない．また，図 4.2 では意味論が統語論（syntax）の外側に置かれているが，言語の意味は音声学を除くすべての領域にかかわる．

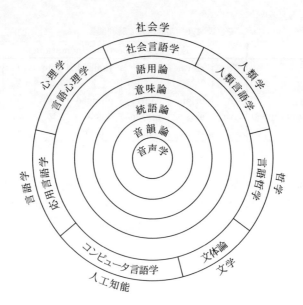

図 **4.2** 構造主義言語学の体系. Jean Aitchison, *Linguistics*, 2003, p8 の図を改変.

アメリカの構造主義言語学

　ヨーロッパでの言語学の発展を受けて，アメリカでは話し言葉しか持たない未知のアメリカインディアンの言語を研究する立場から構造主義言語学が進んだ．その代表的な言語学者ブルームフィールド（Leonard Bloomfield, 1887–1949）は，著書『言語』（*Language*, 1933）でアメリカ構造主義言語学の概要を提示し，意味を排除して客観的に言語の構造を明らかにすることを主張した．

　ヨーロッパで進んでいた音韻論（phonology）はさらに深まり，音素を確定するのに，最少対（minimal pairs）の考えに，相補分布（complementary distribution）と自由変異（free variation）の考え方が加わった．もっとも画期的だった進展は，ヨーロッパでは進まなかった文の構造分析が行われたことである．ブルームフィールドは，隣り合う構成素からより大きな単位である語・句にまとめ，それぞれの階層で文の統語関係を明示する直接構成素分析（immediate constituent analysis）を提唱した．図 4.3 の分析例では文の構成素を語のレベ

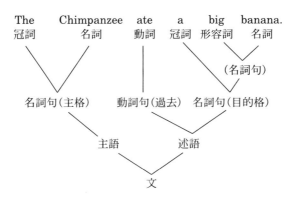

図 4.3 構造主義言語学による直接構成素分析

ルで品詞指定し，句のレベルでそれぞれの統語機能(括弧内)を明らかにし，主語・述語のレベルで文の視点と情報構造を示している．このように，各階層の範疇は置き換え可能な範列関係で上位の構成素に分類され，ソシュールが明らかにできなかった連辞関係の分析を具体化したのである．

しかしながら，アメリカ構造主義言語学の欠点は，意味を除外し，データからのパターン認識だけで言語の構造を明らかにしようとしたことにある．構成素の意味や文全体の意味をまったく考慮に入れないのが科学的分析とされた．そのために分析が極めて複雑になり，やがて行き詰ることになった．ソシュールも言語形式と意味を言語の二面性ととらえていたが，意味を除外せよとしたわけではない．ともあれ，構造主義言語学はソシュールのいう構成要素の体系という構造に加えて，文を構成する階層的構造を明らかにするところまで進歩したのである．

生成文法

行き詰ったアメリカ構造主義言語学を批判し，言語分析の方法を，帰納法から演繹法に変え，有限個のデータとしての文を分析するのではなくて，逆に無限個の文が生成できる規則体系を考えるべきだと主張したのがチョムスキー(Noam Chomsky, 1928–)である．その端を開いた著書『統語構造』(*Syntactic Structure*, 1957)は現代言語学に多大な影響を与えた．

チョムスキーに拠って先の同じ文の構造分析をすると，例えば図 4.4 のよ

うな樹形図（tree diagram）になる．ここで S = sentence, NP = noun phrase, VP = verb phrase, V = verb, D = determiner（決定詞），N = noun, A = adjective である．これを先の構成素分析と比べてみると，上下が逆転していることに気づく．

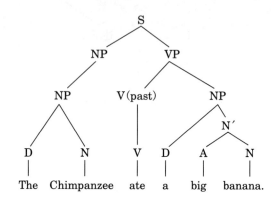

図 4.4　チョムスキーによる図 4.3 の文の構造分析

チョムスキーにとってこの逆転は大きな意味を持つ．S, NP, VP のような句構造標識を設けることで，S から出発すると

$$S \to NP + VP, \quad NP \to D + N, \quad VP \to V + NP$$

のように句構造を展開する規則すなわち句構造規則ができる．それらの規則をすべて展開してできた品詞としての最終標識列 D, N, V, A などに辞書からその品詞標識に合う単語を当てはめれば，自動的に無限の正しい文が生成できるとした．この立場で文の生成を説明する理論を生成文法（generative grammar）と呼んでいる．

チョムスキーはまた，ある言語の文法が，可能なあらゆる文を生成することができ，かつ容認可能な文のみを生成することができる規則の集合体であるとすれば，句構造規則の集合体がそれに相当するとし，それが人間に生まれつき備わっている「文を生成する言語能力（linguistic competence）」と考えた．そして，人間にしかできない言語の二重分節（double articulation）のメカニズム，各言語で異なる文の構造を司る共通の基盤である普遍文法

(Universal Grammar)を探るのを究極の目的とした．

その理論の特徴は，観察される言語データから出発する帰納法ではなくて，個々の規則の仮説を立ててから言語事例で検証するという演繹法をとる．検証を容易にするため，複数の言語を比較するよりも研究者の母国語内で研究するのが通常である．また，アメリカ構造主義言語学と同じように，意味を切り離し，形式的な構造だけで文法規則は導かれ，意味は規則適用後の最終構造を解釈することによって与えられるとした．

チョムスキーの理論は仮説を立てては反証され，そのたびに大きな改訂を繰り返してきたが，音韻論，形態論，統語論の階層を区別せずにすべて統語構造として継続的な分析をする点では当初の理論から一貫している．その中期理論の枠組みを簡単に図式化すると図 4.5 のようになる．

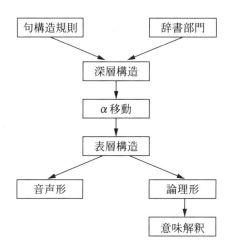

図 4.5　チョムスキー中期理論の枠組み

このような，文の構造は文が表す意味とは独立して決定されるという考え方は，コンピュータのような機械に自動的に構造を生成させるという観点と共通するものがある．しかし，形式と意味は言葉の両面性であり，言葉の本質が意味を伝えるコミュニケーションであることを考えると，意味を切り離した分析には無理があろう．

また，言語学の場合，数学のような公理がないので，仮説を立てるに当

たって正しいかどうか分からない前提から始めなければならない．たとえば，チョムスキー理論では句構造規則は二項に枝分かれすると初めから決められているが，三項にしてはいけないという根拠は何もない．これもまた，コンピュータによる情報処理の例に暗黙に従っていると考えられる．

言語学の今後

ソシュールに始まる言語学とアメリカで発展した構造主義言語学，そしてそれを批判して登場したチョムスキーの生成文法の考え方を概観してみた．どの考え方でも言語の無限の意味伝達の仕組みを探るには，有限個で構成される言語記号の体系とその記号を直線的に並べる構造を明らかにするという点は共通である．問題は言語形式に対応する意味をどう説明に関与させるかである．意味に頼りすぎれば言語学は非科学の誹りを免れないし，意味を排除すれば今度は説明範囲がごく狭く限られてしまう．解決には意味の世界も構造的にアプローチがなされる日を待つよりほかにないだろう．

4.1.2　言語の数理

ことばと言語

「言語」から連想されるものに，「ことば」がある．言語には文字「語」が含まれており，文字を意識して文法などが体系的に整備されたものといえる．一方，ことばは「やまとことば」という語があるように，記号化できないものが含まれるとき，「ことば」を用いる．方言は言語でなく，ことばであると考えられる．人間と人間が直接コミュニケーションを可能にするものがことばで，文字を介することで初めてことばを脱して言語が成立してきたともいえる．その意味で，言語とことばは排他的である．

日本語や英語などの言語は，集団の中である意味で自然発生的に作られてきた特徴があり，ことばはその言語の成立に重要な役割を果たしてきたといえる．一方，人工的に人間が作った言語を人工言語と呼ぶ．プログラミング言語が代表的な人工言語で，C言語，Java言語など数多くの言語があり，人間と計算機の間のコミュニケーションの言語として使用される（5.4節参照）．手話は比較的近年に発達したもので，言語の一つである．また，通信の分野では，機械と機械の間で会話を行う手順をプロトコルと呼ぶ．ブラウザで

ウェブサイトを閲覧するとき，サーバとブラウザは通信の HTTP プロトコル
に従って会話をする．人工言語は現代社会で重要な位置を占めていて，二つ
の主要な目的がある．第一は主に人間と計算機の間のコミュニケーションを
行うことである．上述のプログラミング言語はまさにこのためにある．オペ
レーティングシステム(OS)はプログラミング言語を用いて構築した複雑なシ
ステムの一つである．人工言語で書かれる大規模なソフトウエア構築を支援
するソフトウエア工学は，情報科学の重要な研究テーマである．第二は，言
語の複雑さを調べるために用いられることである．言語の複雑さは構文解析
の複雑さに基づいているので，命題論理式の真偽判定の計算の複雑さや一般
のアルゴリズムの計算量を，言語の複雑さの基準として用いることができる．

形式文法と操作

　人工言語を体系的に扱う分野は形式言語と呼ばれ，その文法を形式文法と
呼ぶ．形式文法の中で最も複雑さの小さい文法が正規文法，少し複雑にした
文脈自由文法，さらに文脈依存文法，最も複雑な句構造文法があり，複雑さ
がチョムスキー階層と呼ばれる構造になっている．プログラミング言語は処
理効率などの観点から基本的には文脈自由文法の範囲で設計されている．

　形式文法は，有限個のプリミティブの存在を仮定してそれらを組み合わせ
ることで複雑なものが構成されていると考える．形式文法では記号が有限の
規則によって逐次的に書き換えられて最終的に文が生成され，計算機と人間
の間の共通言語の文法として発展し，パターン認識にも応用されている．

　形式文法の操作では，記号列を逐次的に書き換えて文を生成する．同期し
て並列に書き換えるモデルとして L-System やセルオートマトン，非同期に
書き換える非同期セルオートマトンがある．特に，L-System は植物の成長，
セルオートマトンは車の渋滞などのモデルとしての多くの応用研究がある．
また，逐次方式と並列方式を結ぶ計算モデルが論理プログラミングであり，
L-System などの同期・非同期のモデルを模倣する．形式文法の記号を図形や
グラフに発展させたグラフ文法，その応用である構文的パターン認識が研究
されたが，モデルの限界からか研究例が現在少ない．形式文法に確率を導入
した確率文法の研究は，言語，遺伝子，音声認識の分野で現在研究がされて
いる．生物の発生，化学反応も類似の考えに基づいてモデル化する研究もさ

れている.

生成文法の適用

　形式言語は 1950 年代から 1980 年ころまでに体系がほぼ築かれた. この中心人物の一人が前項で述べたチョムスキーである. 自然言語は英語や日本語などの差異に加えて, 一つの言語に限定しても複雑で多様であり, 普遍的な原理や概念が存在するであろうか. チョムスキーはこの問いに対して明確な哲学的学問領域を築いた. これが生成文法である. チョムスキーは, 自然言語に日本語や英語などの個別言語に依存しない普遍的な原理(生成文法)が根底にあり, そこから派生して我々の言語が生み出されるという仮説を基に, 近代言語理論の基礎を築いた.

　自然言語は何世代にもわたり国や地域を単位として多くの人に何世代にも受け継がれてきた. 英語, 日本語などの多様性こそあるが, これからも受け継がれてゆくであろう. この自然言語に, なんらかの科学的な普遍原理があると考えることは当然であろう. 生成文法は自然言語の差異を超えた普遍的な言語が人の誕生時に備わっていると考える.

　日本語や英語など複数の言語は, 共通の言語に翻訳することで共通の認識が可能であると考えれば, 共通で普遍的なものが存在すると推測できる. 生成文法ではこの共通で普遍的なものを普遍文法と呼び, 一つのシステムと考える. 普遍文法を明らかにすることが生成文法の研究目的である. 普遍文法は生まれながらにして人に備わっていると考え, その存在は幼児が短期間に言語を獲得することから, 脳科学の分野を中心に広く受け入れられている.

　生成文法は, 文の構造を扱う統語論を中心に展開される. 生成文法以前の構造文法では, 言語が脳の認識の外にある構造的なものであると考えて日本語や英語の個別言語の研究が重要視されてきた. 生成文法の枠組みの中では, 脳の認識の中で考える点が構造文法と異なる.

　脳の認識動作については, 幼少期の言語の獲得から個別言語の違いまでを含めてモデル化をする必要があり, これらの一つの体系が生成文法である. 生成文法では, 生まれながらにして備わっている普遍文法に, 幼少期の初期データが作用して個別文法になる. つまり, 母国言語の習得は普遍文法というシステムが個別言語に触れることでパラメータチューニングによって行わ

れる．生成文法というアプローチの目的は，普遍文法を明らかにすることであるが，現在の状況は個別文法すら明らかにされておらず，普遍文法の解明はほど遠い．

　母国語の言語獲得は外界からの刺激によってなされるが，帰納や類推の推論のみでは不十分であることが，英語の代名詞的解釈を規制する原理から示されている．これは「刺激の欠乏」と呼ばれる．次項に述べるように，近年，個別言語のデータ集であるコーパスが充実してきており，研究の進展が期待されている．

　普遍文法の解明は，個別文法に共通する特性を拾い集めて普遍文法を精神の内部構造として構築することで行われる．個々の個別文法を明らかにすることも重要であるが，普遍文法の文を統制する原理を明らかにすることと，そのモデルが文の間の近接関係などの位相的特性を持つ必要がある．生成文法についていえば，普遍文法を備えた幼児が個別言語に触れることで言語取得する演繹モデルに多くの批判がある．生成文法の文の統制に必要な枠組みは，文脈自由文法では不十分だが文脈依存文法ではじめて可能になるのか，現在までのところ明らかにされていない．

自然言語の計算機処理

　自然言語の計算機処理は，現在最も注目されている分野の一つである．形式言語理論の文法を拡張して，自然言語を機械で扱うという試みがなされてきたが，大きな進展がなかった．他人の文書をコピーすれば著作権侵害と判定されるが，同じ意図でも違う人が書けば異なる文書になる．このように，自然言語の文書はかなり複雑な記号の並びである．我々は自然言語の文法があるとしても明示的に意識せずに会話をしたり，文を書いたり，聞いたりしている．一方，英語の文法書を見ると，例題があるばかりで一般論がない．まるで個別に例題ごとに語が並べられ，曖昧でさえある．アメリカの英語とイギリスの英語では異なり，"英語"として統一することもできない．さらに言語は"生きている"．インターネットの普及と相まって，加速的に新しい語や言い回しが新たに生まれてもいる．これらのことは，現在の自然言語を計算機で処理するときの難しさを象徴している．

　自然言語を計算機で扱う最大の利点は，我々の財産である知識を言語によ

り蓄えて，その知識を人類のために利用することである．知識を表現する手段は，本，デジタル情報，絵，動画などで，それらと人間の脳を除けば他の手段は現在のところない．古くは辞書として蓄えられた知識が，現在はWikipedia や Wikibook などインターネット上に人類が知識を作り上げている．この知識を利用するためには，自然言語で書かれた知識を人類が容易に利用できるようにすることが現在の課題である．この知識は多量のデジタル情報からなり，この人間が蓄えた知識の検索・利用技術が重要となっている．長い文書やデータからその文書やデータの要約や特性を機械によって作ることができれば，機械も知識を作り出すと考えてよいかもしれない．

　自然言語は複雑で，言語は生きており，文法に基づいた定型的な処理は難しいというのが現在の立場である．現在，自然言語から知識を取り出すという想定には遥かに及ばず，統計的なモデルや確率的なモデルによって文書の内容を大まかに推測するための重要な語を抽出する研究が行われている．「自然言語の定型的な処理が難しい」とは「言語のモデル化が難しい」ということを意味する．生成文法によるアプローチでさえ，適用領域を限定しても容易でない．1970 年代に観測データに欠損値があるときに，欠損値とモデルパラメータを合わせて推定する方法が提案された．これをさらに一般化して，現象の背後に隠れたモデルを仮定して，自然言語をモデル化する隠れマルコフモデルなど，自然言語の文書からトピックスを取り出す研究が盛んにおこなわれている．このように，積極的にモデルを仮定して対象の性質を明らかにする統計科学のアプローチを主流に，自然言語処理の研究が活発に展開されている．

　一方，1950 年代から，文書の統計的な性質を明らかにしようとする試みが行われてきた．コロケーションは，単語のつながりや，相性の良い単語の組み合わせから，自然言語の特性を明らかにしようとする試みである．自然言語がどの程度複雑であるかの数値的な基準として，パープレキシティがよく用いられる．これは単語を特定するために必要な情報量（エントロピー）に基づく量で，数値が大きいほど単語の特定が難しく，複雑な言語ということになる．

　計算機で文書の内容を理解し，知識を抽出することが可能であろうか．不

可能とする立場の研究が「人工生命」で，生物的な特性を加味して人工的に生命現象を明らかにする研究である．一方，生物的な特性を考慮せずに対応可能とする立場が「人工知能」といえる．このことを考える上で，対応可能な問題とそうでない問題の区別は重要である．この議論は 1900 年のヒルベルトの 23 の未解決問題の提示に始まる．計算機がない時代の 1930 年代にチューリング（Alan M. Turing, 1912–1954）によって対応可能性が論じられるようになり，問題を解く方法が有限的な方法（アルゴリズム）で表されれば「解ける問題」と呼んだ．例えば円周率 π の値は解ける問題に属する．解ける問題に対して，計算の複雑さを考慮した現実的なアルゴリズムを構築することが今日の研究の中心になっている．自然言語の文書の理解は，人工生命の問題か，人工知能の問題か，現段階で明らかでない．今後，インターネット上の自然言語で書かれた多量の文書の情報を知識に質的に変えるために何をすればよいかが，研究の大きな流れになる．

4.1.3 コーパスに基づく言語研究

これまでの言語研究は，私たちが共有する抽象的な言語能力（4.1.1 項の「ラング」）と，個人が意思を表現・伝達する発話行為（4.1.1 項の「パロール」）のどちらかに重きをおいて行われ，振り子が左右に振れるがごとく交互に揺れ戻しながら発展している．本項では，後者に属するコーパス言語学の理論的枠組みとコーパス分析の基本的な観点を概観する．執筆に当たっては，Cook（2003），藤原（2014），石川（2008, 2012），齋藤・中村・赤野編（2005），Widdowson（2000）を参考にしている．

コーパスとは，「自然な言語データをバランスよく，系統的に集めた機械可読テキスト形式データの集積」と定義され，コーパスを用いた言語分析，コーパス言語学は 1980 年代後半から急速に発展した言語学の中でも新しい分野である．コーパス言語学が発展した理由は，主に二つである．

最大の理由は，20 世紀後半の言語学会の主流であった生成文法の言語モデルに変わるスキームを求める動きが出てきたことである．生成文法は，人が生まれながらに持っている抽象的言語能力（competence）の重要性を強調し，あるべき可能態としての言語モデルを内省や直観を通して解明するこ

とであり，コミュニケーションにおける個別的・具体的・実際的な言語運用（performance）を研究対象の枠外においた．そのため，世界で初めての英語コーパスといわれる Brown Corpus が 1964 年にアメリカで誕生したが，生成文法の盛況下にあって約 20 年間関心を集めるに至らなかった．1970 年代になると，言語運用の重要性が再評価され始める．デル・ハイムズ（Dell Hymes, 1927-2009）らの社会言語学者が，純粋な言語能力以外に社会的な能力が存在すると主張し，伝達能力（communicative competence）の重要性を指摘した．生成文法における言語モデルとしての可能態の中には，結果として実行される運用と実行されない運用があり，実現態という異なる相が存在し，それは人の言語経験差，文脈，教育環境に左右されるということが認識されるようになったのである．その結果，実現態としての言語研究に不可欠な客観的な言語使用のデータに注目が集まり，コーパスへの関心につながったのである．

　もう一つの理由は，コンピュータの発達である．20 世紀後半にコンピュータが発達し，計算機から次第にデータ処理機械としての性格を帯びるようになるにつれ，大量のデータを一定の手順で扱えるコンピュータがコーパス言語学を支えることになった．それまで人の手でデータを集めていたためかなりの時間を要したのに対し，コンピュータの活用により，短時間で大量のデータを処理できるようになった．データ量の拡大や，くり返し調査，誤りの回避などはコンピュータの得意なところである．このように，言語観の変化の中コンピュータ・テクノロジーの進歩に支えられ，コーパス言語学は発展していくことになる．

　コーパス言語学の特徴を集約すると以下の 4 点である．

(1) 言語能力（linguistic competence）よりも，言語運用（linguistic performance）を重視する．

(2) 言語の普遍的特性（linguistic universals）の解明よりも，個別言語の言語記述（linguistic description）に焦点をあてる．

(3) 質的な（qualitative）言語モデルだけでなく，数量的な（quantitative）言語モデルも重視する．

(4) 言語研究における合理的な（rationalistic）な立場よりも，より一層経験

主義的な (empirical) 立場をとる.

　コーパスを利用する利点は，大きく三つあるといわれている．第一に，実際に人が書いたり話したりしたものを記録しそれをデータとするので，データが客観的である．著名な文学作品であれ個人の論文であれ，あるいは話しことばであれ書きことばであれ，さらには母語話者のテキストであれ非母語話者のテキストであれ，すべてのデータが等しくコーパスの中に取り込まれ，匿名のテキスト・データとして等しく分析される．そのため，言語が実際に自然に使用されている実態に近い状況を客観的に観察し，全般的な言語傾向を発見することが可能となる．一人の母語話者の言語使用ではなく，その言語を話す母集団の中の言語傾向を知ることができるのである.

　第二に，コーパスを使った研究を第三者が検証できるという，言語の研究を科学とするための条件を整えることができる．母語話者の直観は，それを第三者が検証できないという点で，客観的なデータとはいえない．客観的なデータによる分析により，第三者の誰もが時を問わず実証できる.

　第三に，コーパスを利用することによって，その言語を母語としない研究者が，その言語を母語とする研究者と対等な立場で研究することができる．言語の直観を重視して研究すべきとする立場をとれば，言語の研究は自分の母語以外は不可能になる．しかし，言語データを客観化したコーパスの利用で母語話者と対等に研究ができる．実際に，英語コーパスを利用した研究論文は，英語圏以外の研究者によるものが多い．このような利点を持つコーパスは，現在客観的で信頼性の高い議論の基盤を提供している.

既存のコーパス利用

　コーパス編纂の歴史はまだ半世紀ほどである．その源は，英語に限っていえば，アメリカの Brown Corpus であるといわれている．Brown Corpus は，Brown 大学のフランシス（W. Nelson Francis, 1910–2002）とクセラ（Henry Kučera, 1925–2010）により，1961 年に刊行された米国の書籍の本文データを集めたデータベースであり，1964 年に公開された．書籍の各ジャンルとその割合をバランスよく反映させた代表性と，コンピュータによる数量的研究を可能にした機械可読性という特徴を有する均衡コーパス (balanced corpus)

である．Brown Corpus は，当時の生成文法台頭の時期と重なり，生成文法を唱えたチョムスキーによるコーパス批判の影響を受けたため，コーパス編纂とそれに基づく研究は進まなかった．一方，コーパスは，経験主義的な伝統の強いヨーロッパで発展し始め，Brown Corpus と同じく 1960 年代にはイギリス英語版 Lancaster-Oslo/Bergen of British English (LOB corpus) が誕生した．Brown Corpus, LOB corpus から 30 年経た 1990 年代になると，言語研究の時流とテクノロジーに支えられ，The Freiburg-BROWN Corpus of American English (FROWN Corpus), The Freiburg-LOB Corpus of British English (FLOB Corpus) が編集された．60 年代の Brown Corpus, LOB corpus, 90 年代の FROWN corpus, FLOB corpus の四つを Brown Corpus ファミリーという．この四つのコーパスが 100 万語の均衡コーパスであるため，共時的研究（同時代の言語様相に着目する研究）と通時的研究（時代の経過に伴った変化に着目する研究）が可能になった（4.1.1 項参照）．

　しかしながら，100 万語では分析が不十分であることから大規模コーパスへの必要性が高まると，コンピュータ・テクノロジーの進化にも後押しされ，1990 年以降コーパスは大規模コーパスへと移行する．イギリスでは，1 億語のコーパス British National Corpus (BNC Corpus) が作成された．BNC は，Brown Corpus ファミリーと同じくある時代の代表性を追求した均衡コーパスであるが，一方で量を重視し，毎年新しいデータを追加していくモニターコーパスも編纂されている．イギリスの Bank of English やアメリカの Corpus of Contemporary American English (COCA) である．Bank of English のように一部公開の形をとるコーパスもあるが，現在では有償無償の区別はあるもののこれらのコーパスを比較的容易に使用できるようになり，コーパスを利用した言語研究がさらに身近になったといえる．

　日本語の均衡コーパスは，2000 年代から構築が始まった．国立国語研究所では，2006 年度から 5 か年計画で，現代日本語を対象として 1 億語規模の『現代日本語書き言葉均衡コーパス』の編集を進めている．現在，オンライン版アプリケーションの「中納言」，その簡易版の「少納言」，オフライン版で有償の DVD データが利用できる．

コーパス構築

前項で示したコーパスは，明確な理念に基づき言語社会の縮図といった代表性・均衡性の高いもので，多くの人の手によって国家規模で編纂されたものが多い．このような既存のコーパスは，ある時代におけることばの特徴を調べるのに信頼性の高いソースであるが，目的によってはもっと身近なデータを分析したい場合もあるであろう．そこで，自らの手でコーパスを作成することになる．たとえば，大学で自分の専門に根差したコーパスを作成するとしよう．この専門コーパスは，大学で初めて専門を選択し，その文献を読んだり論文を書いたりする際に必要な語や表現，文法構造を教えてくれるものである．論文は最近電子化されているものが多く，大学では研究に必要な電子ジャーナルと契約しているため，資料が手に入りやすく，コーパス化しやすいという利点がある．現に大学のプロジェクトとして論文資料をコーパス化し，学生の教養教育や専門教育に必要な語彙リストを作成する動きが2000年代から活発である．

ただし，適当に専門分野のジャーナルから論文を集めればよいのではない．専門コーパス構築には調査の目的を踏まえ，(1)ジャーナルの選択(2)時期(3)テキストの加工を考慮する必要がある．

まず，(1)ジャーナルの選択であるが，例えば理工学部に所属していても機械工学，情報工学，電子工学など分野が様々である．仮に，電子工学系の論文を集めたいと考え，電気工学・電子工学技術の学会誌であるIEEEを選んでもその中でさらに細分化している．どのジャーナルの論文をコーパス化すればよいかが問題になってくる．これはコーパス作成者の分野により近いジャーナルを選択することが解決策になろう．(2)時期についてであるが，これもコーパス化の目的によって異なる．最新論文を集めてコーパス化すると，最新論文における語彙の傾向が明らかになるが，一方で時流による分野の偏りが出てくる可能性がある．この問題点を解決するには，過去数年間の特定月に発行された論文だけを集めたり，乱数を使って無作為に論文を抽出したりする必要があろう．(3)テキストの加工に関しては，論文のどの部分を残してどの部分を削除するかを統一しておく必要がある．たとえば，アブストラクトだけ集めて，アブストラクトの書き方の特徴を分析するのであれば，

アブストラクトのテキストのみを抽出し他の部分は排除するし，分野における語彙表を作成するのであれば，タイトルや著者の氏名・所属，小見出し，アブストラクト，目次，謝辞，参考文献，注，別表を削除しなければならないだろう．目的によって加工の基準を決めておくことが一貫性のあるコーパスにつながる．このようにして，分析者の目的を明確にし，コーパス作りの設計を綿密にたてることによって，たとえ小型であっても自作のコーパスを利用し，意味のある分析結果を出すことが可能になる．

コーパス分析における注意点

　コーパスの長所に基づき，コーパスを利用した言語研究が近年ますます多くなってきているが，コーパスに関わる注意点もわかったうえで活用すべきである．まず，第一に，均衡コーパスにおける標本抽出法，つまり各ジャンルから実際の使用割合を基にデータの割合を決める統計処理を施しているが，これが代表性という概念と合致しているものかという批判がでている．Brown Corpus では，15 のジャンルに分けているが，なぜ 15 でよいのかは作り手の判断でしかない．コーパス作成の方法には絶対はないため，その点を念頭においておくべきである．これは，自作のコーパスにもいえることである．

　第二に，大規模コーパスといってもやはり無限ではなく有限であるということである．Bank of English は，現在 6 億語を超えるといわれているが，実際に使用されている言語量には届かない．限られた資料の中であることを忘れてはいけない．Widdowson (2000) はさらに，コーパスから取り出されたことばの特徴は，文脈から切り離された断片的なテキストの痕跡であると主張している．現実の言語の分野を切り離している点で，実際の言語ではなくなっているとしている．

　第三に，コーパスで得られた結果を丸のみできないということである．高頻度語を抽出した場合，その語がそのまま重要な語であるとは限らない．限られたデータの中から抽出したものであるため，高頻度語はその限られたデータの中での高頻度語である．コーパスの分析結果を絶対視してはならない．

　コーパスには問題点があるからといって，そこから得られた結果は意味が

ないということにはならない. 客観的なデータには変わりがなく, きわめて現実に近いデータを示してくれるものである. そこで重要になるのが, 研究者・分析者の資質である. データを解釈・応用できる言語学的素養が不可欠である. また, データを客観的・科学的に処理できる数学的・工学的素養も必要である. 出てきたデータをどのように処理し, どのように解釈するかは, コーパス分析が発達していくためにさらに欠かせないものといえるであろう.

4.2 社会科学のリサーチデザイン

本節では, 社会科学・人文科学におけるデータを用いた課題解決の方法, 実証的な方法論について説明する. 執筆に当たっては, 池田(1971), 西平(1985), 酒井(2001), 伊藤・千田・渡辺(2003)を参考にしている.

4.2.1 実証と説明(因果関係と相関関係)

新しい社会・人文科学の特徴として, 従来の机上の議論をつくす「思弁的」な方法ではなく, 数学的方法と物理学的な実験・観察などを取り入れた「実証的」な手法が取り入れられてきた. そうした手法は, 実験・調査・面接・検査といった実証科学的方法に整理されていった.

科学の目的は,「測定・記述」「説明」「予測」「制御」といわれているが, その中で重要な核心は「説明」である. 説明できたことは理解できたことになるし, その応用としての, 予測や制御も可能になるかも知れない. たとえば, 地震や台風についての解明・説明が進むにつれて, 制御(コントロール)はともかくとしても, 予測が多少とも進歩してきていることは周知の事実である.

物理学でも心理学でも, 科学における説明とは, 一般的な因果法則(原因と結果の関係)に基づいて因果的な説明をすることである. たとえば,「リンゴが落ちるのは地球の引力に引き寄せられるからだ」「子どもの頃虐待を受けると大人になってから虐待をしやすくなる」というのは因果的な説明である.

因果関係にもとづく説明が正しいものであるためには, 単に「もっともらしい」というだけではなく, 因果関係が現実に存在することを証明する必要がある. これが科学的研究における「実証」の主要な目的である.

因果関係が現実に存在することを調べるにはどうすればよいのか.「原因ではないか」と思われる変数（独立変数）と,「その結果ではないか」と思われる変数（従属変数）との間に, 規則的な関係が現れるはずである. イギリスのミル (John Stuart Mill, 1806–1873) は因果関係を明らかにするための三つの原則を挙げている.

(1) 原因は結果よりも時間的に前にあること
(2) 原因と結果が関連していること
(3) 他の因果的説明が排除されること

因果関係は 2 変数の間の原因と結果の関係を明らかにしているわけであるが, 二つの変数あるいはそれ以上の変数の間に単に規則的な関係を見ることができるとき, これを「相関関係」という.

人間を研究する際には, その共通性と個体差をともに研究することが必要になる. アメリカの心理学者オールポート (Gordon W. Allport, 1897–1967) は人間研究の方策として以下の二つの方法を挙げ, 両者の共同作業が人間研究をさらに推進させると考えた.

(1) 法則定立的 (nomothetic) 方法：ヒトという種に共通のこころのシステムを説明する方法. 繰り返しと普遍的法則を重視する自然科学的方法. 実験法, 調査法などがこれにあたる.
(2) 個性記述的 (idiographic) 方法：一人ひとりのこころの差異を検討する方法. 検査法や歴史学的研究などがこれにあたる.

また, 人間の持つ諸特性の経年的変化を追究する学問領域では, 以下の横断的研究と縦断的研究が並行的に用いられている.

(1) 横断的 (cross sectional) 研究：発達段階ごとに多数の被験者群を定め, 多方面から調査し, 各段階の一般的行動傾向や変化過程を推測する方法.
(2) 縦断的 (longitudinal) 方法：いわゆる追跡調査. 個人について, できるだけ長期間観察し, 諸特性の変化過程や結末を記録・分析する方法.

さらに, 対象が何であれ, 科学的研究は以下に示す妥当性と信頼性を有するデータを必要とする.

(1) 妥当性（validity）：あるデータが測定目的にどれだけ合致しているかを表す概念.

(2) 信頼性（reliability）：何度繰り返しても同じデータを得ることができることを保証する概念.

　妥当性と信頼性を欠くデータから導かれる結論は誤解や誤った認識を生むことになるので，研究に用いるデータには充分な吟味が必要である.

4.2.2　社会調査とその方法

社会調査の定義

　調査法とは，実験のように厳密な条件の設定ができないときに，便宜的に相関関係をもとめるために複数の変数に関するデータを集めて分析するための方法である. 代表的なものは社会調査（統計調査ともいわれる）である.

　社会調査（social research, social survey）とは,「一定の社会あるいは集団,地域における意見・態度・関心などについて，主として現地調査（field work）によって直接客観的なデータを収集し，整理分析する」ことである.

　社会調査は，国勢調査（census; 一国内の全数調査），世論調査（opinion survey; 意見調査・態度調査），市場調査（market（ing）research），社会科学的資料収集，行政上の資料収集などの目的で行われる.

　社会調査は，社会，集団，地域などについての情報を得るための調査である. 税務署，警察，福祉関係などの調査は，個人あるいは個別の企業などについての情報を得ようとするものであるから，これらの調査は社会調査ではない. また，知能検査や性格検査なども個人の能力や性格の測定を主な目的としているから，社会調査とはいえない.

　調査では，調査の過程で個別に知り得たプライバシー情報を利用して個人に直接利害を及ぼすことは禁じられている. 特に，官公庁の統計に適用される統計法では，法律でそれを禁じている.

社会調査の手順

　厳密な社会調査の手順は以下のように概観できる.

I. 準備の段階

(1) 調査課題の決定

どんな問題を，どういう目的のために調査するのか．どんな情報・データを集めたらよいのか．文献や資料の整理，過去の研究のレビューを踏まえて決定する．

(2) 調査対象の決定

どんな範囲の，どんな人々から情報を得たらよいのか決定する．

(3) 調査法の決定

調査目的に合う調査方法を，資金や労力，時間などを考え合わせた上で決定する．

(4) 調査票の作成

質問の形式（自由回答・二項選択・多肢選択・順位づけなど），言い回し（wording），質問項目の配列などを検討し，実際の調査票を作成する．

(5) 予備調査（pre-test; pilot survey）の実施

小規模な現地調査や非公式の情報収集によって，机上プランを修正・補強する．ここできちんと，調査対象，調査方法や調査票の質問項目などについて検討しておかないと，実際の現地調査がうまく行かないことが多い．調査票は，予備的なものでよい．普通は，自由回答の項目が多くなる．

II. 現地調査（fieldwork）

(6) 標本抽出（sampling）

調査地点・調査対象者（標本; sample）の決定．全数調査はむずかしいので，普通，住民票や選挙人名簿からサンプリング台帳を作り，統計学の理論に従った方法で，調査対象者を絞り込む．

(7) 調査時期の決定

調査対象者の都合も考慮し，一番データをとりやすい時期を選ぶ．あまり長い期間調査することは望ましいことではない．

(8) 調査員の選定と訓練

調査員の問題は調査の精度を決める大切な要因の一つである．しかし，普通，調査員は専門家ではない．そこで，調査員への訓練や指示は，的確でかつ短いものにしなければならない．あまりに細かい指示を必要とする調査

は実際的ではない．1人の調査員が担当する調査対象者の数は，面接時間が30分程度であれば，移動時間や疲労を考えあわせて，一日5–7人，全部で20–30人程度が限度である．調査員には十分な時間を与えた方がよい．

（9）現地調査の実施

（10）調査票の回収と点検

調査票回収時には，記入もれや読めない字などを点検しておく必要がある．現実には，再調査は困難であることが多いので，これがデータ不備をチェックできる最後のチャンスである．

III. 調査結果の整理・解釈

（11）調査結果の整理

単なる数字の羅列を，見やすい図や表にしたり，自由記述の文章をアフター・コーディングして，集計したりする．そして，データを分析・解釈し，得られた結果の意味を考える．

（12）吟味調査による調査結果の裏づけ

はじめに予備調査をやったように，調査が終ってから吟味調査を再度する必要のあることも多い．どんなに慎重に準備しても，現実には調査の不備や意味のわからない結果が出てしまうことがある．こうした点を，小規模の調査によって再確認していくことが調査の最終局面で必要になることも多い．また，調査ができなかったサンプルについても検討が必要である．初めての調査では，全経費の半分を予備調査や吟味調査に当てるぐらいのつもりでいた方がよい．

（13）調査結果の公表

調査結果は，何らかの方法で公開すべきである．ただし，その中に個人に関する情報が含まれないよう，留意する必要がある．

社会調査の種類

（1）訪問面接調査法（interviewing method）

個別訪問によって，調査員が調査対象者に直接面接し，口頭で質問し，口頭で回答してもらう方法．調査員が，調査票の記載どおりに質問文を読み上げ，回答もいくつかの選択肢の中から選んでもらう形式，すなわち指示的

(directive)面接調査が中心である．この方法は，調査員の気分，パーソナリティ，記述の巧拙などを排除できる点で優れており，調査員を多数使う大規模な調査で用いられる．回答の内容はふつう調査員が記録する（他記式）．調査費用，調査員の数と質，調査時間など，どれをとっても大規模になりやすい．一般に，回収率はかなり高い（50–100%）．

　一方，購買行動などにおいて，無意識な深層心理を解明するために行う深層面接調査（depth interview）は，非指示的（non-directive）面接調査の典型である．ここでは，調査員が疑問点，要点などを深く追求することができるが，不定形の面接であるから，調査員に高度の技術が要求され，調査対象者の数もおのずから限定される．

　いずれにしても，訪問面接調査は大規模となりがちで，最近はあまり行われなくなってきている．

(2)　訪問留置調査法・配票調査法

　調査員が調査対象者を訪問し，調査票に回答を記入しておいてくれるよう依頼し（自記式），数日後に再訪問して，記入内容を点検しながら調査票を回収する方法．面接調査に比較して，費用，労力，時間ともに少なくてすむ．調査対象者はゆっくり記入することができるが，自記式のため，どうしても誤りや身代り回答の可能性を排除できにくくなる．回収率は，50–100%程度のことが多い．

(3)　郵送調査法・郵便調査法（mail survey）

　調査票を調査対象者に郵送し，回答を記入して（自記式），返送してもらう方法．費用，労力は小さくてすみ，匿名性が高まるのでかなり深い質問もすることができるが，留置調査と同様，誤りや身代り回答の可能性が高まる．返送されて来るまでの時間も不定である．また，回収率はかなり低くなることが多い（20–40%）．

(4)　集合調査法・集団調査法（gang survey）

　調査対象に1か所に集まってもらい，その場で調査票を配って回答してもらう方法（自記式）．無作為標本抽出の基本からはかなり逸脱してしまい，調査対象者の特性が似かよい，母集団が偏るなど，データは歪みやすい．学生・生徒・企業の従業員など，集めることがたやすく，一度に大量のデータ

を取ろうとする場合によく行われる．AV 機器をつかうこともできて便利だ
が，回答者がその場の集団的雰囲気に影響されることも多い．回収率は高い．
街頭・来場者面接調査法，街頭・来場者自記式調査法などもその一種．

(5) 電話調査法

コンピュータでランダムな番号を発生させ，電話番号と思われる番号を抽
出し，調査対象者に電話をかけて調査を行う方法．最近では，比較的簡単な
調査方法として頻繁に用いられている．電話所有者に調査が限定される点，
調査対象者の本人確認が難しい点などが欠点として指摘されている．回収率
は 60% 程度のことが多い．

(6) ウェブ調査法

あらかじめ登録されたインターネットユーザーにウェブ上で質問し，調査
を行う方法．回答者の母集団が偏る可能性が高い．

さらに，特別な調査法として，以下のように，調査を何度もくりかえして，
結論を引き出す方法がある．

(7) 時系列分析・傾向分析 (time series trend analysis)

いくつかの時点で同一の調査を繰り返して，集団全体の変化を見る方法．
西平 (1985) は，1953 年より 5 年ごとに行われてきた有名な「国民性調査」の
結果として，「子供がないとき養子を迎える」という問いに対する回答は年々
減少しており，「ドライな課長より人情課長の下で働きたい」という問いに対
する回答は時代による変化が見られない (常に人情課長の方が上) ことを報告
している．

(8) パネル調査 (panel survey)

集団全体の変化を見るのではなく，個人内の変化を見るために，同じ人に
2 度以上同じ質問をすること．長期間調査対象者を追跡する必要があるので，
労力と時間がかかる．使用前と使用後のデータの変化を捉えようとする「前
後測定」もこの一種と考えられる．

(9) コホート調査 (cohort analysis)

パネル調査は同じ人から何度もデータを取ることになるので，追跡が難
しい．そこで，同じ年代に生まれた人を同一集団として，年代別のデータを

取って，変化を見る方法．コホートというのは，元来は昔のローマの 300–600
人の歩兵部隊のことである．

調査票の作成

I. 質問文づくりの一般原則（wording）

(1) 調査票の質問文は，調査目的にかなう限りにおいて，できるだけ少ない
方がよい．しつこいもの，面倒なものは，調査対象者から拒否される可能性
が高い．回答時間は，せいぜい 30–60 分以内，質問数は 20–30 問以下が適当
であろう．

(2) やさしく，わかりやすい言葉づかいをするべきである．くどい言い回し
や，敬語の乱発は避ける方がよい．

(3) 調査対象者に共通な意味を持つ言葉を使うように心がけた方がよい．

(4) 一方的な意見や見方を示し，回答を誘導するような質問は避けた方が
よい．

(5) 質問の順序も大切である．はじめから重い質問（死，飢えなど）を並べる
と答えてくれなくなることがある．また，はじめの方の質問に影響されて，
後の方の質問の回答が歪むこともあるので，注意が必要である．

(6) 調査対象者のうちの一部の人だけに限定した質問はしないほうがよい．
また，できるだけ，関連質問やサブ・クエスチョン（sub-question）は避ける
べきである．

II. 回答の形式

　図 4.6 に，さまざまな回答の形式とその例をまとめておく．これらは概ね
以下のように分類される．

(1) 自由回答法（free-answer question, open-ended question）

　調査対象者に自由な回答を求める形式．調査終了後，集計の段階で，いく
つかのカテゴリーにまとめる，アフター・コーディング（after coding）という
作業をすることになる．いろいろな回答が集まるが，おおづかみの調査には
向かない．普通は，調査の最後に，「何かご意見があったらお書きください」
という一問を入れることが多い．

形　式	質　　問	回　　答
多肢(項)選択法 (あてはまるもの一つだけをえらぶ)	第1問. 今あなたの住んでいらっしゃる家は, ご自分の家ですか, それとも借家ですか.	1. 自分の家(分譲アパートを含む) 2. 借家 3. 公営・公団のアパート 4. 民間アパート 5. 社宅・寮・官舎・公舎 6. 同居・間借 7. その他(　　　　　　)
多肢(項)選択法 (選択肢が序列型)	第2問. お住まいになっている家の間数はいく間ですか(台所・便所・風呂場や営業用に使用している室は除きます. ただし, ダイニング・キッチンは部屋として扱います.)	1. 1間　　　　　6. 6間 2. 2間　　　　　7. 7間以上 3. 3間 4. 4間 5. 5間
無制限複数選択法 (チェックリスト法)	第3問. 右にある物品のうち, お宅にあるものをいくつでも結構です, おっしゃってください. (仕事や営業関係のものを除きます.)	1. 電気(ガス)冷蔵庫 2. 電気掃除機 3. 電気洗濯機 4. 電気(ガス)釜 5. 応接セット 6. ルームクーラー(エアコン) 7. 乗用車(営業用を除く)
制限複数選択法	第4問. 右にある物品のうち, 一ばん最近にお買いになったもの二つを選んで○をつけてください.	8. ガス湯沸器 9. 絵画・彫刻・置き物などの美術品 10. 文学全集や美術全集(全巻)
一部順位法	第5問. 右にある物品のうち, 一ばん最近にお買いになったものから, 二つを選んで順番をつけてください.	11. ピアノ・オルガン 12. ステレオ
完全順位法	第6問. あなたにとって, 社会生活を営む上で一ばん大切なものは何ですか. 右にあげる五つのうちで, もっとも重要と思われるものから順番をつけてみてください.	□ 1. 協調性 □ 2. 社交性 □ 3. 責任感 □ 4. 積極性 □ 5. 指導性
評　定　法	第7問. 社会全体を右のように五つの段階にわけると, あなたはこの中のどこに入ると思いますか.	1　　2　　3　　4　　5 下　　下　　中　　中　　上 の　　の　　の　　の 下　　上　　下　　上
自由回答法	第8問. あなたは現在の生活に何か御不満がおありですか. おありでしたら, その内容を御自由にお書きください.	

図 4.6　回答の形式(池田(1971)p.34 より)

(2) 二項選択法（dichotomous question）

　調査対象者に，賛否・真偽・二つの対立概念のどちらかを尋ねる質問.

(3) 多項選択法・多肢選択法（multiple choice question）

　あらかじめ作っておいた選択肢，たとえば，「1. アジア」「2. ヨーロッパ」「3. アフリカ」「4. 北アメリカ」「5. 中・南アメリカ」「6. オセアニア」「7. 南極」の中から調査対象者に自分の見解に近いものを選択してもらう方法. 回答を一つだけ求める「単記式」，複数選択を認める「複数選択式（multiple answer）」に分けることができる.

　さらに，複数選択式は，選択できる数を限定する「制限連記式（たとえば「2 つだけ」）と，選択できる数を限定しない「無制限連記式（「いくつでもよいから」）に分けることができる.

(4) 順位法

　あらかじめ順位づけした回答を用意して，調査対象者に自分の見解に近いものを選択してもらう方法.「次のものを，大切な順に並べて，番号をつけてください」と指示する「完全順位法」，「次のものを，4. とても大切，3. やや大切，2. あまり大切でない，1. まったく大切でない，の 4 段階に分けてください」といった「評定法」，「全項目の中から 2 つずつを取り出すすべての組み合わせで比較」する，いわば各項目のリーグ戦である「一対比較法」などがある.

(5) その他

　「わからない」という答えをあらかじめ用意しておくこともある. I Don't Know から DK と略記することがある. 答えのない場合には，No Answer から NA と略記することもある.

III. 調査票の体裁

(1) 調査票の頭には，基本項目（demographic item）である，調査対象者の氏名・住所・性別・年齢・職業・学歴・収入などを尋ねるページを作る（face sheet）. ただし，これらの情報は個人的なことを立ち入って聞くわけであるから，調査に不必要なことを惰性で聞くべきではない.

(2) 調査目的，調査結果の開示方法，記入の仕方などを書く.

（3）社会的責任を果たし，倫理規程を遵守することを明確にするために，調査に同意する場合だけ調査票への記入を求めるようにする．念入りに，同意書を別に用意することもある．

（4）調査票は，質問と答えの記入欄を別々にしない方がよい．集計のためには，欄外に回答欄を用意する．

（5）調査票は，用紙にゆったりと質問を書くようにする．

IV. 社会調査の問題点

　社会調査を実施する上で注意しなければならない点は，以下の通りである．

（1）調査項目や調査方法が，調査したいと考えている事柄を的確に調査するものとなっているかどうか（妥当性）．

（2）採用された方法が明示され，他の調査者によって追調査が可能かどうか．また，採用された方法が，統計学その他の調査方法論上の批判に耐え得るかどうか（信頼性）．

（3）社会的責任を果たし，倫理規程を遵守しているかどうか．

標本抽出（Sampling）

　なにか調査をしようというときには，調査対象のすべてを全部克明に調べる（全数調査）に越したことはない．しかし，大体でよければ，一部分を調べて全体の様子の見当をつけることができる．こうした場合，なるべく誤差の少ないデータを取りたいのは当然であろう．統計理論にしたがって全体から一部分を選び出す方法が，標本抽出（sampling）と呼ばれるものである．ただし，大規模な調査（通常，千人以上）でないと，なかなか理論通りの標本抽出はむずかしい．

　調査をして結論を出そうとする対象全体を，母集団（population）という．つまり，母集団とは，調査対象全員の集合である．母集団から取り出した一部分の人のことを，標本（sample）という．そして，標本を母集団から取り出すことを，標本抽出（sampling）という．

　統計理論ではふつう，母集団に属する個人を標本とするかどうかの決定は，くじのような偶然に委ねる方法，言わばでたらめ（random）に行うことを旨としている．こうした偶然に委ねるような方法を，無作為標本抽出

(random sampling) という. 無作為標本抽出によって選ばれた標本を, 無作為標本 (random sample) という. 統計理論では, ただ偶然に委ねてサンプルを取るようにすると, 母集団から公平にサンプルを取れるという. くじ引きでサンプルを決めれば, 日本人でありさえすれば, 男でも女でも, イデオロギーがどうであろうと, 職業や居住地のいかんを問わず, サンプルに当たるか当たらないかに差は出ないことになる. サンプルは, 母集団と同じ性質を持つ, 母集団の縮図となるはずである.

ある集団からデータを取ろうとする場合には, 集団の全メンバーからサンプルを選び出すことになる. 選ぶためには, 母集団に属するすべての個人を書き出したリストが必要となる. このリストを, サンプリング台帳という. サンプリング台帳から個人を選び出すには, 全個人に番号をつけ, 抽選によって選ばれた一部の番号だけを標本 (サンプル) として取り出せばよい. この抽選を実際に行うと, 個人の数が多くなるほど大変である. したがって, 抽選機の代わりをするものとして, 乱数表[*2] が作られている. 図 4.7 に乱数表の一部を載せる.

乱数表の使用方法の概略は次の通りである.

(1) サンプリング台帳に載っている個人に, 一連の個人番号をつける.

(2) 標本数を決める.

(3) ランダムに乱数表のスタートポイント (○行○列目) を決める.

(4) 個人番号の桁数と同じ桁数を単位に, スタートポイントから乱数表の数字を読んでいく.

(5) 標本数に達するまで, 数を読み, その番号の個人を標本とする. ただし, 個人番号を越える数字のときは読み飛ばす. また, 同じ番号が 2 度出てきたときには, 2 度目を読み飛ばす.

最近では, コンピュータで容易に乱数を発生させられるので, 大規模な調査では実際にこのような乱数表を読んでサンプリングすることはまれであ

[*2] 乱数とは全く無秩序な数のことでいくつかの乱数からなる乱数列を表にしたものが乱数表である. 乱数生成の JIS 規格は以下にある. http://kikakurui.com/z9/Z9031-2012-01.html

```
28 89 65 87 08    13 50 63 04 23    25 47 57 91 13    52 62 24 19 94    91 67 48 57 10
30 29 43 65 42    78 66 28 55 80    47 46 41 90 08    55 98 78 10 70    49 92 05 12 07
95 74 62 60 53    51 57 32 22 27    12 72 72 27 77    44 67 32 23 13    67 95 07 76 30
01 85 54 96 72    66 86 65 64 60    56 59 75 36 75    46 44 33 63 71    54 50 06 44 75
10 91 46 96 86    19 83 52 47 53    65 00 51 93 51    30 80 05 19 29    56 23 27 19 03

05 33 18 08 51    51 78 57 26 17    34 87 96 23 95    89 99 93 39 79    11 28 94 15 52
04 43 13 37 00    79 68 96 26 60    70 39 83 66 56    62 03 55 86 57    77 55 33 62 02
05 85 40 25 24    73 52 93 70 50    48 21 47 74 63    17 27 27 51 26    35 96 29 00 45
84 90 90 66 77    63 99 25 69 02    09 04 03 35 78    19 79 95 07 21    02 84 48 51 97
28 55 53 09 48    86 28 30 02 35    71 30 32 06 47    93 74 21 86 33    49 90 21 69 74
```

図 **4.7** 乱数表の例（一部のみ示す）

る．また，情報・システム研究機構統計数理研究所では「乱数取得サービス」
を提供している[*3].

サンプリング誤差

例えば，ある番組の視聴率が 10% と発表されたとする．しかし，視聴率と
いうのは全数調査ではない．たかだか数百台のテレビを対象にその番組が見
られているかどうかを調査したものに過ぎない．こうした数字はどれくらい
信頼できるものなのであろうか．

当然，調査対象（サンプル）の数を減らせば精度は落ちる．しかし，ある程
度大きい数になると，それ以上数を増やしていっても，それほど精度に影響
しないことが，統計理論上明らかにされている．

こうした，サンプルの数と調査の精度との関係を明らかにしている理論を
サンプリング理論といい，真の値とサンプルデータから出された値との食い
違いの程度をサンプリング誤差（標本誤差ともいう．2.3.1 項も参照）と呼ぶ．

図 4.8 はサンプリング誤差の早見表である．サンプルの数と調査の精度と
の関係を表した数字が載っている．例えば，ある番組の視聴率が 10% と発
表されたとする．サンプルの数は 400 であった．この場合の調査の精度は，
以下のようにして調べられる．図 4.8 の n はサンプルの数を表している．p
は調査の結果得られた割合（ここでは視聴率）である．この p と n の該当す

[*3] http://random.ism.ac.jp/info02.html

Chapter 4 人文・社会科学の技法

p \ n		20	40	60	80	100	200	300	400	500	1000
1%	99%	4.4	3.1	2.6	2.2	2.0	1.4	1.1	1.0	0.9	0.6
5%	95%	9.7	6.9	5.6	4.9	4.4	3.1	2.5	2.2	1.9	1.4
7%	93%	11.4	8.1	6.6	5.7	5.1	3.6	2.9	2.6	2.3	1.6
10%	90%	13.4	9.5	7.7	6.7	6.0	4.2	3.5	3.0	2.7	1.9
15%	85%	16.0	11.3	9.2	8.0	7.1	5.0	4.1	3.6	3.2	2.3
20%	80%	17.9	12.6	10.3	8.9	8.0	5.7	4.6	4.0	3.6	2.5
25%	75%	19.4	13.7	11.2	9.7	8.7	6.1	5.0	4.3	3.9	2.7
30%	70%	20.5	14.5	11.8	10.2	9.2	6.5	5.3	4.6	4.1	2.9
35%	65%	21.3	15.1	12.3	10.7	9.5	6.7	5.5	4.8	4.3	3.0
40%	60%	21.9	15.5	12.6	11.0	9.8	6.9	5.7	4.9	4.4	3.1
45%	55%	22.2	15.7	12.8	11.1	9.9	7.0	5.7	5.0	4.4	3.1
50%	50%	22.4	15.8	12.9	11.2	10.0	7.1	5.8	5.0	4.5	3.2

図 **4.8** サンプリング誤差 $(2\sqrt{p(1-p)/n} \times 100\%)$ の早見表

る数字の欄（ここでは $p = 10\%$　90%の行）をたどって $n = 400$ の列を見ると 3.0 という数字に出会う．この数字がサンプリング誤差であり，真の視聴率は 10%の前後に 3.0 ポイントずつの幅を見た 7–13% ということになる．

しかし，表をさらに見ていくと，サンプルの数を 1000 に増やしても，1.9 という値にしかならないことがわかる．サンプルを 2 倍以上の 1000 に増やしても，精度は 8.1–11.9% とわずかに向上するに過ぎない（サンプル数を N 倍にすると精度は $1/\sqrt{N}$ だけ向上する）．

したがって，この表を見ると，データの精度が検討できるだけでなく，どれくらいの精度をあげるにはどれくらいのサンプルを取ればよいかがわかる．調査の経済的側面もこの表によって検討できることになる．

無作為標本抽出の方法

以下に述べるいくつかの無作為標本抽出の方法は，基本的にはどれも，ランダムネス理論に従ったものだが，母集団が大きくなると，単純な「くじ引き」による方法では，労力ばかりかかって，うまく行かなくなる場合が多い．

（1）単純無作為標本抽出 (simple random sampling)

乱数表の使い方のところで述べた方法である．これが最も単純で，統計理論に沿った方法であるが，母集団の数が多くなると労力が大変である．

(2) 等間隔標本抽出・等間隔サンプリング・系統的標本抽出(systematic sampling)

母集団の全員に個人番号をつけておいて，はじめの1つのサンプルだけをランダムに選び，後のサンプルを一定間隔で決めていく方法．はじめの1つを決めればあとは楽なので，簡便な方法としてよく利用される．母集団がやや大きくても対応できる．はじめに決めたサンプルの番号をスタート番号(start number)，後のサンプルをとっていく間隔をサンプリング間隔・抽出間隔(sampling interval)という．

(3) 多段サンプリング(multi-stage sampling)

何段階か，単純無作為サンプリングか等間隔サンプリングを繰り返して，最終的に目的のサンプルを取るサンプリングの方法を，多段サンプリングという．母集団が膨大で，簡単には標本調査ができないときに使用される．当然誤差は大きくなるが，やむを得ない．

例えば，全国で世論調査をするような場合，たくさんの市町村を回るのは大変であるから，まず，いくつかの市町村を選び出し，それらの市区町村の中から，それぞれ何人かの標本を選び出す方法は，2段サンプリング(2-stage sampling)と呼ばれる．この場合，単純に，まず市町村を無作為抽出で選び，その中で個人を再び無作為抽出で選ぶというやり方は，個人が最終的に選ばれる確率が市町村ごとに異なることになるので，統計理論的には誤っている．

個人を選ぶ場合であれば，市町村を選ぶ際にも，人口数に見合った重みづけが必要である．つまり，各サンプリングの単位(市町村)に，その大きさ(人口)に比例する確率(ウエイト)を与えてからランダムに取り出す方法を，確率比例サンプリング(ウエイト付きサンプリング)と呼ぶ．

(4) 層別サンプリング(stratified random sampling)

ふつう，母集団から無作為標本を取れば，だいたい母集団のうまい縮図が得られる．しかし，まれには，歪んだ縮図になることもある．

母集団について何か情報(たとえば，人口規模，地域特性，産業構成比)がある場合には，標本を母集団の適切な縮図とするために，その情報を利用すると便利である．大学生のサンプルを取る場合，母集団の出身地が分かっていれば，学生を出身地別のグループに分け，各グループごとに適当な数のラ

ンダム・サンプルを取れば，出身地に関しては，母集団の正確な縮図となる
サンプルが得られる．

　このように，調査しようとすることに深く関係している母集団の情報がわ
かっているとき，それに従ってグループ分けすることを，「層別する(stratify)」
という．そして，各グループのことを層(stratum，複数形は strata)という．
また，母集団を層別して，各層からランダム・サンプルを取ることを，層別
サンプリングという．

　層別は，調査項目によって変わる．例えば，大学生の生活費を調査しよう
というのであれば出身地，大学生の将来の就職希望なら学部とか学科という
ことになろう．層別ができたら，普通は母集団の各層の人数に比例した数の
サンプルを各層に割り当てる．こうした層別サンプリングの方法を，比例割
当法という．

4.2.3　心理テスト，面接，観察，および実験の方法

心理テスト（検査）法

　心理テストの主な特徴は，個人差を抽出する個性記述的方法であること，
個人についての得点を安定した数値として表現するところにある．心理テス
トは，測定内容の違いによって，「知能検査」「学力検査」「性格検査」「適性
検査」「興味検査」「価値・態度検査」などに分類される．また，回答形式の
違いによって，「質問紙法」「作業検査法」「投影法」などに分類される．

　「質問紙法」は，用意された質問に○×や多肢選択で答える形式である．
質問紙に書かれた質問への回答の仕方が厳密に規定され，また，個人の結果
は，後述する標準化の過程で，尺度作成に使われた母集団に照らして，その
中での位置がきちんと表現されるようになっている．

　「作業検査法」は，内田・クレペリン検査に代表される．数字の足し算な
どの作業結果から，パーソナリティの安定性や信頼性が確認できる．

　「投影法」は，曖昧な刺激を被検査者に提示し，それに対する自由な反応
から，こころの深層にある，無意識的な，コンプレックス，知的能力，性格
傾向，欲求・願望・感情・動機，対人指向などが測定可能とされる．「投影法」
の施行には，人間的な経験とある種のセンスが必要とされる．

心理テストは,「個人検査」と,「集団検査」に類別されることもある.心理テスト (特に知能テストや質問紙) を作成する際には,「標準化」という手法が取られる.これは,あらかじめ多数 (普通千人以上) の規準集団に心理テストを施行し,心理尺度の分布を確認し,個人の得点をその分布の中に当てはめていくという手法である.

面接法

面接法は,面接者が被面接者と面談 (interview) しながら情報を入手する方法である.面接の際には,面接者と被面接者の間に,わだかまりや構えがあってはならず,まず,両者が互いに信頼し,打ち解けた雰囲気を作り出すこと,すなわち「ラポール」の成立が大切になる.面接法には以下のようなものがある.

(1) 自由面接

カウンセリングなど,面接者と非面接者が比較的自由な形で,標準化された内容と形式を踏まえずに話し合いの形を取る方法.面接者が場のコントロールをしないことから「非指示的面接」,面接者の予想もしなかった回答や心理の深層を探ることができることもあるので「深層面接」と呼ばれることもある.

(2) 標準化された面接

誰に対しても,同じ質問を,同じやり方でするという方法.最も徹底した方法は,面接者によって差が生じないよう,事前に質問項目が準備され,面接者は被面接者の回答内容を勘案して準備された項目の中から該当する項目にチェックするという形を取る.

(3) 半構成的面接

実際の面接では,自由面接と標準化された面接の両方の長所が取り入れられた方法が取られることが多い.面接内容についてはあらかじめ用意がされているが,面接者と非面接者が自由な立場で話し合い,標準化された面接では得られないような隠れた情報まで取ることを目指す.

(4) 集団面接

面接結果を標準化するために,面接者を複数にする「集団面接」が行われ

ることがある．また，面接の効率化をはかる場合，あるいは，集団内での個人の行動やグループダイナミックスなどまで把握するために，被面接者を複数にして，ある課題について討論をさせる面接も行われる．特に，特定の司会者をおかず，自然発生的なリーダーの出現を観察する方法を，「リーダーレス集団面接」という．

面接法においては，4.2.4 項で後述する「人間のことが分かる要素」や「対人認知を歪める要因」を知っておくことが大切である．

観察法

客観的に観察対象のありのままを観察・記録する方法．人類学的，社会学的現地調査をはじめ，工場での作業観察や，面接をしながらの観察もあり得る．

人間を対象とする観察法では，多かれ少なかれ，場に観察者が加わることによって，被観察者の自然的状態が損なわれる．最初はどうしても被観察者に観察されていることを意識させ，あるいは，警戒感をおこさせるから，それを除くまでに時間がかかり，短期の観察は効果を発揮しがたい可能性が高い．

観察には，評定尺度（行動一覧表），反応分析器などに始まり，最近では，さまざまな記録機材が用いられることが多い．観察法は，以下のように分類される．

(1) 参与観察法（参加的観察法）

非組織的な観察法の 1 つ．被観察者の中に自分も飛び込んで，そのグループの一員となりながら観察を続ける．人類学的な観察，社会学的な観察ではよく行われる方法である．

(2) 非参与観察法（非参加的観察法）

非組織的な観察法の 1 つ．局外者，あるいは，第三者として，社会事象を観察するもので，見聞や，視察，対話などによる事情聴取という方法を用い，最終的には，見聞録・ルポルタージュなどにまとめられる．

(3) 組織的観察法

観察の客観性や信頼性を高めるために，観察の視点や観察項目，観察用具，

記録方法などを明確に設定し，場合によっては，被観察者に課す作業や役割を規定して，それを観察する方法．工場における作業観察，小集団の討論過程の分析，子どもの遊びにおける行動観察などに用いられることが多い．

実験法

　社会科学・人文科学においても，実験だけが「因果関係（原因と結果の関係）」を確認できる唯一の方法である．その他の技法は，条件が複雑なために本当の原因を突き止めることは難しい．「相関関係」のみが判明することも多い．

　実験法は，論理的には，三つの変数から成り立っている．因果関係の原因に当たると推定し，実験において実験者が操作する変数を「独立変数」という．一方，結果にあたると推定し，測定（観察・観測）する変数を「従属変数」という．独立変数以外で，従属変数に影響を与えるかも知れない変数を「剰余変数」という．実験法では，独立変数の従属変数に与える影響を観測するわけであるから，剰余変数は実験期間中常に一定に保つという統制が必要になる．

　実験法には次のような方法がある．

（1）反復実験

　物理学や化学などでは，独立変数を操作しながら（条件を変えながら），何度も同じ従属変数を測定するという方法がとられることが多い．

（2）統計的実験

　人間に反復実験を繰り返すことは，慣れや学習・記憶などの影響を排除することが難しく，なかなか客観的なデータを取りにくい．そこで，特定の個人に反復実験を繰り返す代わりに，比較的多人数の1回実験で推論を進めるのが普通の方法である（一方で，同一人の繰り返し実験では，人間の実験中の変化を考慮して，繰り返しの順序をラテン方格に基づいてランダムにして行うラテン方格実験なども考えられている）．

　統計的実験で基本になっている考え方は，比較したい条件（独立変数）について，それを持っているグループ（実験群）と，持っていない比較グループ（統制群）とを作り，他の条件（剰余変数）は等価・一定になるようにコントロールして，従属変数の測定をするという方法である．

4.2.4 人間を対象とする研究

オールポートの"人間のことがよく分かる人"の適性要件

　オールポートは，人間のことがよく分かる人，すなわち，"よい面接者・評価者の資格"として次のような要件をあげている（槇田，2001）.

(1) 人間理解のためには,「人生経験」を多く積んでいることが大切である.数多くの経験や成熟は，視点の広さをもたらす.さらにいえば，若い人は年輩者の心理を理解しにくいということもいえる.

(2) 経験の特殊な場合として,「被評価者との類似」があげられる.同じ性・年齢・文化に属する人は，共通の経験を持っているので，より理解しやすい.

(3) 「知的能力」が高く，観察したことを体系づけ，推論を引き出せる人はよい評価者になりやすいようである.これは，特に，友人よりも，知らない人を認知する際に大切な要件となる.

(4) 一般に，人は自分より複雑微妙な心理特性を持つ他者を理解することは難しいと考えられている.「複雑なこころを持ち，複雑さを好む人」は，単純なこころの人より，多面的なこころの働きを了解しやすい.単純さを好み，複雑なものに興味を持たない人は，あまりよい評価者にはなれないかもしれない.

(5) 「自己洞察が深く，正しい自己認識を持っている人」ほど，よい認知者になりやすい.

(6) よい認知者は，一般に,「人間関係がよく」，社会性に富み，温かく社交的で,「情緒的にも安定」しているようである.

(7) 同時に，他者の長所・欠点を公平に見ることができ，かつ，全体を見渡すことができるように,「他者とある程度の距離を保っている」ことも重要である.往々にして人間関係に過度にのめり込み，世話を焼きすぎる傾向の人や，依存的な人は，かえって他者の内面がよく分からないようである.

(8) 他者の「内面性やこころの感情・葛藤・悩みなどに強い関心を示す」傾向も重要である.

(9) やや込み入った表現になってしまうが，美しさを感じること，すなわち，美的判断には，統合された全体像の中に均衡と調和を感じる能力が必要なようである.「複雑なパーソナリティの中に均衡と調和を感じ取ろうとするここ

ろの働き」は，芸術的美的態度と相通じるものがある．オールポートは，均衡と調和に関心を持つ美的態度が，よい認知者の資格として最も重要なものと主張している．

こうした要件をすべて持っている人はおそらく存在しないであろう．しかし，自分がどれだけの適性要件を満たしているかを自省してみることは，意味のあることだと思われる．

人間を評価する際に正確な対人認知を妨げる要因

正確なアセスメントを妨げる要因としては，以下のようなものが知られている（伊藤・千田・渡辺，2003）．

(1) 両極端の評価をきらう傾向を「中心化傾向」という．

(2) 好ましい特性をより好ましく，好ましくない特性をあまり厳しくなく評価する傾向を「寛大化傾向」という．上記二つの傾向は，特に，公的な評価の際に，はっきりと現れるようである．

(3) 「光背効果」とは，1つの目立つ特徴のみに影響されて，個人の全体像を歪めて判断してしまう傾向をいう．俗に，"あばたもえくぼ"というが，好きな人の持つ性質はすべて好ましくとらえがちである．嫌いな人に対しては"坊主憎けりゃ袈裟まで憎い"ということになってしまいがちである．

(4) 「対比効果」とは，自分と類似していると判断した人を好ましく，類似していないと判断した人をあまり好ましくなく評価する傾向をいう．

(5) 目立つ人や印象の薄い人の前後に対面した人は，得をしたり損をしたりしがちである．中盤に対面した人の印象は，始めや終わりに対面した人よりも薄くなりがちである．こうした傾向を，「順序効果」という．

(6) 聞き慣れない言葉であろうが，「パーソナリティについての暗黙の仮説」というものがある．評価者が自分の個人的な体験を一般化して，「Aという特性を持っていれば必ずBという特性を持っている」と決めつけてしまう傾向をいう．先入観や固定観念といってもよいであろう．"頑固者は怒りっぽい""よく発言する人や字のきれいな人は頭がよい"と信じている人は多いように思われるが，実は，もの静かな頑固者もいる．発言量や字のきれいさと頭のよさとの間には関連性はあまりないようである．

(7) 精神分析にいう防衛機制の一つに「投射」という概念がある．投射とは自分の持つ特性や欲求を無意識のうちに相手に投げ与え，相手こそそうした特性や欲求を持っていると誤認してしまう傾向のことをいう．精神分析の創始者であるフロイトは，義母の持つ敵意が義理の息子に投射されて，義母は，子供が自分を憎んでいるので母子関係がうまくいかないと誤認してしまうという事例をあげている．日常でも，自分のことを棚に上げて，けんか相手を完全な悪者と決めつけてしまう状況を考えれば，誤認の意味を理解できるのではなかろうか．他者にも自分にも不幸なことに，人は時に，他者を評価しているつもりで，自分の投射像のアセスメントをしてしまうことがある．

(8) いうまでもなく，障がい者や性の異なる人，肌の色の異なる人，少数者などに対する「偏見」も影響力の大きな要因である．本人のパーソナリティとはあまり関係のない学歴や家庭の社会経済状態が，アセスメントに影響を及ぼすことも多い．

　アセスメントを行う際には，これらの要因のことをいつも頭の中に置いて注意する必要がある．

人を対象とする研究における倫理規程

　人間を対象とする研究においては，対象が物や情報である場合よりも，より厳しく研究上の倫理規程を遵守することが要求される．日本心理学会の倫理規程（2011），日本心理臨床学会の倫理基準（2009），日本臨床心理士会の倫理綱領（2009）を参考に，人間を対象とする研究を行う際の大切な倫理規程を紹介しておく．

1) 倫理委員会等の承認

　研究にたずさわる者は，原則として，研究の実施に先立ち，自らが所属する組織および研究が行われる組織の倫理委員会等に，具体的な研究計画を示し，承認を受けなければならない．

2) 研究対象者の心身の安全，人権の尊重

　研究にたずさわる者は，研究対象者（被験者）の心身の安全に責任をもたなければならない．研究に参加することによって心身の問題や対人関係上の問題が研究対象者に生じないよう真摯に対処する必要がある．また，年齢，性

別，人種，信条，社会的立場などの属性にかかわらず研究対象者の人権を尊重しなければならない．

3) インフォームド・コンセント

研究にたずさわる者は，研究対象者に対し，研究過程全般および研究成果の公表方法，研究終了時の対応について研究を開始する前に十分な説明を行い，理解されたかどうかを確認した上で，原則として，文書で同意を得なければならない．

4) 代諾者が必要なインフォームド・コンセント

たとえば，子ども，障がいのある人や疾患を有する人，外国人など，認知・言語能力上の問題や文化的背景の違いなどのために，通常の方法の説明では研究内容の理解を得られたと判断できない研究対象者の場合には，理解を得るために種々の方法を試みるなど最善を尽くす必要がある．その努力にもかかわらず自由意思による研究参加の判断が不可能と考えられる場合には，保護者や後見人などの代諾者に十分説明を行い，原則として，文書で代諾者から同意を得なければならない．

5) 事前に全情報が開示できない場合の事後の説明の必要性

研究計画上，事前に研究対象者に対して研究内容の全情報が開示できない場合には，原則としてその理由を倫理委員会等に説明し，承認を得る必要がある．事前に開示しないことが承認された場合には，事後に情報を開示し，また，開示しなかった理由などを十分に説明し，誤解が残らないようにしなければならない．

6) 適切な情報収集の手段

研究対象者に関する情報を収集する場合，研究にたずさわる者はその手段が対象者に不利益をもたらすことがないかどうか，事前の吟味を怠ってはならない．質問紙調査やインタビューにおける質問項目，実験やフィールドにおける観察項目などを作成する際には，研究者の観点からだけでなく研究対象者の観点からも，それらの項目が内容的にまた形式的に適切であるかどうかを検討する必要がある．

7) 個人情報の収集と保護

研究にたずさわる者が収集できる個人情報は，研究目的との関係で必要な

もののみであり，収集される個人情報の量や範囲をむやみに広げてはならない．収集する個人情報とその入手目的，利用方法に関しては，インフォームド・コンセントの手続きによって研究対象者から同意を得ておく．また，得られた個人情報は，研究対象者の関係者や所属する集団・組織に漏洩することがないように保護・管理を厳重に行わなければならない．研究対象者の個人情報は，研究上の必要性が消失した場合には，すみやかに廃棄する．

8）研究成果公表時の個人情報の保護

研究にたずさわる者は，研究成果が公表されることによって，研究対象者に不利益が生じないようにする責任がある．不利益を回避する方法を成果の公表前に十分に検討し，公表した後不利益を生じる事態が生じた場合には，すみやかに対処する．研究成果を公表する場合には，研究対象者や周囲の人々，あるいは団体・組織名が特定できる情報は匿名化するなどの工夫を行う．

9）研究データの管理

研究で得られたデータは，紛失，漏洩，取り違えなどを防ぐために，厳重に保管し管理しなければならない．紙媒体による研究データの保管には施錠できる場所を利用し，電子媒体による保管の場合にはアクセスできる者を限定するなどの工夫を施す．管理者の異動に際しても，研究データとともに管理責任が滞りなく委譲されるようなシステムを構築しておく．

10）研究終了後の情報開示と問い合わせへの対応

研究にたずさわる者は，研究が終了した後も，たとえ追跡調査などの計画がない場合でも，研究対象者からの情報開示の要求や問い合わせには誠実に対応する．

11）研究資金の適切な運用

研究にたずさわる者は，補助金（助成金）などを運用して研究や実践活動を行う際，補助金の運用規程がある場合にはそれに従い，不正に使用してはならない．研究や実践活動においては，特定の個人・団体の利益や価値観にかかわらず，研究者は学術的中立性を保ち，事実に即した結果を報告する義務がある．

4.3 社会科学のフィールドワーク

　自然科学におけるフィールドワークと同様に，社会科学におけるフィールドワークも，実験室や図書館の外にある自然発生的設定という環境内で展開されるものである．社会科学でフィールドワークという場合，それは主に20世紀初頭の文化人類学または社会文化人類学において発達してきた研究方法を指す．その当時，人類学者は学者たち自身の文化圏の外に出て，そこにある文化の中で長期にわたり暮らし，生活することを始めた．それらの方法は科学的（または組織的）ではあったものの，質的なものであった．すなわち，当時の人類学者は観察やインタビューを通してデータを収集し，文化のより深い理解を得るために当該の文化に入り込み，文化的活動に自ら参加することの重要性を強調した．このアプローチ，すなわち，フィールドワークに基づく異文化の質的研究は現在における人類学的フィールドワークの多くを特徴づけている．

　今日では人類学者は質的研究と量的研究を織り交ぜて研究することが多くなっており，その方法の特徴は社会学，心理学，それに人口統計学などの多様なアプローチを取り入れることである．そのうえ，現代における異文化の定義はある特定の文化内における種々様々なサブカルチャーをも含んでいる．例えば，日本においては都市に住む高齢者，阪神タイガースのファン，男性が支配する経営に対する女性社員の抵抗などはフィールドワークを基礎とする研究対象になっている．フィールドワークは人類学固有のものではない．それが使われている学問分野を少しだけ取り上げても，社会学，心理学，言語学，マーケティング研究など多様な分野で研究手段の一部になっている．

　本書2.3節および4.2節で取り上げられた調査法の記述はフィールドワークで使われているインタビューや観察の基本的方法をカバーしている．ここでは，フィールドワークの方法・手法を考えるにあたり，三つの問題が重要であることを指摘したい．第一は，フィールドワークは観察者効果または再帰性効果を生み出すということ．第二は，無作為サンプリングが困難であること．第三は，フィールドワークは演繹的仮説検証よりも，帰納法的仮説構築により重きを置いていること，である．

近年，開発途上の世界における小さなコミュニティーで長期にわたるフィールドワークがはじまったが，その原点となる考え方は，フィールドワーク研究における観察者効果という問題の重要性を強調している．観察者効果とは研究者と研究される側とが互いに及ぼす相互作用のことを指す．短期的な調査研究では，研究者と情報提供者との相互作用は小さいものである．しかし長期的なフィールドワークでは，その研究調査者が行う観察自体が，研究対象とされている人たちへ，より踏み込んだ，より密な接触をもたらしてしまうのである．外部から来た研究者が持ち込む実際の効果と，観察者（研究者）のもつ文化的バイアスの両方が研究の潜在的バイアスになる．観察者効果の問題は研究者と観察対象の相互的役割のより深い分析へとつながっていく．研究者は一般に，文化について記述し，自分たち自身の知見を発表する能力があるため，観察される側の人たちより強い力を持っている．しかしながら近年，ローカルな人々の価値やゴールなどが十分反映されるようにより相互協力的なアプローチを発展させるべきであるとの趣旨から，単に自らの知見を発表するためだけに人々や文化を研究の目的，対象として記述することは適切でないと考えられるようになった．ネイティブとノンネイティブの共同フィールドワークがこの問題へのひとつの解決法となっている．

　フィールドワークと他の社会科学の方法との第二の違いはサンプリング（標本の収集）である．研究の妥当性におけるサンプリングとそれ自体がもつ効果はすべての社会科学研究において問題となっている．しかしながら，インタビューする対象が少ないフィールドワークは多くの場合実例研究となる．これは，より大きい母集団からの標本を抽出するのではなく，ある特定のコミュニティーまたはあるタイプの人物を選択することを意味する．この分野では，ある母集団におけるあるケースを選択するということは妥当であると仮定され，厳密な無作為選択は実際的でなく，必ずしも必要なものとは考えられていない．むしろ，妥当性は文脈や環境（歴史，政治経済構造，現行の世界システム）を考慮することにより論証されると考えられている．例えば，研究対象としてハイテクの会社を選択するにあたり，研究者は，その会社の背景を知るべく，その会社の業界における位置，社歴，現在の経営状態，社会政治的環境，さらにこれ以外の関係する要素について予備調査をするであ

ろう．研究者はいろいろな分野を代表する会社に接触すべく交渉を試みるで
あろう．しかしながら，フィールドワークをする現場に長期にわたり接触を
持つことが難しいこともあり，研究者は結局自分で可能な範囲で会社を選ば
ざるを得ず，その制限の下で自らのフィールドを記述することで妥協せざる
をえないであろう．

　第三の違いは，多くのフィールドワークは帰納的か，すくなくとも帰納的
に始められるものであるという点である．すべての研究において理論は本質
的な部分であるが，フィールド研究は一般にかなり焦点の定まらないデータ
収集をする探索的時期から始まる．この期間のノート取りとインタビューは
きわめて長期にわたる．研究の対象となる問題について知らなければそれだ
けいっそう帰納的アプローチをすることがより重要になってくるというのが
その理由である．このことは，観察自体を，研究において何が重要なのかの
発見のガイド役にさせていることを意味する．私たちは様々なことを発見す
るにつれ，より演繹的アプローチを取るようになってくるのである．研究者
が暫定的な研究問題を構築する時点での研究計画は，対象となる人たちの観
察と構造化されていないインタビューから開始するのが一般的である．研究
者がある特定の研究問題に次第に焦点を絞り込むにつれて，研究者は観察や
インタビューにより集中するべく，理論や先行研究について言及するように
なる．しばしば最終的段階になってはじめて，事前の調査，より構造化され
たインタビュー，心理学的検査などを使用し，フィールドワークによって構
築した前提的仮説を検証するために演繹的アプローチを取ることが可能にな
る．したがって，研究者は仮説を検証するよりも仮説を構築するための時間
をより多く取るのである．

　フィールドワークは現代の社会科学的研究と不可分の関係にある．今日，
研究者は急速に，研究計画の中でさまざまな質的・量的アプローチを組み
合わせるようになっている．この特徴のため，社会科学的研究のフィールド
ワークのアプローチは，他のさまざま学問領域においても有効で価値ある手
法となっている．

Chapter 5

言語と文化

5.1 国際語としての英語

　「グローバルな時代」,「日本のグローバリゼーション」などグローバルやグローバリゼーションという言葉は今日さまざまな場面で使われている．ネット内で "globalization" がどのくらい使われているのか，Google 検索をした結果が以下の図 5.1 である．"globalization" のヒット数は 2010 年代になると 1996–99 年の 5 年間の使用率の 164 倍になる．最近使用されるようになった流行語であるといえよう．

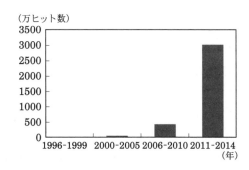

図 **5.1**　Google 検索による "globalization" のヒット数

　それでは，グローバリゼーションとはどのような意味だろうか．辞書によると,「ヒト，モノ，カネ，情報の国境を越えた移動が地球規模で盛んになり，

政治的・経済的・文化的な境界線，障壁がボーダレス化することによって，社会の同質化と多様化が同時に進行すること．地球規模での情報ネットワークや市場が形成され，情報や資本などが自由に移動し，その影響を世界各地が同時に受けるようになること」（『外国為替用語集』）．とてつもない時代が到来しているような気がするかもしれない．さて，大変だ．ボーダレス化すると日本人以外のさまざまな人たちと情報を交換することになる．楽天の三木谷社長が「これからの時代，英語は絶対に必要．英語教育の充実は日本にとって死活問題」と文部科学省の有識者会議（2014.2.26）で発言している．英語を勉強しなければいけない．さまざまな人たちとコミュニケーションをはかる必要がある若者は，どんな英語を学べばいいのだろうか．英会話だろうか．

　そんなに結論を急がず，ちょっと一呼吸して考えてみよう．そもそも英語をやればグローバル社会で生きていけるのか．英語をやるとして，何をやっていけばいいのだろうか．英語の現状を知るところから始めてみよう．

5.1.1　英語社会の現状

　英語は西暦 5 世紀にヨーロッパ大陸からイギリスに入ってきたのだが，最初の 1000 年はこの小さな島国の言葉であった．その後 500 年の間に英語は世界に普及していくことになる．その理由は，矢野（2011）によると，主に四つ，すなわち，新大陸発見時代，産業革命，植民地支配，アメリカの台頭と言われている．現在，政治，外交，ビジネス，科学技術，メディアとさまざまな分野において英語は国際コミュニケーションの手段として使われ，英語人口は世界的に急速に拡大している．世界における英語の使用を示すのに，カチュル（Braj Kachru, 1932–）の英語話者の 3 つの同心円が引用されることが多い（Kachru 1985）．図 5.2 は，このカチュルの分類のそれぞれにクリスタル（David Crystal, 1941–）が英語使用推定人口を加えたものである（Crystal 2003）．

　カチュルの 3 つの円は，それぞれ the Inner Circle（内円），the Outer Circle（外円），the Expanding Circle（拡大円）と呼ばれている．「内円」はイギリスやアメリカのように英語を母語として使用している地域で，使用人口は 3 億

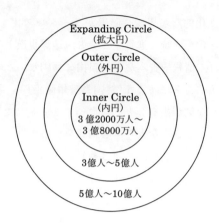

図 5.2　The use of English（矢野（2004）から引用）

2000万人から3億8000万人.「外円」は，シンガポールやナイジェリアのような公用語とともに英語を第二言語として使用している地域で，使用人口は3億人から5億人.「拡大円」はドイツや日本のように英語を外国語として学習している地域で，英語を流暢に使用している人口は5億人から10億人である．近年特に，外円，拡大円での英語使用人口や，拡大円内の人々の間で英語を共通語としてコミュニケーションをはかる機会が急激に増加していることから，アジア英語，ヨーロッパ英語，ラテン英語のようなそれぞれのアイデンティティを残しながら，伝達性が落ちない複数の広域標準英語が確立しつつある．このように，英語は英語圏だけのものでなく世界中で話されている国際語である．それを English as an International language（EIL：国際語としての英語），English as a Global language（EGL：地球語としての英語）と呼んでいる．

　カチュルの3つの円が，20年の時を経て形を変えつつあるという．グラッドル（David Graddol, 1953–）によると，グローバル時代においてはボーダレスになりつつあるため，英語話者は3つの円ではなく次のような円で示されるようになった（Graddol 2006）．以下の図 5.3 を見てほしい．

　中心に近いほど，highly proficient speakers of English（英語熟達者）であり，円の縁に近くなるほど英語非熟達者である．つまり，英語をどのような状態

図 5.3 The use of English (矢野 (2004) から引用)

で習得したか，母語話者，第二言語として学んだ英語話者，外国語として学んだ英語話者といった国の言語政策による枠組みではなく，単に英語熟達者であるかそうでないかといった違いが問題になってきている．国の枠を超えて全世界にいる人々を相手に英語を使ってコミュニケーションを図ることが要求されるようになってきたのである．

5.1.2 身につけるべき英語とは

ボーダレスの時代に英語を使ってコミュニケーションをとるということは，さまざまな母語を持つ英語話者を相手にするということである．アラブ英語，ラテン英語，アジア英語，ヨーロッパ英語，アフリカ英語など本当にさまざまである．大学の英語の授業で聞く CD の英語の多くはアメリカ英語であり，聞きやすくコントロールされた英語である．今は YouTube やネットでタイムリーな映像を見ることができるので，いろいろな英語をすぐに聞けるようになった．例えば，ダボス会議を聞いたことはないだろうか．ダボス会議とは，毎年 1 月スイスのダボスという地で開催される世界経済フォーラムであり，世界を代表する政治家や実業家が一堂に会して討論するものである．ルノー取締役会長兼 CEO，日産自動車社長兼 CEO のカルロス・ゴーン氏，ミャンマーのアウン・サン・スーチー氏，アメリカのマイクロソフト社

の元会長ビル・ゲイツ氏，Facebook の CEO マーク・ザッカーバーグ氏，日本の JICA 特別顧問の緒方貞子氏など世界で名だたる著名人が，世界が直面する問題について議論をする場であり，その影響力は大きい．ここでは，いろいろな英語で堂々と自分の意見を言い合う場面が見られる．ダボス会議は知らなくても，サッカー好きなら本田圭佑選手が AC ミランに移籍したときの記者会見の映像は見たことがあるかもしれない．彼は会見での挨拶から記者からの質問まですべて英語で通した．この映像を見て，「本田選手は英語がしゃべれる！」と思った人は多いだろう．彼の英語を聞いてアメリカ人の英語，イギリス人の英語だと思う人はいないだろうが，自分の考えをゆっくりとはっきりと誠実に話しているのがわかり，世界中の人が彼の決意を感じたことであろう．

　ボーダレスの時代において重要になるのは，intelligibility（わかりやすさ）であると言われている．「わかりやすさ」とは，誰もが理解可能でコミュニケーションが成立することである．母語話者の英語ではなく，誰もが理解可能である英語であり，educated な（教養のある）英語であれば，多くの他者に理解してもらうことが可能になる．実は，現在多くの大学生が学習している英語でいいのである．グローバル化の時代におけるこの「わかりやすさ」を伴った英語を身につけるためにはどうしたらよいのか？　このような問いへの答えは難しいのであるが，長い間真剣に模索し続けているのがヨーロッパである．ヨーロッパの取り組みと最新の英語習得の考え方を次項で見てみよう．

5.1.3　外国語学習の最新の考え方

　ヨーロッパでは戦後一貫して one greater European nation を目指してきた．欧州連合（European Union; EU）を創設し，欧州市民 1 人 1 人が複数の言語運用能力を持ち，その言語を実際のコミュニケーションに用いることで，お互いの理解を含め，協力しながら社会的な行動を実践する能力育成を目指してきた．また，多様な言語能力により，多くの情報を手に入れる機会を持ち，平和で豊かな社会生活を送れるよう努めてきた．ヨーロッパ言語すべてに対して言語コミュニケーション能力を高めることを目的に，30 年以上かけ

て制作されたのが CEFR（欧州言語共通参照枠）である。これは，言語の種類を問わず教育カリキュラムの枠組みを設け，身につけた言語がどの程度のレベルか熟達度を客観的な基準で提示した，いわゆる Can-do list のようなものである。日本ではこれを受け，CEFR に準拠しつつも，日本の教育環境を踏まえた日本独自の枠組みが 2012 年 3 月に英語到達度指標 CEFR-J として一般公開された。全体的な枠組みとしては，理解（聞くことと読むこと），話すこと（やりとりと発表），書くことに分け，それぞれに対してコミュニケーションに関わる能力を一般的な能力とコミュニケーション言語能力に分けて示している（表 5.1）。

表 5.1　コミュニケーションに関わる能力（鳥飼（2011）から引用）

一般的な能力	世界に関する知識
	社会文化的知識
	異文化に対する知識
	技術とノウハウ
コミュニケーション言語能力	言語能力（語彙，文法，意味，音声，正書法，読字などの能力）
	社会言語能力（敬称，発話の順番取りなど社会的関係を示す言語標識，礼儀上の慣習，ことわざ，言語使用域，方言など）
	言語運用能力（ディスコース能力，機能的能力など）

　図 5.4 に CEFR-J の一部（理解のうちの「聞くこと」に関するレベル表）を示す。「わかりやすさ」を目指す英語力育成の指標となるであろう。読者の今の英語力はどの当たりであるかチェックしてみてほしい。

図 5.4 CEFR-J の一部（理解のうちの「聞くこと」に関するレベル表）

レベル	PreA1	A1.1	A1.2	A1.3	A2.1	A2.2
理解 聞くこと	ゆっくりはっきりと話されれば、日常の身近な単語を聞きとることができる。	当人に向かって、ゆっくりはっきりと話されれば、日常の身近な話題を「止まれ」「立て」「座れ」といった短い簡単な指示を理解することができる。	趣味やスポーツ、部活動などの身近なトピックに関する短い話を、ゆっくりはっきりと話されれば、理解することができる。	ゆっくりはっきりと話されれば、自分自身や学校・地域の家族・学校・地域の身の回りの事柄に関連した句や表現を理解することができる。	ゆっくりはっきりと話されれば、公共の乗り物や駅・空港の短い簡潔なアナウンスを理解することができる。	スポーツ・料理などの一連の行動を、ゆっくりはっきりと指示されれば、指示通りに行動することができる。
	英語の文字が発音されるのを聞いて、どの文字かわかる。	日常生活に必要な重要な情報（数字、品物の値段、日付、曜日など）を、ゆっくりはっきりと話されれば、聞きとることができる。	日常生活の身近なトピックについての話を、ゆっくりはっきりと話されれば、場所や時間等の具体的な情報を聞きとることができる。	（買い物や外食などで）簡単な用をたすために必要な指示や説明を、ゆっくりはっきりと話されれば、理解することができる。	学校の宿題、旅行の日程などの明確で具体的な事実を、はっきりと、なじみのある発音で指示されれば、要点を理解することができる。	視覚補助のある作業（料理、工作など）の指示を、ゆっくりはっきりと話されれば、聞いて理解することができる。

レベル	B1.1	B1.2	B2.1	B2.2	C1	C2
理解 聞くこと	外国の行事や習慣などに関する説明の概要を、ゆっくりはっきりと話されれば、理解することができる。	自然な速さの録音や放送（天気予報や空港のアナウンスなど）を聞いて、自分に関心のある、具体的な情報の大部分を聞き取ることができる。	自然な速さの標準的な英語で話されていれば、テレビ番組や映画の会話の要点を理解できる。	非母語話者への配慮としての言語的な調整がなされていなくても、母語話者同士の多様な会話の流れ（テレビ、映画など）について理解することができる。	構成が明瞭ではなく、事柄の関係性が暗示されているだけで明示されていなくても、長い話を理解できる。また、特別に努力しないで映画やテレビ番組を理解することができる。	生であれ、放送されたものであれ、母語話者の発話の速いスピードの話し方でも、話し方の癖に慣れる時間の余裕があれば、どんな種類の話し言葉も難無く理解することができる。
	自分の周りで話されているような長めの議論でも、はっきりとなじみのある発音であれば、その要点を理解することができる。	はっきりとなじみのある発音で話されれば、身近なトピックの短いラジオニュースなどを聞いて、要点を理解することができる。	トピックが身近であれば、長い話や複雑な議論の流れを理解することができる。	自然な速さで標準的な発音の英語で話されていれば、現代社会や専門分野のトピックについて、話者の意図を理解することができる。		

5.1.4 「わかりやすさ」を目指す英語の学び方

どんな英語を学ぶのか，どこを目指すのかはなんとなくわかったものの，それではどのように「わかりやすい」英語を学べばよいのだろうか．目標は絞れたので，この項ではテクニックを考えてみることにしよう．ここでは特に「わかりやすい」英語を目指すためのポイントを 5 点に絞って説明する．

発音

発音は 5.1.2 項で挙げたように，さまざまな母語を持っている人が英語を話すので，いろいろな英語が世界で飛び交っている．英語母語話者のような発音をする必要はないが，それぞれの人たちが独自の英語を発音していたら「わかりやすさ」はなくなり，コミュニケーションの成立が難しくなってしまう．コミュニケーションが支障なく成立するためには，「わかりやすい」発音をすることが必要であり，そのためには，英語と日本語では異なる母音と子音に気をつけなくてはいけない．

例えば，"ash tray"（灰皿）の発音を考えてみよう．筆者が大学生のときに初めて行ったアメリカで，日本の友人たちとレストランに行ったときのことである．一人の友人が，"Ash tray, please." と言ったが何回言ってもわかってもらえなかったことがあった．たったの 3 語なのにどうしてわかってもらえなかったのか．それは "ash" と "tray" の個々の発音に問題があったからだと後々わかった．"ash" は，/æʃ/ と発音するが，冒頭の /æ/ を発音するのはとても難しいのである．この /æ/ にアクセントがあること，/æ/ の発音自体が難しいことが原因である．次の "tray" では，"t" "r" の 2 つの子音がつながっている．日本語は子音の後に母音が来てセットになる言語であるが，英語は子音と子音の間に母音が入らないことが多々ある．/trei/ と発音すべきところを，日本語のように子音 + 母音で発音すると /torei/ になってしまう傾向にある．

もう一つ例を挙げよう．"athlete" も難しい．「アスリート」は今や日本語になっているし，「リート」のところに強勢がある．これを日本語読みしても通じない．実際には，/æθliːt/ であり /æ/ に強勢がある．このように，日本語と英語において，発音や強勢が異なる場合は特に理解してもらえない可能性が高いので発音の練習をすることが大事である．では，どう練習すればよいの

か．効果的なのは音読練習である．音読練習は，目，耳，口の三つの部位を使って行うため，脳の前頭葉が活性化し，リーディングやスピーキング，リスニング，ライティングにも効果があるといわれている．音読は今英語の授業で使用しているテキストや中学・高校で使った教科書で十分．もし音声がついていればなおよし．耳で聞いてから何回も音読してみよう．

コロケーション

　多くの人は，個々の単語を高校のテスト対策や受験対策で単語集を使って一生懸命に覚えた経験があるだろう．それはそれで役に立つことは疑う余地もないのであるが，それをコミュニケーションで積極的に役に立つようにするには，語と語の相性のあるつながりであるコロケーションの形で覚えておく方が有効である．実はこのコロケーション，英語母語話者であれば日常会話の 50% 以上（人によっては 60%，70%）はコロケーションとして頭の中の長期記憶の中に蓄えられているというものである．例えば，decide の名詞形が decision だとわかっていても，使い方がわからなければ文にすることはできない．「私は決断を下すのが得意ではない」は「下す」がわからないため辞書を引くと，"pass" と出ているのでそれを使って，"pass a decision" としても意味が通らない．また「決断する」と考えて，"do a decision" としても何かおかしい．make/decision という相性のよいコロケーションを知らなければ，わかりやすい英語にはならないのである．

　コロケーションとはその言語の母語話者の直観に頼るところがあり，日本人英語学習者にとって英語のコロケーションはとても習得しづらいものである．しかしながら，わかりやすく・教養のある英語を学ぼうとする場合には避けて通れない要素である．コロケーションについても実は母語話者の直観ではなく，全世界の英語熟達者に共通する容認度の高いものであるべきだという主張が多くあり，徐々にではあるが容認度の高いコロケーションが増えている．一方で，「腹黒いやつだ」を "You have a black belly." も認めるべきだという主張は，まだまだ認められないというのが現実である．母語からの影響を受けて容認度が高いコロケーションとは，さまざまな言語において共通のコロケーションである必要があると考えられる．これから学ぶ人は，なるべく容認度が高く，使用頻度の高いコロケーションの習得を目指してほ

しい.

文法

　「文法は要らない」という風潮がある.実際に,「文法訳毒法」などということばも耳にすることがあるくらいである.しかし,本当に文法は要らないのであろうか.そう聞かれれば筆者は,迷わず "NO" と答える.文法の知識は英語力の基礎を作り上げる上で不可欠である.世界中のさまざまな母語を持つ人たちが英語を使ってコミュニケーションを図る場合,文法は共通であり,英語の仕組みとルールを無視しては英語力の向上はなく,「わかりやすい」英語習得は無理である.コミュニケーション絶対主義で文法を軽視してきた風潮に疑問を持つ人が増えてきたせいか,最近では「やり直しの文法」といった文法書が書店で多くみられるようになってきた.

　さらにコミュニケーション力に関係した話を進めていこう.コミュニケーションとは,相互理解であり,対人関係を構築することである.そのためには自分の英語で発信していくことが鍵となる.例えば,地震について中国の人と話をすることになったとしよう.お互い地震の脅威を経験している者同士,地震に備えるシステムについての話題になったとき,「中国ではあの大地震後,地震予知システムの開発が進んでいるんだ」と話してきた場合,「そうなんですか.それは素晴らしいですね」と感心しただけでは話は終わってしまう.そこで,「日本でも,あの大地震以降,地震や津波の警報システムがあって,リアルタイムで注意報がでるし,携帯にも警告が知らされるようになったよ」と新しい情報を紹介してほしいものである.そうすることによって,対話が作られ,話題が発展していく.コミュニケーションを図る際に,相手が知らない情報,つまり自分のこと,自国のことを発信する機会が多くなるが,そのときに単語の知識はあっても適切なルールがなければ豊かなコミュニケーションは成立しない.コミュニケーションを図る上で,やはり文法は重要なキーである.

　コミュニケーションに文法知識が必要なことを理解したうえで,さて「わかりやすい」英語の習得のためにどのような文法を勉強したらよいのであろうか.一番手っ取り早いのは,高校で学んだテキストや参考書を使って一度おさらいすることである.一度おさらいしたら,今度は自分の好きな映画を

英語字幕付きで見て，その中で文法がどのように使用されているか確認してみることである．コミュニケーションは必ず状況の中で成り立つものであるため，状況の中で自分が学習した文法知識が実際にどのように使われているのか見てほしい．そこで，文法知識がコミュニケーションに使える発信型の英語に繋がっていくのである．そして，自分がコミュニケーションを図るときには，恐れず大胆に英語を発信してみよう．それが文法習得のコツである．

論理構成

　起承転結ということばがある．物事の展開や物語の文章などにおける四段構成を表す概念であり，もともとは4行からなる漢詩の絶句の構成のことであった．日本語で書く文は長く起承転結を念頭において書かれてきた．しかしながら，英語を書く場合には，日本語の起承転結は通用しない．英語では，書くにしても話すにしても，最初にもっとも重要な主張を提示して，次にそれを検証したり補強したり敷衍したりして論じるのが定石である．そのため，日本語で書かれた文章をそのまま英語にしてもなかなか理解してもらえないことがある．せっかくの重要な発見や新しい技術や装置の開発を発表するにしても，話し方や書き方が英語の論理構成から逸脱しているために誤解を生んだり，最後まで聞いたり読んだりしてもらえないこともあるかもしれない．これは，日常会話レベルの英語力をはるかに超えた能力で，CEFRでは最高レベルとされているものである．別に論文発表だけにいえることではなく，電子メールを書く場合でも，会社の会議報告書を書く場合でも同じである．最後までスクロールしなければわからない文章や，最後まで読まなければならない会議の報告書は，ほとんど読まれないと考えるべきである．

　論理構成を学ぶ手段は難しい．大学ではたいていライティングの授業があり，そこで学ぶことであるが，英語で書かれた論文を読むことが一番の近道であろう．特に，各自が興味のある分野に関わる論文を英語で読んでみよう．授業で学んだ論理構成が実際の論文ではどのような構成になっているのか分析してみよう．

　論文は世界中の人に読んでもらうことを考えて書かれているから，絶好の資料といえる．最初は一段落だけでもよい．一段落だけ読んで，主題とそれに対する書き手の意見を表した主題文（topic sentence）と結びの文（concluding sentence)を見つけてみよう．多くの場合，段落の最初の文と最後の文がそれにあたる．その間の文章は言いたいことをどのように展開しているのか考えてみよう．それに慣れてきたら，少し長い文章を最初から最後まで分析してみよう．これを継続していけば，自律的に学んでいくことができ，自分が発信するときにも大いに効果がでると期待できる．

読み書き

　ボーダレスの時代にわかりやすい英語を目指すということは，聞いて話す会話を磨くことだと思われがちだが，実はそうではない．コミュニケーションをとることは，聞いて話すことだけではなく，読み書きを含めたもの，つまり音声言語と文字言語の両方の言語による相互理解である．例えば，会社で重要な案件について話し合うため，会議がもたれたとしよう．もちろん会議では聞いて話すことで進んでいくわけだが，聞いて話すためには，その案件に関わる情報や知識が必要となる．そのためには，膨大な資料に目を通し（skimming），必要な情報が書かれた部分を拾い出し（scanning），そこを重点的に読んで理解する（intensive reading）する読解力が必要である．そして会議で話し合ったことは，会議資料として残す必要があるため，論理構成に則って文字化しておくのである．この一連の流れは，英語でも日本語でも同じである．海外との遠隔会議では英語が使用されるだろうが，会議で発言するためには何より話し合う内容についての豊かな情報や知識が必要であり，会議内容は必ず英語でまとめられ，電子メール等で即座に共有されることになる．会議は時差や参加するメンバーの都合など考えると開かれる時間がかなり制限されるので，時間を気にしない電子メールのやり取りは意外に多く，そこでも読み書きが重要となる．

　わかりやすい英語を目指した場合の読み書きはどのように習得されるべきか．書くことは上記の「論理構成」で記したので，ここでは読解力向上のためのテクニックを挙げておく．多読は読解力向上に効果的であることは多くの研究者が認めていることであるが，多読でも読み方を工夫してほしいと思う．前述したように，コミュニケーションに必要な読解力は，膨大な資料に目を通す skimming と必要な情報が書かれた部分を拾い出す scanning である．ネットでは *The Japan Times* は無料で読めるので，自分の興味がある記事や

たまにはまったく知らない記事を skimming してみよう．日本語版をチェックすると理解できたか確認できる．逆に日本語版で興味がある記事を読み，英語版でそれに該当する記事を見つけて要点やある情報を取る scanning もできる．ほかにも *Nikkei Asian Review* や *The Japan Times ST* も見てみよう．このように新聞記事を使って読み方を変えて読んでみると，skimming と scanning に慣れるだけでなく，リーディングで必要な背景知識も豊富になる利点がある．

その他

　最後に「わかりやすい」英語を学ぶときに念頭に置いておいてほしいことを二点記しておく．まずは，コミュニケーションに必要な「伝えたい内容」についてである．いくら「わかりやすい」英語を学んでも，伝えたいことがなければ何もならない．つまり，how ではなく what も同じく重要であるということである．どんな話題について話をする場合でも大丈夫なように，引き出しをたくさんもつこと，そしてその引き出しの中身をなるべく多くしておくことを心掛けるとよい．そのためには，自分の限られた興味について読んだり見たりするだけではなく，いつもはスルーしてしまう内容についてもちょっと目を留めてみてほしい．もしかしたら，その情報が何かに役に立つこともあろう．いつも頭のアンテナを磨いておいて，察知できるようにしておいてほしいと思う．

　もう一点は，コミュニケーションについてである．コミュニケーションは，英会話ではない．コミュニケーションとは，相互理解であり，対人関係の構築である．そのため，相手を理解し，尊重して初めて成り立つものだと考える．これはそんなに難しいことではない．同じ日本人でも，もっと狭めて同じ大学でおなじ授業をとっている学生も一人一人みんな違っていて違った世界観を持っているので，毎日が異文化理解だと考えてもよいだろう．ことばが違う，文化が違うからといったように，自分と違うものをまずは受け入れることから始めてほしい．その心があれば，コミュニケーションはもうすでに最初のステップは成功したようなものである．

　実際にこれからの時代は大変だと思う．*Average is Over*（Cowen, 2013; 邦訳『大格差』）という本を読むと，これからのボーダレスな時代では，マー

ケットが全世界であり，さまざまな人たちが同じマーケットで仕事を奪い合うことになるし，コンピュータやメディアの発展や技術革新により，人間の手を借りなくてもコストが安いコンピュータや機械に任せる仕事が増えていくことになるという．そのような時代の中でなぜ自分は英語を学ぶのか，英語が必要かを考えてみると良い．本当に必要だと思う気持ちが動機づけとなり，英語学習への取り組みにも功を奏することになろう．

5.2 複数の言語と複数の文化

5.2.1 複数の言語を学ぶ意味

　コミュニケーションとは，言語などを介して人が考えや気持ちを伝え合うことをいうが，大学時代にこそじっくりとこの力を鍛えておきたいものだ．卒業して社会人になれば，待ったなしでコミュニケーション能力が試されることになる．企業で働くとなれば，顧客の求めを的確に汲まねばならない．また，企画を実現するためには，働きかける相手を納得させねばならないだろう．ところで，コミュニケーションを図ろうとする相手が，異言語・異文化の人である場合，言葉の問題をどのように解決すればよいのだろうか．ここでは，中国語，朝鮮語，ドイツ語，フランス語，スペイン語といった諸言語を，大学で一から学習することの意義について考えてみよう．試みに，母語が日本語で，英語を中学から学び，それ以外の言語については初学者である大学生の場合を想定してみる．

　ある言語を学ぶと，その言語圏の人々とさまざまな形で交流できる．仕事や旅行でその地へでかければ，現地の人と話せて楽しい．安全，安心に直結する情報も直に得られる．もちろん，現地の言葉を自在に操れるに越したことはないが，たとえ少しでも言葉を心得ているのといないのとでは，交流の質はまったく違ったものになるだろう．逆に，その言語圏の人が来日したときに，相手の言葉で接することができれば，異邦の人は大いに喜ぶことだろう．

　また，直接現地に赴かなくても，インターネットなどを通じて，その言語話者の友人・知人ができることもあるだろう．その言語のネットサイトなど

が利用できるようになれば，情報の質量ともに大幅なレベルアップが期待できる．さらに，言語を学ぶと，その言語圏の文化や歴史，社会事情にもだんだんと通じるようになる．人々の考え方や習慣などにも詳しくなるから，将来，その言語圏の人と仕事をすることになれば，相手の言動などについて多角的に判断することができるだろう．

さて，言語はたくさん知れば知るほどよい，といわれる．これは，多くの言葉を学ぶほど物知りになるというレベルの話ではない．新しい言語や文化に出会うと，人は，従来培ってきた自身の言語観や文化観とひき比べて，それらを理解し，自らの心の裡に取り込もうとする．そのとき，従来の言語・文化観は必然的に変更を迫られ，より複眼的，複合的な言語・文化観が形成される．それは，学習者にとって，言語や歴史，文化そのものを相対化し，対象化する契機ともなる．こうして人は，後戻りできない新たな視点，新たな価値観を構築していくのだ．

5.2.2 言語学習の実際

大学時代に，自分独自の言語学習法を編みだしてみよう．そうすれば，社会人となってさらに別の言語を学びたいと思ったり，学ぶ必要が生じたときにも，その学習法が役立つことだろう．

大学時代の言語の学習条件は，日本語や英語を学んだときのそれとは異なっている．日本語の学習は生まれたときから始まった．学校では，読み書き，文法を学び，その言語歴は 20 数年に及ぶ．一方，英語学習は中学時代から始まった．大学生の今ほどの理解力はない頃である．以来学習歴は 6 年余になる．

そして今．大学生として知的水準はこれまでの人生の最高レベルにある．日本語と英語の言語知識もある．記憶力がよく，世界に対する好奇心も旺盛だ．新しい言語を学ぶための好条件が整っている．

大学で諸外国語を学び始めると，これまで日本語と英語の運用能力を磨いてきたことが，どれほど有益であったかを実感できるだろう．一般に大学では，この初学言語の文法は，英語学習のときと較べると驚くほど短時間で導入される．それは，日本語と英語の学習の積み重ねがあったからこそ可能な

ことなのだ．また逆に，新しい言語の学びは，既習の日本語力や英語力を高める相乗効果をもたらす．日本語や英語の文法と比較しながら新しい言語を学ぶことで，言語の構造や文法そのものを新鮮な目で捉え返すことができるだろう．

　さて，初学の言語に取り組むにあたっては，後述するように，学習者が，学習の目的と到達目標を自ら設定することが大事だ．大学の授業では，読み，書き，話し，聞くの4技能をバランスよく高める工夫がなされるのが通例だが，教室外では，学習者が，個々人の目的に応じて，4技能のうちのいずれを集中して磨くかを意識することも必要になるだろう．学習者が授業外の学習時間をどのように積み上げていくのかが目標達成の鍵となるので，それぞれの生活に応じて学習時間を設定し，楽しく効果的に学習を継続していこう．

　さて，目的の如何に関わらず，初学者に2点勧めたいことがある．第1は，しっかりと発音すること．言葉を覚えて運用するためには，声に出して発音することが重要だ．実際，大きな声で発音する人は上達が早い．授業でも，自宅でも，できるだけ大きな声でくりかえし発音し，意識して自分自身の声を聴いていこう．第2は，しっかりと記録すること．授業中は可能な限りメモをとる．教室を出ると，忘れないうちに整理してノートに清書していく．語彙など多く覚えるにしくはない語学において，手書きすることは記憶の助けになる．

　さらに，ノートと並行して，単語帳を作ることを勧めたい．それを自分だけの特製辞書として育てていくのだ．特製辞書は，学ぶ言語の語彙見出しから引くものと，日本語見出しから引くものの2種類になる．ルーズリーフやカードなどを用いるとよいだろう．まずは，前者の場合．肝心なのは，ひとつの単語にできるだけ多くのスペースを割くことだ．そこに随時情報を書き込んでいく．たとえば，授業で新しい単語を学んだら，その意味を書きとめる．その単語が現れた例文なども書き抜き，出典も記録しておく．なるべく詳しい既製の辞書にあたって，発音，語源，類語，熟語など興味ある事項が見つかれば，書きとめる．また，日本語や英語の表現と比較して気づいたこと，文化情報に触れて感じたことなども記録していく．時には，新しい表現など，既製の辞書にのっておらず，自分の単語帳の方に先行して書きとめる

という事態も起こりうる．こうして，自分だけの特製辞書を育てていくのだ．

　1つの単語を調べるのに時間をかけると，当然その単語のイメージは豊かになり，記憶も定着しやすい．新しい書き込みをするたびに，日付を書き入れ，学習時間なども記録しておけば，学習履歴にも日記代わりにもなる．学習時間の記録は，毎日少しでもこつこつと学びつづけることの大切さを実感させてくれるだろう．考えを単語帳に書きつけることは，日本語力，英語力の向上にも資する．日本語見出しから引く特製辞書は，つぎに述べる目的別学習との関係で，いよいよ学習者にとって唯一無二のものとなるはずだ．

5.2.3　目的別学習

　授業で学ぶ語学知識を基礎として，学習者それぞれが目的に応じた学習法を教室外で展開したいものだ．たとえば，その言語圏への旅行を目標とする場合を考える．まずは，訪れたい地域の歴史や社会・文化事情などについてよく調べる．つぎに，旅行計画を立てて，旅行に必要な手続きなどについての情報を得る．一方，単語帳には，旅行の際必要な単語や表現を調べて，書きためていく．旅行を安全に楽しむには，話し，聞く力は大切だ．ホテルを予約したり，レストランで名物料理を注文するにはどう言えばいいのか．旅先で体調を崩したり，ものを失ったりしたときには，何と訴えればいいのか．旅行に最重要な表現から覚えていこう．こうして旅のシミュレーションを重ねていく．さらには，日本語で調べた現地情報を，現地語のインターネットサイトなどで確かめ，読む力も養っていく．

　言語を学んで，その言語話者の友だちを作りたい場合はどうするか．電子メールなどでやりとりするなら，とりあえずは簡単な文が書きたいし，相手のメールも読めねばならない．そのために，メールの書式，挨拶の仕方などを調べてみる．また，自己紹介の表現，大学で学んでいることや趣味などについて語るための語彙などを単語帳に書きためていこう．英語でのメールの書き方などと対照してみるのもよい．

　その言語を将来の仕事に役立てようとする場合もあるだろう．まずは，自分の関心ある分野について，その言語圏ではどのような研究が行われ，どんな研究者がいるのか，日本語や英語でよく調べてみる．つぎに，初学の言語

で書かれた論文などにどんどんあたってみる．ある学問分野などに精通していると，初学の言語で書かれた論文や研究書であっても，ある程度内容を理解したり，推察したりできる．内容の理解が，言語の理解を助けるのだ．もちろん，単語帳には，専門分野の単語が蓄えられていくことだろう．

あるいは，語学検定資格を取得して，就職などに役立てようとする場合，学ぶ以上は，どれほど成果が上がったのかを資格で計るのは有意義なことだ．世界基準の語学検定試験も有用だし，日本全国共通の検定試験にも歴史がある．過去問にあたって，学習のまとめとしよう．ときどき，何級以上取得すれば履歴書に書けるか，といった質問があるが，等級にかかわらず，学習の立派な成果として資格を誇りにしてほしい．その言語を学ばなかった人には，決して手にできない宝物なのである．

その言語圏へ留学しようとする場合もある．異郷で生活し，学ぶなら，語学力は高ければ高いほどよい．短期であれ，長期であれ，留学を目指す人は，毎日力の限り学んでおこう．よく，留学した後で自身の社会や文化について開眼し，こんなことなら出発前にもっと日本のことを勉強しておくのだった，と後悔する人がいる．普遍的ともいえる異文化体験ではあろうが，留学の機会は何度もめぐってはこない．十分な準備をしてのぞもう．

世界を舞台に活躍する真にグローバルな人材とは，自身の利益のみを追求するのでなく，相手方のニーズをも視野に入れることのできるバランス感覚を持った人をいう．異文化交流とは，文化の多様性を認めあいながら互いに共通点を探っていくという力仕事だが，相手の言語を学ぶことは，そのための有効なアプローチといえる．

他者の言語を学ぶことで，その言語圏に対する親近感が育まれる．異郷の人々に対して，無用な偏見や恐怖心を抱くことなく，同じ人間として相対する感性が養われていく．他者の言語を学ぶ主体は，それぞれが異言語圏との架け橋に成長していくといえよう．だから，複数の言語を学ぶことは，「寛容な心」への道を拓く．その意味で，語学は平和に役立つ．大学時代に果敢に複数の言語を学び，柔軟かつ強靭な知性と精神力を培ってほしい．

5.3 言語と異文化交流

5.3.1 言語影響力評価と言語ランキング

日本における第二外国語教育の現状

　日本では国際社会と多様な文化の理解を目的として，高等学校の段階から英語以外の諸外国語科目が開設されている．学習する言語も中国語，フランス語，韓国・朝鮮語，スペイン語，ドイツ語，その他の言語と多様である（図5.5, 表5.2）．第二外国語教育を行っている高校は，2007年をピークに最多の790校に上昇した．2011年文科省の調査では，全体の学校数は3%減少したが，公立が7%減少したのに対して，私学は逆に10%増であった．上位5言語の履修者数は2年前の前回調査よりむしろ増加し，英語以外の外国語教育が定着している．

　大学で開講している英語以外の外国語は，大学数の多い言語順に，中国語，ドイツ語，フランス語，朝鮮語（韓国語），スペイン語，ロシア語，イタリア語，ラテン語，アラビア語となっている．坂野鉄也(2011)の調査集計によると，2009年3月31日現在，第二外国語を開講している全国の国公私立大学（大学院大学を除く）は719校である．国際共通語としての英語の語学力を強化する必要性が高まるなか，第二外国語を選択するか，またどの言語を選択するか，悩んでいる大学生が少なくないといっても過言ではない．

言語影響力評価と言語ランキング

　現在，世界で話されている言語の数は5000ないし7000と推測されている．話し手が100万人以上の言語はわずか347の言語で，世界の言語人口の約94%を占めているといわれている．現在でもいわゆる言語間の生存競争が進行している．ある民族の言語が国境を越えて学ばれていく要素として，「宗教」，「武力（軍事力）」，「文化」，「経済力」などが挙げられている．また，ある言葉の通用範囲が拡大していく要因は多く，地域内交易活動の通用語として始まる経済発展の結果や，その言語の地理的，経済的分布，二言語・多言語併用社会における意思疎通の必要性などが指摘されている．

　言語の使用状況を数量的に把握するためにユネスコ，公的研究機関，また多くの言語学者，社会学者，文化人類学者がいろいろな調査と分析に取り

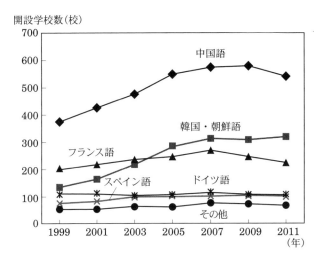

図 5.5 日本の高等学校の第二外国語科目開設学校数の推移

表 5.2 高等学校における複言語教育の現状（山崎吉朗（2013）より）

(年)	1999	2001	2003	2005	2007	2009	2011
中国語	372	424	475	549	574	580	542
韓国・朝鮮語	131	163	219	284	313	306	318
フランス語	206	215	235	248	268	246	222
ドイツ語	109	107	100	103	111	103	106
スペイン語	76	84	101	104	103	107	100
その他	53	53	64	59	74	71	64
計	947	1,046	1,194	1,347	1,443	1,413	1,352

(注)複数の言語の科目を開設している学校があるため，計は延べ数であり，開設学校数（実数）を上回る．

組んでいる．しかし，調査の視点によって状況の見え方が変わり，世界の言語ランキングも大きく異なってくる．ここでは比較的早期に発表され，大きな反響を引き起こしてきたスイスの社会学者ウィーバー(George Weber)が1997年，*Language Today* 誌に発表した「世界でもっと影響力のある 10 の言語」(Weber (1997))という報告を紹介しながら，言語と国際社会の政治経済の関係について考えてみたい．ウィーバーが提起した言語影響力測定モデルはダイヤモンド・ランキングと呼ばれ，六つの項目と各項目の配点基準表で構成されている（図 5.6）．この基準で各言語に得点をつけ，それを上位か

Chapter 5　言語と文化

表 5.3　主要言語の使用状況（人口の単位は億人）（Weber（1997）より）

言語	中国語	英語	スペイン語	ヒンディー/ ウルドゥー語	アラビア語
母国語人口	11	3.3	3.0	2.5	2.0
割合 [*1]	18%	5.5%	5.0%	4.2%	3.3%
総使用人口	11.20	4.80	3.20	2.50	2.21
使用国数	5	115	20	2	24
使用地域 [*2]	(a)	(b)	(c)	(d)	(e)

ベンガル語	ポルトガル語	ロシア語	日本語	ドイツ語	フランス語
1.85	1.6	1.6	1.25	1.0	0.75
3.0%	2.7%	2.7%	2.1%	1.7%	1.3%
1.85	1.88	2.85	1.33	1.09	2.65
1	5	16	1	9	35
(f)	(g)	(h)	(i)	(j)	(k)

[*1] 1997 年の推定世界人口約 60 億人に対する割合
[*2] (a)中国大陸・台湾・香港・マカオ・シンガポール，(b)北米・豪州・アフリカ・欧州・アジア，(c)欧州・北米・南米，(d)インド大陸，(e)アラブ諸国，(f)バングラデシュ，(g)欧州・南米・ブラジル，(h)旧ソ連諸国，(i)日本，(j)欧州・南米，(k)欧州・アフリカ・北米・南米・アジア

　ら順に並べたものが図 5.7 である．また，これらの言語の使用状況は表 5.3 にまとめられている．

　ウィーバーのモデルの一番，二番，三番の評価項目は国家・地域をカテゴリーとする分類であるが，その中に含まれている少数民族言語との違いを無視している点が批判されている．また，母国語人口，非母国語人口，あるいは両者を合わせた総使用人口で見ると言語の順位が入れ替わる．欧州主要言語は内在的に継承関係があり，また植民地時代に帝国主義の領土拡大に伴い，いくつかの言語が地域的にまたがって拡張してきた．母国語人口の少ない英語，フランス語，スペイン語，ロシア語はそれぞれの地域の公認言語・準公認言語として押し付けられてきた結果としてトップ 4 にランキングしたわけである．

　英語，フランス語についていえば，第二次世界大戦後，アメリカが先頭に立って世界の金融貿易体制を構築させてきたこと．また，旧ソ連・東欧社会主義国に対抗して，技術革新と軍事力の増強を両輪にして経済発展と繁栄，

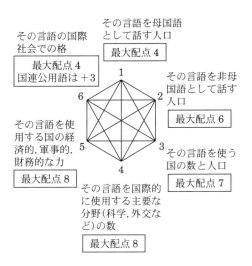

図 5.6　言語の影響力評価モデルと基準点（Weber(1997)より）

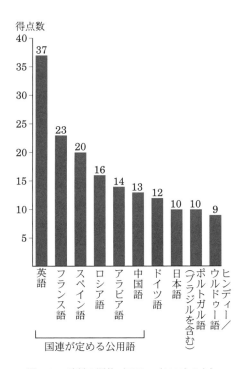

図 5.7　言語の順位（Weber(1997)より）

また国際秩序の維持に取り組んできたこと．さらに，経済力・軍事力がハードパワーとして西側の言語の影響力を増してきたことなどが背景にある．その言語を使用する国と地域の GNP は，経済力などの評価項目の指標として使われてもいる．

評価項目の四番では外交文書や国際貿易活動，国際機関と学術シンポジウムに使われる言語の使用頻度を指標化している．周知の通り，国連の公用語は英語，フランス語，ロシア語，中国語，スペイン語とアラビア語の 6 言語であり，安全保障理事会常任理事国 5 か国に対応して，さらにプラス 1 言語となっている．しかし，作業言語は英語とフランス語のみである．これ以外の言語で書かれた記録を必要とする場合は各国が自費で作成しなければならない．岡本（2007）によると，国連のほか，多くの国際機関，例えば万国郵便連合，国際司法裁判所，国際刑事裁判所，国際オリンピック委員会などでは，公用語は英語とフランス語の二言語である．ASEAN（東南アジア諸国連合）や OPEC（石油輸出国機構）など地域内機関では英語のみが公用語になっている．また安全を守るための言語，例えば，航空管制用語や各国の盲導犬訓練用語の公用語も英語である．人文社会の領域ではノーベル文学賞の受賞者数，ベストセラーとなった言語が該当言語の影響力を示す指標となる．

以上の諸指標で総合評価された言語ランキング（図 5.7）は，現在の国際政治経済活動における各言語の立ち位置を反映しているものであるといわざるを得ない．しかし，言語拡大の最も活発な要素である経済発展と地域内言語の視点からみると，1990 年代以降，英語圏以外の地域，とくに BRICS と呼ばれる新興国（ブラジル，ロシア，インド，中国，南アフリカ）が経済，政治，軍事の分野で著しく成長し，アジア地域がもっとも活気にあふれる地域として世界経済を牽引し，巨大な消費市場となってきた．これらの国と地域では日本との物的・人的往来が増えてきていて，それぞれの母国語を実際に使わなければコミュニケーションがうまく行かず，その必要性に迫られて，相手の言語文化を学び，そして理解しなければならない場面が広がっている．

2005 年，ユネスコの世界主要言語・分布地域と応用力調査報告で，新しい世界言語ランキングが発表された．その順位は英語，中国語，ドイツ語，フランス語，ロシア語，スペイン語，日本語，アラビア語，朝鮮・韓国語，ポ

ルトガル語となっている．これは，ここ数十年の世界政治経済の変動を反映している．

5.3.2　異文化の交流と創造
文化とは何か
　「文化は環境・経済・社会と並ぶ，持続可能な開発の第 4 の柱である」．2002 年の「持続可能な開発に関する世界サミット」に際して開催された円卓会議において，当時のフランスのシラク大統領は，こう力説していた．言葉は文化の担い手である．しかし文化という言葉自体は有形無形のすべてのものをカバーする大風呂敷包みのような概念で，様々な定義がある．ユネスコ（国際連合教育科学文化機関：United Nations Educational, Scientific and Cultural Organization; UNESCO）の「文化的多様性に関する世界宣言」における定義によると，「文化」とは，「特定の社会または社会集団に特有の，精神的，物質的，知的，感情的特徴をあわせたもの」であり，また，「芸術・文学だけではなく，生活様式，共生の方法，価値観，伝統および信仰も含むもの」であるとされ，きわめて広く捉えられている．

異文化コミュニケーションの整理
　大学のキャンパスの中に各国から多くの留学生が入り，私たちの周りに観光客が増えている中で，あるいは私たちが海外に観光・留学する場合，必ず何らかの形でカルチャーショックを感じ，衝突してしまうこともありうる．秋田にある国際教養大学で留学生と日本人の異文化交流活動に取り組んでいる阿部祐子（2012）によれば，それは私たちが長年，自分の属している集団の中に互いに作用しながら学習して共有した価値観・信念・行動模範などのパターンが，他の集団と異なるところから来ている．異なる文化をさらに自分の外部と内部に分けて考えると，Big "C" と呼ばれる，歴史，政治，経済，音楽，ダンスなどの客観文化が存在している．それに対して個人に内在している行動様式，信念，価値観などのパターンは主観文化であり，Small "C" と呼ばれる．
　異文化のコミュニケーションは，ことばを使用してメッセージを伝える言語コミュニケーションと，表情，アイコンタクト，しぐさ，対人距離，接触行

動など，ことば以外の多様な手段でメッセージを伝える非言語コミュニケーションに分けられる．また，異文化コミュニケーションは五感で瞬時に感じるものから，時間をかけて内面的な感情や情緒を喚起するうちにようやく理解できるものまで多種多様である．それを意識上のものと意識下のものに分類してキーワードで構築したのが阿部祐子の「氷山モデル」である（図 5.8）．図には文化 A と文化 B が氷山にたとえられて左右に対峙している．キーワードは両者でまったく同じであるが具体的中身は文化によって異なる．水面上にあるキーワードは衣食住や娯楽・鑑賞に関するもので，比較的短時間で敏感に意識し違いを理解できるものである．それに対して，水面下にあるキーワードに対応するものは，意識下にあって何かもやもやと感じる文化的違いのようなもので，理解に時間がかかるものである．このモデルは，異文化交流の中身を概念的に整理するうえで有効である．

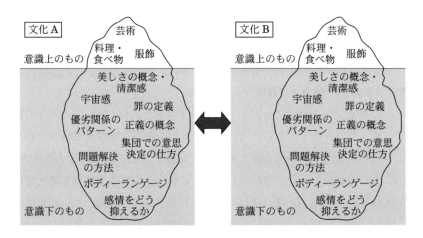

図 5.8　異文化コミュニケーションの氷山モデル

　異文化との交流は自者と他者，自分と他人との違いを感じ，自分とは何かというアイデンティティを確認し，さらに相手を受け入れて昇華する過程である．氷山のモデルに示されたキーワードの具体的な諸事象に接したときに，私たちは自分の価値観や世界観に基づいて認知し，そしてそれなりの評価をするものである．それは複雑な過程であり，おおよそ六つのステージを

踏む（表5.4）．自分化中心的段階から文化相対的段階に進んでいく中，異文化に対する拒否反応も起こり，身を引いたり遠ざかったりしていくであろう．いったん立ち留まって一休みしてもよいかもしれない．そして緊張感や不安も少しずつ解けていき，再び何か自分にプラスになるものを発見していく姿勢で臨んでいけば，違いへの対応力も強まり，日本社会に対する理解も深まり，大きな目標が見えてくるであろう．

表 5.4　異文化感受性モデル（阿部祐子（2012）より）

自分化中心的段階			文化相対的段階		
違いの 否定	違いからの 防御	違いの 最小化	違いの 受容	違いへの 適応	違いとの 統合

　文化それ自体が創造力を得るために，他の文化の存在を必要とすることがよく指摘される（寺倉（2010））．新たな発想は，他の文化との出会いから生まれ，異なる文化間の絶えざる交流の中に創造力の源泉が存在している．この意味において，他の文化との交流は，異文化を理解して寛容する精神の養成に留まらず，自らの存在の必要不可欠の要因であるということになる．異文化間の影響は，双方向でなされるものであり，人類の文明はそのような対話の中で形作られてきた．こうした文化間の幅広い交流と革新を可能とするためには，多様な文化の存在が不可欠であり，異文化交流は互恵的な学びといえる．

5.4　コンピュータ言語

　言語は人間同士のコミュニケーションの手段として発生したが，文字の発明により記述し記録する道具としての用途が発展した．それによって記述の対象も数学，音楽，舞踊，地形，気象などに広がり，対象に応じて「言語」の文字記号要素，文法，文体もそれぞれ独自のものが作られてきた．本節と次節では，とくにコンピュータと数学に関わる言語を取り上げる．

　コンピュータ言語とは，コンピュータと人間との間で情報をやりとりする

ために用いられる言語をいう．その点で，これまでに登場した人間同士のコミュニケーションのための言語とは異なる性質があるが，情報を記述し伝達するという意味では，言語としての共通性を備える．

コンピュータ言語の代表はプログラミング言語だが，そのほかにもオペレーティング・システム (OS) と対話するためのコマンド言語，ウェブで用いられる HTML や XML などのマークアップ言語，コンピュータ・システムを設計開発するための UML などのモデル記述言語などの多様な言語群を，コンピュータ言語と呼ぶことができる．本節ではまずプログラミング言語について述べ，次にそれ以外のコンピュータ言語について概観する．

5.4.1 人工言語としてのプログラミング言語

プログラミングとは

計算機の最も中心的な構成要素は CPU (central processing unit) である．計算機の機能の大部分は CPU で行われる．もう一つの重要な構成要素は主記憶装置である．CPU が直接読み書きするデータ，計算機の動作を指示する命令を記憶しておく部分である．

計算機を動作させるための基本的な命令は主記憶装置に入れられる．計算機の動作が開始されるとこの命令が一つずつ順に取り出され，CPU によってこれが解釈され実行される．計算機そのものが原理的に理解することのできる個々の命令は，四則演算やデータの移動などの，ごく基本的なものである．これらの基本的な命令を順序正しく組み合わせて実行させることにより，さまざまな複雑な処理が行える．このように順序だてて並べられた一連の命令の列のことをプログラムという．主記憶装置の中にプログラムつまり命令の列が記憶され，これが順に取り出され実行される形式の計算機をプログラム内蔵方式の計算機という．個々の命令は，それぞれ適当な 2 進数に符号化され，主記憶装置に入れられる．

計算機のプログラムを作成する作業をプログラミングと呼ぶ．プログラムは，計算機にさせる仕事を表現した「言葉」であると見ることができる．プログラムを書き表すのに用いる言語を，一般に，プログラミング言語と呼ぶ．前述のとおり，演算対象のデータ，処理を実行する命令そのものは 2 進数で

表現される．これが，CPU で解釈され実行される．したがって，計算機に仕事をさせるには，この 2 進数で表現された命令の列（プログラム）を作って与えてやる必要がある．2 進数の命令で構成されるプログラミング言語をとくに機械語という．2 進数は，0 と 1 の 2 種類の数字の羅列であるから，機械語でプログラミングするのは非常に面倒である．

このため，人間が見てわかりやすい言葉で仕事の内容を書き表し，これを計算機に実行させる方法が考えだされた．このような，人間にわかりやすい言葉で構成されるプログラミング言語を高級言語と呼ぶ（図 5.9）．プログラミング高級言語は，人によって設計された人工言語であり，さまざまな種類がある．

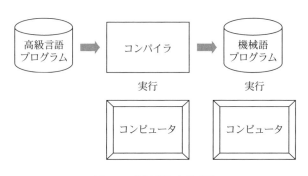

図 5.9　機械語と高級言語

人工言語としてのプログラミング言語

大学におけるプログラミング教育では，Java 言語が使われることが多い．また C や C++ もよく取り上げられる．計算機科学を専門とする学科では，Scheme や OCaml のような関数型言語も使われている．数値計算に主眼を置く場合は，古くからの Fortran や数式処理機能を備えた MATLAB，Mathematica なども使われる．また，Web アプリケーションに力を入れる場合は，Javascript や PHP などが学習対象となろう．日本発のプログラミング言語である Ruby を大学教育で採用する例も増えてきた．

このようにプログラミング言語には多様な種類があるが，いずれも人工言語であるという特徴がある．人工言語とは日本語とか英語のような自然言語

に対照させて用いられる用語である．日本語や英語も人間が作ったものには違いがないが，特定の言語設計者がいるわけではなく，長い歴史の中で「自然に」作られ，使われ，変化してきた．それに対し人工言語は言語を意識的に設計した人かグループが特定できる．たとえばザメンホフ（Ludoviko L. Zamenhof, 1859–1917）によって作られたエスペラント語が，代表的である．19世紀の終わりに発表されたエスペラント語は，世界の共通言語として使用されることが目標であり，20世紀前半には普及運動も活発に行われたが，現在のところ当初のもくろみ通り普及しているとはいえない．

　それに比べ，プログラミング言語の多くは，はるかに成功した人工言語といえる．たとえば Java を操れる全世界の人の数は，正確なところは分からないが，おそらく数百万人かそれ以上というレベルに達しているだろう．

プログラミング言語の語彙と文法

　プログラミング言語も言語という以上，語彙があり文法がある．Java の語彙は class とか if というような予約語と，メソッド名とか変数名のような識別子，さらに括弧などの記号からなる．文法は通常，Java としての正しい書き方を定めた規則として表される．

　一般に言語学における文法は，文の構造を扱う統語論(syntax)，文の意味を扱う意味論(semantics)，文脈や使用状況との関係を扱う語用論(pragmatics)などからなるとされる(4.1.1 項参照)．プログラミング言語の場合，文の構造は構文と呼ばれることが多く，文の意味は基本的にはコンピュータによってどう解釈されるかによって定まる．語用論に対応するものが何かについては議論がありうるが，それぞれのプログラミング言語には特有の言い回しがあるので，それを語用論の対象と考えることもできる．

　プログラミング言語の構文は，通常，チョムスキー流の句構造文法として表されることが多い(4.1.1 項参照)．多くのプログラミング言語は，チョムスキーによる言語の階層分類では文脈自由文法をベースとしている．たとえば2014 年 11 月時点で最新の Java SE 8 の言語仕様は http://docs.oracle.com/javase/specs/jls/se8/html/index.html で見ることができるが，その記述法は文脈自由文法の形式に従っている．

　文脈自由文法は，一連の書き換え規則によって定められる．たとえば，次

のような規則である.

(1) S -> NP+VP

(2) NP -> T+N

(3) VP -> V+NP

(4) T -> the

(5) N -> man, ball

(6) V -> hit, took

　それぞれの規則は，矢印の左辺を右辺で置き換えることを意味する．大文字で表されている語は非終端記号と呼ばれ，S から始めて非終端記号がなくなるまで，置き換えを続ける．そうすると，たとえば "The man hit the ball" などの文が生成される．上記の Java の文法も，このような規則で表現されていることを確かめてみるとよい.

5.4.2　プログラミング言語の学び方

プログラミングと文章表現術

　プログラミング言語は人間がコンピュータに指示を伝えるための言語とはいっても，それで書かれたプログラムを読むのはコンピュータだけではなく，人間も読む．すでに述べたように，Java のような言語は高級言語といわれるが，「高級」というのは人間が読み書きするのに向いているという意味である．コンピュータが直接理解する機械語は，命令の種類を定める部分と命令の対象となるアドレスやレジスタを定める部分とからなるが，それがビット列で表されるので，そのままでは人間にとってきわめて読みにくい．それを人間にも読めるように文字で記号化したものがアセンブリ言語であるが，これを「低級」というのに対して，コンパイラを通して機械語に翻訳されるような言語を高級というのである（図 5.9 参照）.

　このような高級言語によるプログラミングは，文章表現法と似たところがあり，したがってプログラミングの習熟法には，外国語の習得と通じるものがある．その点で，理工系の専門学科でも「言語」への感覚を磨く科目がカリキュラムに含まれていると，プログラミングを学ぶのにも有益であるとい

える．実は外国語以前に，日本語によって優れた文章を書く能力と，よいプログラムを作る能力とは相通じるものがあるので，日本語や英語でよい文章を書く力をつけることも大事である．

プログラムを読む

　プログラムはコンピュータが正しく解釈して実行さえしてくれればよいというものではなく，人間が読んでも理解しやすく，その意味で美しく書かれなければならない．プログラムの読み手として第一に挙げなければならないのは，プログラムを書いた本人である．プログラムはそれを書く人が頭の中で考えたアルゴリズム(特定の機能を果たすための手順)をプログラミング言語で記述したものであるから，ある意味で思想の表現といえる．そのためには誰よりもまず表現者自身が読んで理解できなければならない．

　さらに，他の人の書いたプログラムを読む必要が生じることも，日常茶飯事である．まず，多くのプログラムはチームによって共同開発される．その際は，人のプログラムと自分のプログラムとの整合性をとるために，互いにプログラムを読み合う必要がでてくるだろう．また，プログラムに問題点や誤りがないかどうかチェックするためにも，人に読んでもらうことはきわめて有効である．さらに，繰り返し使われるような標準的なプログラムの単位がライブラリとして用意されており，そこから必要なものを選んで使うということもよく行われるが，その際もライブラリにあるプログラムの中身を読んで，自分の意図に合うものかどうかを確かめることが必要になるかもしれない．

　現在では分業化が進み，プログラムをテストするチームは，開発チームとは独立して作られることが普通だが，その場合はもちろん，テストチームのメンバーは他人が書いたプログラムをテストするために読む必要がある．別のケースとしては，現在使われているプログラムの機能を拡張したり変更したりする作業が必要となることがある．この場合も，他人のプログラム(あるいは自分のプログラムかもしれないが，しかし過去に書いて記憶の定かでないもの)を読んで，どこにどう手を加えたらよいか，判断する必要がある．このような仕事を保守作業と呼ぶ．

文章読本からの指針

　日本語による文章法をテーマにした本は，谷崎潤一郎，川端康成，三島由紀夫，中村真一郎，丸谷才一，井上ひさしなどの作家によって書かれた同じ「文章読本」というタイトルをもつものが，たくさん出されている．また，論文や実用文については，清水幾太郎『論文の書き方』，木下是雄『理科系の作文技術』，本多勝一『日本語の作文技術』のような本が，定評がある．

　これらの本に共通する指針は，次のようなところである．

　　簡明に書け
　　起承転結を大事にせよ
　　文のリズムを大事にせよ

　プログラミングにとっても簡明に書くこと，全体をきちんと構成することは，もちろん重要である．文のリズムに直接相当するものはあるいはプログラミングにないかもしれないが，プログラムをモジュールという単位に分割する際の歯切れよい分割法などがそれに近いかもしれない．

　また，文章の修練方法でだれもが挙げるのが

　　名文を読め

という勧めである．同じようによいプログラムを読むことがプログラミングの学習にとってきわめて有効であることは，多くの人が主張することであるが，それほど広く実践されてはいないかもしれない．しかし，優れたプログラムは作品としての鑑賞に堪えるものであり，またそれを鑑賞するには，それなりの読解力と審美眼を必要とする．

　もちろん，普通の文章と違ってコンピュータ上で動作することに意味があるので，美の基準は同一ではないだろう．読み手には，表現を鑑賞するだけでなく，その動作を考えながら論理を追うという努力が要求される．それにしても，よいプログラムを書く能力が，かなりの程度よい文章を書く能力と繋がってくるとすれば，プログラミングの上達には優れたプログラムを読むことが大いに役立つはずである．

アイディアの実験としてのプログラミング

　ここまではプログラミングと文章表現との共通点を強調してきたが，もちろん両者には異なる点があり，そこにも注意を向けるべきである．プログラ

ムはコンピュータによって「実行」ができ，それにより世界に直接働きかけることができる．その点が，人に読まれて読み手の思考や行動を介して世界に働きかける文章と，大きく違う点である．だからプログラムを書いた場合には，すぐにコンピュータにかけて実行してみる必要がある．むしろ，そこにプログラミングの醍醐味がある．アイディアを思いついたらプログラムとして作成し，すぐに実行して確かめられることが情報分野の勉強で魅力的なところである．たとえば，物理や化学や生物の実験では，実験の装置，試料，計画を作るところで多大な労力と時間がかかるだろう．プログラムも大きいものは開発に多くの時間がかかるが，大学で行う実験，実習，授業の範囲では，それほど大きなプログラムを必要とすることはないだろう．とにかくプログラミングは授業で話を聞いたり，本を読んだりして勉強すること以上に，自分で手を動かしてプログラムを書き，それを実行してみることが何よりも大事である．そしてこれほど「創作」の結果を直ちに見て楽しめることは，他にあまりない．

5.4.3 プログラミング言語の種類
マルチリンガル

プログラミング言語には，数多くの種類がある．米国のある調査によると，プログラミング言語の人気ランキングは，2014 年 1 月現在で上位から次の順だという．

JavaScript, Java, PHP, C#, Python, C++, Ruby, C, Objective-C, CSS

データはプログラミングの Q&A サイトにおける会話での出現数に基づくというのであまり確固としたものではなく，また時とともに変化していくが，ウェブアプリ，スマホアプリの人気から来る傾向が見て取れる．

このように多くのプログラミング言語がある中で，どんな言語を選んで学習したらよいであろうか．

まず，自分の得意な言語を一つ作ることである．たとえば大学の授業で最初に学習したのが Java だとすると，それが一つの自然な選択になるが，他になじみのある言語があれば，それでもよい．言葉でいえば，それが母国語

になる．同時に，できれば多くの言語を身につけて，マルチリンガルになることが望ましい．自然言語のマルチリンガリストになるのはそう容易いことではないが，プログラミング言語の場合は，母国語となる得意な言語があれば，それを基準に他の言語を習得していくことは案外簡単である．たとえばJavascriptは，名前から想像されるほどJavaに言語として似ているわけではないが，少なくとも構文は共通性があり，Javaを知っていればマスターするのはそれほど難しくないだろう．同じ機能を持つプログラムを，いくつかの言語で書き分けてみるのはよい練習になる．以下で，様々なプログラミング言語を駆け足で紹介する．

Fortran と Cobol

FortranとCobolはいずれも1950年代に最初に作られたが，いまだに現役で使われている言語である．

Fortranは1957年にIBMによって開発された．その名称は，Formula Translation（数式翻訳）という英語から作られたものといわれている．われわれのふだん使っている数式（formula）をほとんどそのまま書いて計算機に仕事をさせることができるようなプログラミング言語の必要性が認識され，生まれた言語である．

このような歴史的背景のため，Fortran言語は科学技術計算の分野で多く利用されてきた．その歴史の長さゆえに，過去に開発され，現在も利用されているFortranプログラムの数は膨大である．とくにスーパーコンピュータで実行される気象予報，構造力学，数値流体力学，計算物理学，計算科学等の大規模な科学技術計算プログラムの多くはFortranで書かれている．

Fortranは過去数度にわたって，大幅な改訂がなされ，その都度，新しい機能や文法仕様が取り入れられてきた．FORTRAN77以降，文字データの処理機能などが強化され，数値処理にしか使えないといわれた欠点が改良されている．さらに1990年に改訂されてできたFortran90では，新たにモジュール副プログラム，構造型データ，ポインタの3つの機能が追加され，構造型言語の特徴を備えることとなった．

対照的にCobolは事務処理用の言語として作られた．Cobolが開発されたのは1959年で，開発の中心人物はホッパー（Grace Hopper, 1906–1992）とい

う女性である．彼女は Cobol の母と呼ばれるだけでなく，初期のコンピュータ科学において多方面で活躍したパイオニアの一人である．

　Cobol は企業や政府のビジネス，金融，事務管理に広く使われてきた．Fortran と同様に Cobol も何度か言語仕様の改訂を経て，現状では 2002 年に発表されたバージョンが最新である．この最新版ではオブジェクト指向の要素が取り入れられている．

Unix と C

　プログラミング言語 C はオペレーティング・システム Unix のための言語として 1972 年に発表された．手続構造型のコンパイラ言語で，その意味では Fortran や Cobol と同じ頃出た Algol の流れをくむ．高級言語ながらアセンブラ言語レベルの記述が可能で，性能に対する要求の厳しいシステム・ソフトウェア開発用を中心に，広く使われてきた．次に述べるオブジェクト指向言語も，現在は C の系統のものが主流になっている．C の主な構文規則は，言語としては直接 C を継承するわけではない他の言語，たとえば Ruby とか Javascript でも採用されている．

オブジェクト指向言語

　オブジェクト指向言語の祖は，1960 年代にノルウェーで開発された Simula67 とされる．Simula はシミュレーション用に作られた言語だが，オブジェクト，クラス，継承とサブクラスなど現代のオブジェクト指向概念の基本をすべて備える先進的な言語だった．その後，1980 年に Smalltalk80 が出て，その後のオブジェクト指向技術発展のもととなった．

　その後，オブジェクト指向の要素は C などの他の言語をベースとする新しい言語に取り入れられた．たとえば，C++, Objective-C, Java, C#などである．また，Ruby もオブジェクト指向言語の一つである．

関数型言語

　これまで挙げてきた言語は命令型，すなわちコンピュータ対して演算や記憶域への代入や制御の移動という命令を並べて記述するものだったが，それに対して宣言型のプログラミング言語も存在する．宣言型は対象の間に成り立つ関係を宣言的に記述することで，プログラムを構成する．その代表は関

数型プログラミング言語で，そこではすべての対象が数学的な関数として捉えられ，関数と関数の関係を宣言的に記述することでプログラムが構築される．関数は与えられた引数を入力とし，関数値を出力するという意味で計算的に解釈されることにより，コンピュータ上の実行に結びつく．

関数型プログラミング言語の祖は，Fortran や Cobol と同じころ作られた Lisp である．Lisp は人工知能 (AI) システム用のプログラミング言語として作られたが，その後，Common Lisp や Scheme などの言語を派生させ，AI 研究や教育に広く使われてきた．Fortran や Cobol が現役であるのと同じように，Lisp も現役といえる．

しかし，Lisp 以外の関数型プログラミングもさまざまに作られ使われてきた．たとえば ML やその進化型の OCaml, Haskell, Erlang などである．現在これらの関数型言語は，研究分野だけでなく金融工学などの実務でも使われ始めている．

論理型言語

関数型と同じように宣言型に属するプログラミング言語に，論理型のものがある．これは対象を論理でとらえ，論理式の宣言の並びとしてプログラムを記述するというものである．代表的な言語に Prolog があり，Lisp と同様，AI 分野の研究や教育によく使われている．

スクリプト言語

これまで登場した多くの言語を実行するには，それぞれの言語用に作られたコンパイラという処理系を用いるのが普通である（図 5.9 参照）．コンパイラは C などの高級言語で書かれたプログラムを，コンピュータが直接実行できる機械語プログラムに翻訳する．

コンパイル実行方式に対してインタープリタによる実行方式もある．これはインタープリタと呼ばれる独自のツールが，実行対象のプログラムの一文一文を読み込んでは実行していく，という方式である．コンパイラによる実行方式と比べると実行速度は格段に遅くなるが，いちいちコンパイルするという手間が省け，すぐに結果を確かめたいという要求に合致するので，教育用などの目的で利用される．Lisp や Basic はもともとインタープリタ方式で実行するように作られたが，利用が広がるにつれコンパイラも作られるよう

になり，両方式での実行が可能となっている．

　また，Java などの場合は，コンパイラが出力するのは特定のマシン用の機械語プログラムではなく，バイトコードという仮想の機械の命令語によるプログラムとなっている．実行はこのバイトコードを実行する一種のインタープリタによって行われるので，コンパイラとインタープリタを組み合わせた方式といえる．

　さて，現在ではスクリプト言語と呼ばれるさまざまな言語がよく使われている．スクリプトという名は，複雑な処理を実行するための台本のようなものという意味で使われているが，手軽に実行できることを最大の目的としている．OS の Unix 用に開発されたいわゆるシェル言語は，スクリプト言語の源流である．Unix のシェル言語にはバーン・シェル(sh)，C シェル(csh)を始め多くのものがある．

　現在では Python, Ruby, Javascript, PHP など，主にウェブ・アプリケーション作成用のスクリプト言語が広く用いられている．初めに挙げた現在人気のプログラミング言語 10 種のうち，約半数はスクリプト言語とみなしてもよい．スクリプト言語は，その手軽に実行できるという目的から，インタープリタによる実行方式を取ることが多い．

5.4.4　プログラミング言語以外のコンピュータ言語

コマンド言語

　この節の初めに述べたように，コンピュータとやりとりするための言語は，プログラミング言語だけではない．たとえばタッチスクリーンを使う現在のタブレット型端末やスマートフォンに対しては，ジェスチャ入力が使われる．ジェスチャを指す用語には，タップ，ホールド，スワイプ，ドラッグ，ピンチなど英語をそのままカタカナにしたものが日本でも使われており，名前はともかく表現は指の動作で決まる(6.3.1 項参照)．手話が言語を構成しているように，これらのジェスチャ体系も簡単ながら一つの言語であると見ることができる．

　ジェスチャ言語は，コンピュータの OS へのコマンド言語の簡易版と見ることができる．すでに述べた UNIX 用のシェル言語や JavaScript, PHP,

Python, Ruby などのスクリプト言語は，このコマンド言語を拡張したもの
と見ることもできる．

マークアップ言語

　ウェブ時代にますます重要性が高まっているのは，マークアップ言語であ
る．マークアップとは文章の構造や表示の仕方を指定するものを指し，テキ
スト本文に埋め込まれるが，本文とは異なる処理をされる．HTML が代表的
なマークアップ言語であり，タグという要素を用いてマークアップを表現す
る．また，半構造を持ったデータを記述するのに向いたマークアップ言語の
XML は，HTML と同じように現在広く使われている．HTML も XML も，
その前身は SGML という高度な機能を備えたマークアップ言語であり，ど
ちらも SGML を用途に応じて簡明化したものといえる．

　プログラムやライブラリの仕様書をウェブ上に公開することがよく行わ
れるが，その文書形式にも多くの場合 HTML が用いられる．Java の場合，
Java のソース・プログラムを定められた形式で書けば，その API (application
program interface) 仕様書を Javadoc というソフトウェアを使って自動生成で
きる．

　数式を含む文書を美しく印刷出版するために開発された TeX も，一種の
マークアップ言語である．TeX のマクロパッケージである LaTeX は，科学論
文や科学書の原稿作成によく使われており，本書も LaTeX を用いて書かれて
いる．

モデル記述言語

　ある程度の規模をもつソフトウェアを開発する際には，いきなりソース・
プログラムを書くのではなく，どのようなシステムを開発するかを表す要求
モデルを作り，それに基づいた設計モデルを作成した上で，その設計モデル
を変換してプログラムとすることが普通になってきている．そのようなモデ
ルを記述する言語として現在もっともよく使われているのが，UML である．
UML はオブジェクト指向システム開発のためのモデル記述言語として考案
されたが，その後用途は広がり，一般的な問題領域の分析や企業などの組織
における作業フローのモデル化などにも使わるようになっている．

Chapter 6

情報とネットワーク

6.1 インターネットの世界

　インターネット，スマートフォン（スマホ）等の情報ネットワーク技術の発展により，自動車，家電製品まで含めたあらゆる機器が相互接続された「もののインターネット（IoT; Internet of Things）」となってきている．ここでは，こうした情報通信技術の基礎について述べる．

6.1.1 プロトコル

　情報通信システムは，複雑なシステムである．複雑なシステムを理解するためには，システムを分割して考えることが重要である．分割の仕方として，階層化がある．情報通信も階層化して考えると，電気信号が送られる物理的なレベルから，利用者がスマートフォンでテレビを見る応用レベルまである．通信は，二つのコンピュータ間で基本的に行われる．このときの通信の規約をプロトコル（protocol）という．二つのコンピュータ間で送信されるデータは一定長の単位に分割して送信される．この単位をメッセージ（またはパケット）という．各階層でのプロトコルの概要について述べる．

　まず，物理的なレベルをみてみよう．情報通信システムでは，コンピュータ間でビット信号を交換できる必要がある．信号を伝達する媒体として，金属ケーブル，光ケーブル，無線がある．銅線の金属ケーブルは電気信号を伝達する．信号を伝達する通信路をチャネルという．ベースバンド方式とブ

ロードバンド方式の二種がある．ベースバンド方式では，ビットの 1 と 0 の
デジタル信号を，電圧によって与える．例えば，+5V がビット 0 で 0V が
ビット 1 を示す．電池，スイッチ，電球が直列に接続された電気回路を考え
る．A さんがスイッチを on, off すると，B さんのところにある豆ランプが点
滅する．

　ここで，ランプが点灯しているときビット 0 を示し，消えているときビッ
ト 1 を示しているとする．ここで問題であるが，ランプが光って消えたとす
ると，どのようなビット列を A さんは B さんに送ったのか．01 かもわから
ないし，001，000111 かもしれない．どのようなビット列が送られたかを決
定するためには，1 ビットの信号を送る時間を，A さんと B さんで合意する
ことが重要である．1 秒間に何ビット送るかを転送速度(transmission rate)と
いい，単位は bps [bit/second] である．現在の高速ネットワークでは，Gbps
程度の転送速度である．ベースバンド方式では，一本のチャネルに一つの信
号しか送れない．一方，ブロードバンド方式では，信号はアナログ信号で送
信される．ビット信号をアナログ信号に変換するものをモデム(modem)*1
という．無線通信は，空間媒体を用いた電波を送ることにより信号が送信さ
れる．金属ケーブルと同様に，同時に一つの信号しか送れない．

　次に，光ファイバーケーブルについて考える．光ファイバーは，ケイ素の
管で，光源から出された光は管内で反射しながら伝播されていく．ビット 0
と 1 は，光源での光の点滅により表される．光は，ファイバー内で反射しな
がら伝播されていくが，プリズムの実験からもわかるように，光は波長によ
り屈折角，反射角が異なり，宛先に届く時間が波長により異なってくる．光
ファイバーが長くなると，光の点滅を認識できなくなってしまうために，単
色光を用いる必要がある．一方，n 色のレーザを用いることにより，一色に
比べて n 倍の転送速度を得られる．こうした技術は，波長分割多重化(WDM:
wave-length division multiply)といわれている．

　次に，通信チャネルで接続された隣接コンピュータ間で通信を行うレベル
をデータリンク層という．ここでの主要な問題の一つは，一つの通信チャネ

---

*1　**mod**ulator と **dem**odulator から作られた造語．

ルを複数のコンピュータで利用することである．一つのチャネルには一つの
信号しか送れないことから，複数のコンピュータが同時に送信を行うと信
号が衝突（collision）してしまい，正しい信号ではなくなり通信を行えない．
このために，パソコン（PC）の LAN 接続で用いられている Ethernet では，
CSMA/CD（Carrier Sense Multiple Access/Collision Detection）と呼ばれる方
式が用いられている．ここでは，データの送信を行おうとするコンピュータ
は，まずチャネル上で他のコンピュータが通信を行っていないことを確認す
る．確認できたら送信を行う．これを，listen before transmission（LBT）とい
う．あるコンピュータが送信を始めたと同時に，他のコンピュータも送信を
開始する可能性がある．そうすると二つの信号がケーブルで衝突してしまう．
衝突を検出したならば，コンピュータは送信を停止する．ここで，データ送
信を再開するわけであるが，二台のコンピュータが同時に再送信を行うと
また信号が衝突してしまう．このために，各コンピュータは，ランダムな時
間待って再送信を開始する．これを listen while transmission（LWT）という．
この方式は 1970 年代初めに提案されたものであるが，ライバルのトークン
パッシング方式等が使われなくなるなかで長きにわたり標準の方式となって
いる．アルゴリズムの簡潔さがその理由である．

　通信ネットワークは，ノードとリンクから構成される．ノードはコンピュー
タのことであり，メッセージの送受信を行う．リンクとはコンピュータ間を
直接に相互接続させる通信路で，有線と無線がある．ネットワークでは，あ
るノード A から目的ノード B までメッセージを届けることが必要となる．
ここで，今述べたデータリンク層により，隣接するすべてのノード間で信頼
性のある通信が行えるとする．このとき，ノード A から送信されたメッセー
ジは，必ずノード B に届くだろうか．答えは，否である．メッセージはノー
ドから隣接ノードに正しく送られるが，ネットワーク内を無限に巡回して
しまうことがある．無限巡回するメッセージが増えてしまうとネットワーク
内のメッセージ数が増加し続けてしまうので，各メッセージには最長存在可
能時間を示す TTL（time to live）が与えられる．ノードを一つ通過するごと
に，TTL は 1 つ減じられて，0 になったときにメッセージは廃棄される．こ
のように，単に隣接ノードにメッセージを正しく送信することに加えて，送

信されたメッセージをいくつかのノードを中継して目的ノードに届ける仕組みとしてルーティング(routing)が必要となる．各ノードは，あるリンクからメッセージを受け取り，これを他のリンクの一つから隣接ノードに送信する．ルーティングとは，受け取ったメッセージを送信するリンクを決定することである．このため経路選択とも呼ばれる．各ノードは，ルーティング・テーブルと呼ばれる情報を保有し，ここには，目的ノードにはどのリンクに送信すればよいかが記憶されている．ルーティングには種々の方式が研究開発されてきている．この中には，無線通信を用いて，PC 間で通信を行うアドホック(ad hoc)ルーティングがある．震災時に，基幹ネットワークが動作しなくなったときに，PC 間で通信を行いながらメッセージを宛先に届けるものである．ルーティングを行うレベルを，ネットワーク層という．

　次に，送信元のノード A から目的ノード B に連続した三つのメッセージ m_1, m_2, m_3 を送信するとする．このとき，目的ノード B は，これらのメッセージを順番通りに受信できるとは限らない．各メッセージは，ルーティングにより異なった経路を通ることにより，例えば，m_3 が初めに届き，ついで m_1, m_2 の順番で届くことがある．送信ノードと目的ノードで信頼性のある通信を行うには，以下の条件が満たされなければならない．

1. メッセージは送信順序通りに届く．
2. メッセージは紛失しない．
3. 同じメッセージは複数個届かない．
4. メッセージの内容は壊れない．

　上記の条件の通信を行うものがトランスポート層とよばれ，標準として使用されている TCP (Transmission Control Protocol) がその例である．これらの条件を満足するためには，各メッセージに通番(sequence number)とよばれる番号をつける．送信された順序と異なった順序で受信されたメッセージは，通番順に並べることにより送信順に届けることができる．また，メッセージが紛失したことは，通番の連続性から調べることができる．メッセージを受信できたならば，確認通知(ACK: acknowledgment)を送信元に送信する．メッセージが壊れているときまたは通番の欠如により紛失メッセージを

検出したときは NAK（negative ACK）を送信ノードに送信する．送信元ノードは，メッセージ送信後，NAK メッセージが届くか，一定時間経過しても ACK メッセージが届かない場合（タイムアウト）には，メッセージの再送を行う．

6.1.2 インターネット

インターネット（Internet）のそもそもの意味は，ネットワーク間のネットワークである．異なった組織，企業等で作られてきたネットワークをローカルネットと呼ぶ．ローカルネット間を相互接続するためのネットワークがインターネットであり，1970 年代から開発され利用されてきたものが TCP/IP とよばれる一連のプロトコル（protocol stack）である．IP（Internet Protocol）では，ローカルネットワーク間の相互接続を行うために，各コンピュータを全世界で一意に識別するための IP アドレスを規定している．当初の IPv4（version 4）は 32 ビットのアドレスであったが，IoT[*2] のようにコンピュータのみならず家電製品，車載機器等がネットワークに接続される時代ではアドレスが不足し，128 ビットのアドレスの IPv6 も使われてきている．IP は，送信元コンピュータから目的コンピュータにメッセージをルーティングするためのプロトコルである．IP を用いて信頼性のある通信を行うのが TCP であり，トランスポート層のプロトコルである．IP を用いた UDP（User Datagram Protocol）もあるが，これはメッセージを一つ一つ目的アドレスに届けるもので，無紛失な順番通りの配送を保証していない．こうした TCP と UDP を用いて，ファイル転送を行う FTP，端末利用のための Telnet，Web のための HTTP 等の応用プロトコルが多数開発され利用されてきている．

IPv4 では 32 ビット，IPv6 では 128 ビットの数字で表される IP アドレスは，人間には分かりづらいため，特にインターネット上のサーバホスト名や電子メールに使われるドメイン名と IP アドレスとの対応付けの管理を行うサービスが DNS（Domain Name System）である．インターネットの管理方法と同じように，階層的な分散型データベースシステムになっており，2015

[*2] Internet of Things の略称．インターネットにパソコンや IT 機器以外のものを接続する技術．

年現在，インターネットのトップレベルドメインを管理しているホストは，A–M まで世界各地に分散し存在する 13 系統のサーバにより管理され，インターネット上のサービスの基幹を維持している．13 系統のサーバでは，トップレベルドメインのみの管理を行い，下位ドメインについては，対象ドメインが管理する DNS サーバを探すために再帰検索による問い合わせを行い，IP アドレスとホスト名，ドメイン名の名前解決を行っている．

　インターネットは，水道，道路，治水等の社会の基盤（インフラ）の重要な一つとなっている．歴史的に見て，社会基盤は時の国家の最重要な事業としてなされてきた．秦始皇帝も中国全土に規格化された道路を造ってきている．これに対して，インターネットは，国境を越えた若いボランティアによる草の根の活動により作られてきたものである．インターネットは，国家以外が作り出した社会基盤というユニークな存在である．これから，情報通信ネットワークを学習しようとする若い学生諸君には，こうしたインターネットの歴史的な意味とボランティアの活動を考えて，新しい豊かな社会を築くための概念，理論，技術について学習していただきたい．

6.2 情報システムの構成

6.2.1 コンピュータの基本構成

　図 6.1 は，パソコンなどのコンピュータ・システムの基本的な構成を示したものである．システムを構成する要素には次のようなものがある．

CPU と主記憶装置　CPU（中央処理装置）は計算処理の中心的な働きをする装置で，記憶装置上に配置されたプログラムの命令を 1 つずつ読み出しては演算を実行する．主記憶装置は LSI によって構成され，CPU の近くに配されてプログラムやデータの読み出し書き出しの対象となる．主記憶装置と CPU との間のデータのやりとりに要する時間がコンピュータの動作速度にとって決定的に重要なため，CPU 側に容量は比較的小さいが高速なキャッシュメモリというメモリを置き，必要なデータがキャッシュにある場合はそちらを使うという工夫が行われている．

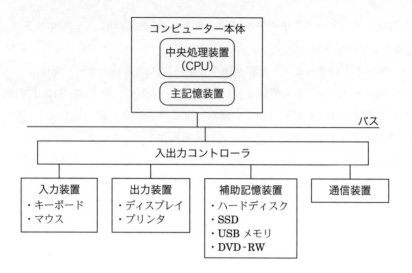

図 6.1　コンピュータの基本構成図

バス　CPU と主記憶装置との間のデータ転送は，バスと呼ばれる信号線を介して行われる．これはコンピュータ本体の内部バスであるが，コンピュータと入力装置や出力装置などの周辺機器との接続も，通常は多くの装置間で共有される外部バスと呼ばれる信号線によって接続される．最近では無線接続のような別の形態も用いられている．

入出力コントローラ　入力装置や出力装置を直接バスにつなぐのではなく，装置の種類によって制御方法を変えるために何らかのインタフェースを介することが通常行われる．ここではそれをまとめて入出力コントローラと呼んでいる．

入力装置　入力装置にはキーボード，マウス，タブレット，マイクなどがある．

出力装置　出力装置にはディスプレイ，プリンタ，スピーカーなどがある．

補助記憶装置　補助記憶装置にはハードディスク，SSD（ソリッドステートドライブ），CD・DVD・ブルーレイなどのディスク，USB メモリ，SD カードなどがある．

通信装置　通信装置にはモデム，ネットワークアダプタなどがあり，これら
を介して 6.1 節で述べたような通信ネットワークと接続する．

6.2.2　パソコンのきほん
ハードウェアと基本ソフトウェア (OS)

　パソコンはパーソナルコンピュータ (personal computer) を略した造語で，
個人が独占的に使用する目的で作られているコンピュータということができ
る．家電量販店を訪れると並べられているのはパソコンである．パソコンは
ハードウェアという見える金物と，金物を上手に使うための見えるようで見
えない基本ソフトウェア (OS と呼ばれる) の二つからなる．人間にたとえれ
ば，人体がハードウェア，知能が基本ソフトウェアかもしれない．

　ハードウェアと基本ソフトウェアは本来別のもので，別々に購入しても
よいのだが，そうすることは一般の人にはかなりハードルが高い．さらに，
別々に購入すると，ハードウェアと基本ソフトウェアを組み合わせたときの
動作について，自分で責任を持たねばならない．

　アップル (Apple) 社は自社が開発している基本ソフトウェアと，それが動
作するハードウエアをセットにして製造販売している．基本的には別々の購
入は不可能である．1 社でハードウェアと基本ソフトウェアをともに製造し
ているために，1 台 1 台のパソコンがネットワークを通じてアップル社のビ
ジネスモデル (もうけの仕組み) の中に，利用者を導く．そのモデルに異存の
ない利用者には，満足感のあるパソコン・ライフを提供してくれるという意
味で，アップル社のハートが伝わってくるパソコンである．

　一方，Windows と呼ばれるパソコンは，基本ソフトウェアをマイクロソ
フト (Microsoft) 社が開発しているが，ハードウェアは世界のたくさんのメー
カーが作っている．ハードウエアのメーカーは Windows の基本ソフトウェ
アを組み込んでセットで販売している．ビル・ゲイツ (William H. Bill Gates,
1955–) が創業したマイクロソフト社は，一部のゲーム機やタブレット端末な
どを除けばハードウェアを作っておらず，ソフトウェア一筋の会社である．

パソコンの歴史

　どうしてアップル社とマイクロソフト社は考え方が違うのか．パソコンの歴史を調べればその理由が理解できる．アップル社はスティーブ・ジョブズ (Steven P. Jobs, 1955–2011) 等 3 人が 1976 年に創業した会社で，自分たちの夢のコンセプトを自社のパソコンの中に埋め込んでいる．一方，Windows パソコンのハードウェアは IBM 社が 1981 年に発売したパソコンの内部仕様を，その後無償で公開したことで，だれでもパソコンのハードウエアが作れることになった．しかも，そのパソコンの特徴は，異なるメーカーの作ったパソコンの部品を集めれば，ドライバー 1 本でパソコンを組み立てることができるという設計になっていた．当初，このパソコンは IBM-PC と呼ばれ，その後 DOS/V マシン，最近は Windows マシンと呼ばれている．

　この成功はマイクロソフト社の力だけでなく，Windows パソコンの心臓に相当する CPU を作っているインテル (Intel) 社が，より速く動作する CPU を継続的に開発している努力によるものでもある．公開されているハードウェア仕様の上に基本ソフトウエアのみを開発して販売するというビジネスを行ってきたのがマイクロソフト社である．この成功を参考に，研究用の基本ソフトウェア Unix も Windows マシンに移植され，Windows マシン上で Windows も利用できるが，同じハードウェアで Unix の後継の Linux も利用者が選択できるようになった．一方，アップル社は無償公開されている Unix 基本ソフトウェアの性能が高いことから，アップル社の基本ソフトウェアに Unix を採用し，その上にアップル社の開発したソフトウェアで包み込んで Unix が見えないように隠してしまった．これがアップル社のパソコンの基本ソフトウェアであり，iPhone, iPod などで使われている iOS もこれをベースとしている．ただし，iOS では Unix 関連の多くの機能は省かれている．

　当初の MS-DOS という OS がグラフィカルユーザインタフェース (GUI) を持つ Windows に変わっていった歴史も，簡単に振り返ってみよう．1961 年にはエンゲルバート (Douglas C. Engelbart, 1925–2013) がマウスなどの GUI の基礎になるアイデアを発表し，1968 年に所属していたスタンフォード研究所でデモを行った．そこには現在の Google Earth に類似のアイデアがすでに盛り込まれていた．コンピュータの操作画面のデザイン，アイコン，それ

らの操作は OS によって異なり，look&feel と呼ばれている．これらのもとに
なったのが 1970 年代にゼロックス（Xerox）社のパロアルト研究所で開発され
た Alto である．アップル社のパソコンは当初から GUI を採用し，Unix でも
X Window というシステムが開発されている．マイクロソフト社はようやく
1992 年になってそれまでの同社の基本ソフトウェア MS-DOS の上に，実用
に耐える GUI を持つ Windows を開発し，ハードウエアには手を出さず，ビ
ジネス分野から信頼されるソフトウェアを提供するという戦略で，現在のマ
イクロソフト繁栄の基礎を築いた．

　OS が異なると，その上で動くアプリケーションソフトウェアもそれに依存
して限定される．そこで 1 つの OS を載せたマシンで擬似的に他の OS を動
かせるようにするというバーチャルマシンも普及してきた．例えば Windows
OS の上で Linux を利用することが行われている．

　スマートフォンの普及はさらなる変化の兆しとも思える．スマートフォ
ン用の OS も，アップル社の iOS と Google が提供する Android とが競合し
ている．アプリもそれぞれの OS 用に開発されている．たとえば，iPhone,
iPod, iPad 用のアプリは Objective-C や C あるいは C++等の言語で開発さ
れるが，その開発用ツールの Xcode は公開されているので，誰でもアプリ
構築ができる．現在は，Android OS を採用したスマートフォン端末の方が
市場で iPhone を凌駕しているが，Android アプリは Java で開発され，その
開発用ツール ADK もやはり公開されている．スマートフォンの普及が進み，
パソコンの売り上げが落ちたために，マイクロソフト社の Windows を下か
ら支えたインテル社が今や苦境に立たされている．

　パソコンでアップル製品を選ぶか Windows マシンを選ぶか，またスマー
トフォンやタブレット端末でやはりアップル製品を選ぶか Android 製品を選
ぶかは，個人の嗜好による．オフィスソフトウェアのように同じアプリがど
ちら向けにも開発されている場合も多いが，そうでないケースも少なくな
い．同じソフトウェアが両者で使える場合でも，ユーザインタフェースに違
いが現れる．両方を用意するのはコスト的に引き合わないとすれば，時計を
デザインで選ぶか機能で選ぶかという判断と同じで，選択基準により結果が
決まってくるだろう．

図 6.2　スマートフォン

　パソコンの場合は，利用するネットワーク環境や各自が所有する携帯機器との組み合わせを考慮しなければならないこともある．携帯電話会社のNTT docomo でさえも iPhone を導入せざるを得なくなったように，日本の市場では iPhone の人気は高い．アップル社の携帯電話と，パソコン市場の90%以上を占めている Windows パソコンとの組み合わせというねじれ現象は，現在の段階における利用者の選択した結論である．

6.3　ソフトウェア

　コンピュータは，社会の多くの場面において必需品となっている．事務的な作業で最もコンピュータの活用が多いのは，ワードプロセッサと，表計算ソフト，それにプレゼンテーションソフトとデータベースであろう．プレゼンテーションについては，8章を見てもらうことにして，ここでは，主に，ワープロと表計算，それにデータベースの役割について説明していく．

6.3.1　入力デバイスとその使い方

　これらソフトウェアの説明をする前にコンピュータにおける入力デバイスの使い方，および用語の説明を行う．PC で最もよく使うものが，キーボー

ドとマウスであろう．特にキーボードは，入力デバイスとして必須であり，理系の教養としてぜひ，各キーの文字に頼るのではなく指先の感覚だけで入力するタッチタイピングができるように練習してもらいたい．

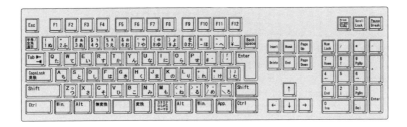

図 **6.3** キーボード

キーボードでは，fとjのキーは，目で見なくても指で触ってわかるようになっている．また，テンキーの方は，5のキーの部分が指で触ってわかるようになっている．キーボードを見て，触って確認してもらいたい．

表 **6.1** マウスの操作の名称

クリック	ボタンをカチッと1回押して離す動作
	右クリック，左クリックがある．
ダブルクリック	ボタンを2回素早く押す動作
ドラッグ	左ボタンを押したままで，マウスを滑らせて目的の位置まで移動し，ボタンから指を離す動作

キーボード以外の入力デバイスの主な操作の名称を表6.1と表6.2に示す．

日本語入力

日本語の入力では，ローマ字による入力を薦める．キーボードには日本語も書いてあるが，かなは50文字あり，アルファベットであれば26文字で済むため，半分を覚えるだけでできるようになるからである．当然，仮名入力を覚えれば，日本語入力も速くなるが，さまざまな場面では，特に理系の学生にとって英字入力は不可欠であるため，結局両方の入力を覚える手間を考えると，ローマ字入力を覚えた方が早く習得できる利点がある．参考に，

表 6.2　タブレットによる操作の名称

タップ	1 本の指で画面に触る動作(タッチ(長押し))
ダブルタップ	1 本の指で 2 回素早く触る動作
マルチタッチ	複数の指で触れて特定の操作を実行する動作
スワイプ・スライド	タブレット上で，指を素早くはじく動作 (主にスクロールや画面切り替えに使用)
ドラッグ	タブレット上で，タップやタッチの後に指を動かす動作
ピンチ・アウト	タブレット上で，2 本の指を離す動作 (主に画面の拡大などに使う)
ピンチ・イン	タブレット上で，2 本の指を近づける動作 (主に画面の縮小などに使う)

ローマ字入力の組み合わせを表 6.3 に示す．日本語入力 IME[*3] によっては，すべて入力可能であるとは限らないが，覚えておくと便利である．必要最低限という意味では，網掛けの個所を覚えるだけで，すべての仮名文字を入力することができる．

6.3.2　ワープロ・表計算・データベース

ワープロ

ワープロとは，Word Processor の略で，文章を入力，編集，印刷できるシステムのことである．パソコンによるワードプロセッサ・ソフトウェアの利用が普及する前は，ワープロ専用のハードウェアが製品として販売されていた時代があった．とくに日本では，かなおよび漢字を扱う必要から，ワープロの専用機が PC 普及後もかなりの期間，市場に存在した経緯がある．しかし，現在では，コンピュータの処理能力，表示能力も十分になってきたため，専用のハードウェア上で動作するワープロは次第に廃れ，ワープロといえば主にワープロソフトを指すようになった．特にワープロソフトは，見た目と印刷結果を同じにする WYSIWYG(What You See Is What You Get)，すな

[*3]　IME は Input Method Editor の略で，パソコンなどの情報機器にアルファベット以外の文字を入力するためのソフトウェアを指す．言語ごとに異なり，日本語を入力するためのものが日本語入力 IME である．日本語入力 IME にもさまざまなものがある．

表 6.3　日本語入力

あ	い	う	え	お
a	i	u	e	o
ぁ	ぃ	ぅ	ぇ	ぉ
la/xa	li/xi	lu/xu	le/xe	lo/xo
か	き	く	け	こ
ka	ki	ku	ke	ko
きゃ	きぃ	きゅ	きぇ	きょ
kya	kyi	kyu	kye	kyo
が	ぎ	ぐ	げ	ご
ga	gi	gu	ge	go
ぎゃ	ぎぃ	ぎゅ	ぎぇ	ぎょ
gya	gyi	gyu	gye	gyo
ぐぁ				
gwa				
さ	し	す	せ	そ
sa	si	su	se	so
しゃ	しぃ	しゅ	しぇ	しょ
sya/sha	syi	syu/shu	sye/she	syo/sho
ざ	じ	ず	ぜ	ぞ
za	zi	zu	ze	zo
じゃ	じぃ	じゅ	じぇ	じょ
zya/ja/jya	zyi/jyi	zyu/ju/jyu	zye/je/jye	zyo/jo/jyo
た	ち	つ	て	と
ta	ti/chi	tu/tsu	te	to
		っ		
		ltu/xtu		
ちゃ	ちぃ	ちゅ	ちぇ	ちょ
tya/cya/cha	tyi/cyi	tyu/cyu/chu	tye/cye/che	tyo/cyo/cho
つぁ	つぃ		つぇ	つぉ
tsa	tsi		tse	tso
てゃ	てぃ	てゅ	てぇ	てょ
tha	thi	thu	the	tho
		とぅ		
		twu		
だ	ぢ	づ	で	ど
da	di	du	de	do
ぢゃ	ぢぃ	ぢゅ	ぢぇ	ぢょ
dya	dyi	dyu	dye	dyo
でゃ	でぃ	でゅ	でぇ	でょ
dha	dhi	dhu	dhe	dho
		どぅ		
		dwu		

な	に	ぬ	ね	の
na	ni	nu	ne	no
にゃ	にぃ	にゅ	にぇ	にょ
nya	nyi	nyu	nye	nyo
は	ひ	ふ	へ	ほ
ha	hi	hu/fu	he	ho
ひゃ	ひぃ	ひゅ	ひぇ	ひょ
hya	hyi	hyu	hye	hyo
ふぁ	ふぃ		ふぇ	ふぉ
fa	fi		fe	fo
ふゃ		ふゅ		ふょ
fya		fyu		fyo
ぱ	ぴ	ぷ	ぺ	ぽ
pa	pi	pu	pe	po
ぴゃ	ぴぃ	ぴゅ	ぴぇ	ぴょ
pya	pyi	pyu	pye	pyo
ば	び	ぶ	べ	ぼ
ba	bi	bu	be	bo
びゃ	びぃ	びゅ	びぇ	びょ
bya	byi	byu	bye	byo
ま	み	む	め	も
ma	mi	mu	me	mo
みゃ	みぃ	みゅ	みぇ	みょ
mya	myi	myu	mye	myo
や		ゆ	いぇ	よ
ya		yu	ye	yo
ゃ		ゅ		ょ
lya/xya		lyu/xyu		lyo/xyo
ら	り	る	れ	ろ
ra	ri	ru	re	ro
りゃ	りぃ	りゅ	りぇ	りょ
rya	ryi	ryu	rye	ryo
わ	うぃ		うぇ	を
wa	wi		we	wo
ん				
nn				
ヴぁ	ヴぃ	ヴ	ヴぇ	ヴぉ
va	vi	vu	ve	vo
ヴゃ	ヴぃ	ヴゅ	ヴぇ	ヴょ
vy	vyi	vyu	vye	vyo

● 促音の「っ」は，きって → kitte のように引き続く子音のローマ字を 2 つ続ける.

● 拗音に用いる小さい仮名文字を単独で入力するには，l(エル) または x(エックス) と組み合わせる．例 ltu → っ.

わち見たままが得られるというコンセプトのもと，テキストエディタから進化してきており，レイアウトをリアルタイムで確認することができるのが特徴である（レイアウト機能を重視した組版ソフトもある．TEX などは，それにあたる）．

表計算

表計算ソフトでは，格子状のマス目（セル）に文字や数字を入れてデータの管理を行うソフトである．表計算ソフトは，セルに数式を入れることも可能で，行や列ごとに一括して計算ができるため，数値データの集計・分析に用いられることが多く，事務の会計処理などに特に向いたソフトである．現在，よく使われている表計算ソフトとして Excel があるが，Excel では，アドインツールが用意されており，理工系の用途としても便利な統計処理計算機能が簡単に使える．また一連の操作手順をプログラムで記述し自動処理できるマクロ機能もあるため，定形計算の自動一括処理などによく使われる．

データベース

データベースソフトは，データ管理に特化したソフトで，Microsoft Office では，Access と呼ばれている．Access は，複数のデータ構造の管理に適したリレーショナルデータベースを構築することができ，このデータベースを管理・更新するのに，データベース言語でよく用いられている，SQL 言語をサポートしている．そのため，たとえば，商品管理データベース，販売管理データベース，顧客データベースなど，それぞれ複数の目的の異なったデータの関連付けを行い管理できることから，特にビジネス用途での利用によく使われているソフトである．ビジネス用途のデータベース専用ソフトウェアとしては，オラクル社の Oracle の市場占有率が高い．

オフィススィート

ビジネスで手作業で行われていた作業の効率化省力化を行うためのソフトウェアのパッケージ．ワープロ・表計算ソフト・プレゼンテーションソフト・それにデータベースソフトをまとめたものをオフィススィートと呼ぶ．スィートとは，いわゆる甘い（sweet）の意味ではなく，ひと揃え（suite）の意味を表す．マイクロソフトの Office を始め，最近では，OpenOffice や，分離派生し

た LibreOffice など無料のものも入手可能である．OpenOffice や LibreOffice
では，ワープロ，表計算，プレゼンテーション，データベースに加え，ドロー
イングソフトも加えている．

6.3.3 数値計算

コンピュータが誕生したそもそもの動機は数値計算を高速に行うことに
あった．数値計算とは，足し算・引き算・掛け算・割り算の四則計算を基本
とする科学技術計算である．

世界最初のコンピュータは，1946 年にアメリカで誕生した ENIAC であ
る．18,800 本の真空管を使用していた．第 2 次世界大戦中，アメリカ陸軍に
は大砲の弾道計算を高速に計算したいという強いニーズがあった．弾道微分
方程式を解き，発射された砲弾の軌跡（弾道）を計算することにより，大砲
の有効性を高めたかった．ENIAC 完成前に第 2 次世界大戦が終結したため，
当初の目的は達成できなかったが，開発は続けられた．ENIAC は，当時の
最高速の機械式リレー計算機の百倍の計算速度を持っていた．以来，使用す
る素子を真空管→トランジスタ→ IC → LSI →超 LSI へと進化させ，飛躍的
な高速化を遂げてきたが，その歴史は数値計算の歴史と重なっている．いつ
の時代でも，スーパーコンピュータ（その時代の一般的なコンピュータより
極めて高速なコンピュータ）は数値計算のために利用されてきた．

スーパーコンピュータのさらなる高速化を目指して，米日中欧の 4 極に
よる開発競争がますます白熱化している．スーパーコンピュータによる数値
シミュレーション能力が国際競争力の源泉になっているからである．数値シ
ミュレーションとは，物理現象などをコンピュータで数値的に模擬すること
で，大規模な数値計算が必要である．

以下，多くの数値計算法の中から，基本となるものの概略のみを述べる．
より詳しいことは巻末にあげた参考文献など，多数の書籍があるのでそれら
を参照されたい．

連立 1 次方程式

連立 1 次方程式の解法は科学技術計算の基本操作である．未知数が x, y, z
の三つくらいの連立 1 次方程式は，式の計算で解ける．しかし，未知数が多

くなると，式の計算で解くのは容易ではない．たとえば，偏微分方程式（ポアソン方程式，拡散方程式等）を解くのに必要な連立 1 次方程式の未知数は通常 1 万個以上になる．そこで威力を発揮するのが計算機で解く数値解法である．

数値解法は，直接法と反復法の 2 種類の解法に大別できる．直接法は，一定の手順を 1 回繰り返すだけで解を求める方法である．未知数の数が比較的少ない問題に用いられる．手法としては，

1. ガウスの消去法
2. LU 分解法
3. 修正コレスキー分解法

などがある．

反復法は，ある初期値から出発して繰り返し演算を行い，満足のいく精度に達したところで繰り返しを止めて，近似解を求める方法である．未知数の数が多い問題に用いられる．手法としては，

1. ヤコビ法
2. ガウス・ザイデル法
3. SOR 法
4. クリロフ部分空間法（共役勾配法，双対共役勾配法等）

などがある．

固有値

行列の固有値とは，$n \times n$ の行列 A と n 次元ベクトル $\boldsymbol{x}$ に対して

$$A\boldsymbol{x} = \lambda\boldsymbol{x}$$

を満たす λ のことである．とりわけ，絶対値が最大・最小の固有値は固有値の中でも重要である．固有値を数値的に求める方法には

1. ベキ乗法

    最大固有値を求める．
2. 逆ベキ乗法

    最大固有値を求める．

3. ヤコビ法

　実対称行列に限られるが，すべての固有値が一度に求まる．一般に大きな行列の固有値をすべて求めることは難しいので，比較的規模の小さい行列に使用される．

などがある．

常微分方程式

　関数 $y(x)$ についての常微分方程式の初期値問題

$$\frac{\mathrm{d}y}{\mathrm{d}x} = f(x, y)$$

$$x = x_0 \quad \text{のとき} \quad y = y_0$$

を考える．関数 $f(x, y)$ が簡単な形をしている場合を除くと，式の形での解（解析解）を求めるのは難しい．その場合，計算機を使って数値解を求める．これを数値的に解くということは，$x = x_0$ における $y = y_0$ から出発し，とびとびの x の値

$$x = x_1, x_2, \cdots, x_k, \cdots, x_n$$

での関数 y の値

$$y = y_1, y_2, \cdots, y_k, \cdots, y_n$$

を求めていくことである．

1. オイラー法
2. 後退型オイラー法
3. 台形公式
4. リープ・フロッグ法
5. ルンゲ・クッタ法

などがある．これらの解法は，偏微分方程式の非定常問題の数値解を求めるのにも利用される．

補間

　補間とは，与えられた有限個のデータ点を通る滑らかな曲線を見つけることである．よく使われる補間は多項式を使った補間である．多数の多項式補

間がある．その中で最も簡単なのは，ラグランジュ補間である．ただ，単一の多項式を用いるため，大きな振動が生じる危険がある．

実用上よく使われるのは，3 次のスプライン補間である．これは，区分的に 3 次の多項式を用いる．

数値積分

関数 $f(x)$ の定積分

$$\int_a^b f(x)dx$$

は，$f(x)$ がごく簡単な場合を除くと解析的に積分するのはむずかしい．それで，数値的に計算する．

標準的な計算法は，積分区間内に分点 x_i $(i = 1, 2, \cdots, n)$ をとってそこでの関数値 $f(x_i)$ を計算し，各々の $f(x_i)$ に適当な重み w_i を乗じて和をとる，次の形のものである．

$$\sum_{i=1}^n w_i f(x_i)$$

分点 x_i と重み w_i の選び方に応じて，次の二通りの方法が導かれる．

1. ニュートン–コーツの公式（台形公式，シンプソンの公式等）
   分点 x_i を等間隔に並べ，積分値が最も正確になるように重み w_i を選ぶ数値積分公式
2. ガウスの積分公式
   分点 x_i と重み w_i の両方を積分値が最も正確になるように選ぶ数値積分公式（このときの分点は不等間隔になる）

6.4 情報リテラシー

リテラシーは日本語にすれば「識字」というあまり日常的でない言葉となるが，読み書きができることをいう．江戸時代からの言葉に「読み書きそろばん」があるが，そろばんを含めると「情報リテラシー」が指すものに近づくだろう．情報リテラシーの定義としては，情報を正しく活用する能力，と

いうあたりが一般的なところになろう.

　現代社会の基盤を情報通信技術が形作っていることは，常に意識されることではないにしても折にふれ思い至ることがあるだろう．社会のインフラといわれる道路，鉄道，上下水道，電力網，通信網などはすべて，情報通信技術の活用によって制御され管理されている．また，これらのインフラを利用する銀行・保険などの金融業，倉庫・卸売・小売などの流通業，通信・放送業，そしてあらゆる製造業などの産業の根幹に，情報システムや制御システムがある．たとえば自動車産業では，生産ラインがコンピュータによって制御されているだけでなく，生産される自動車そのものが，全身にコンピュータを備えたロボットのようなものである．1台の自動車には数10個の，高級車なら100個を超えるコンピュータが半導体チップとして載せられており，それらはソフトウェアで動いている.

　より身近に情報技術の発展とその恩恵を実感するのは，インターネットやスマートフォンの存在によってだろう．これらを駆使することにより，情報を活用できるだけでなく，自ら情報を創り出し発信することができる．しかし，このような現代社会における情報技術とそれがもたらす便利な情報利用の生活にも，光だけでなく影の面があることを忘れてはならない.

6.4.1　コンピュータ・リテラシーとメディア・リテラシー

　情報リテラシーには，従来コンピュータ・リテラシーといわれてきた側面と，メディア・リテラシーといわれてきた側面とが含まれる．この両者は重なる部分も多分にあるが，区別をするとすれば，前者はコンピュータを使っていかに情報を活用するかという光の面を主に意識しているのに対し，後者はメディアから大量に流される情報をそのまま鵜呑みにするのではなく，批判的な精神をもって的確に把握するという，どちらかといえば影の面を意識した見方である，とみることができよう.

　しかし，今やコンピュータは通信技術と不可分に結びついて，インターネットによりメディアとしての性格を強く備えるようになっている．一方，メディア・リテラシーが唱えられたときに批判的な見方をすべき対象として想定されたのは，主に新聞やテレビなどのマスメディアであったが，ブログ

図 6.4　情報リテラシーの構造

やツイッターなどのソーシャル・ネットワークの発達により，メディアの内容が変わってきている．その結果，コンピュータ・リテラシーとメディア・リテラシーは一体化して考えるべき時代となったといえよう．

　私立大学情報教育協会では，2012 年に「情報リテラシー教育のガイドライン」を発表しているが，そこでは情報リテラシー教育の到達目標として，次の 3 点を挙げている．

1. 情報社会の光と影を認識し，主体的に判断し行動することができる．
2. 問題解決に情報通信技術を活用することができる．
3. 情報通信技術の仕組みを理解し，モデル化とシミュレーションを問題解決に活用できる．

　このうち，1 はどちらかといえばメディア・リテラシー，2 はどちらかといえばコンピュータ・リテラシーを指しているようだ．3 はとくに技術的な面とその応用を強調しているようだが，1, 2 とともに，IT に接することが日常化している現代人にとっては重要な項目であろう．以下，これらの点を考えてみよう．

6.4.2　情報を扱う上での責任

情報の受信者として

　どのような情報も，それが信用できるものかどうかという問題がつきまとう．世界は物質とエネルギーと情報の三大要素からなるという話がある．ここでいう「情報」を物理学上の概念とすると，情報リテラシーという際の「情報」とは意味にずれがあるかもしれないが，あえて日常の世界において考えると，物質やエネルギーについては存在するか否かは論じられても，正しいか正しくないかを論じることには意味がない．しかし，情報は正しいかどうか，信頼できるかどうかを判断することが，きわめて重要である．そしてよくいわれるように，インターネット上の情報のかなりの部分は，信憑性に問題がある．

　情報を受け取るということは，情報を発信する人がいるということである．発信者は何らかの意図をもって情報を出す．その意図を正しく読み取らないと，往々にして間違う．情報に何らかの偏りが生じる原因はいくつかある．

(1)　発信者の立場，思想・信条に基づくもの

(2)　発信者の利害関係，経済的な意図に基づくもの

(3)　発信者の名誉欲，人との競争や悪意，騒ぎを楽しむ愉快犯の心理，などに基づくもの

(4)　企業，政府，組織団体の政策に基づくもの

(5)　時間的な制約（早く出さなければならない），スペース上の制約（新聞紙面の大きさや Web ページのサイズ）によるもの

(6)　伝聞によるもの（とくに伝わるうちに内容が歪められたり，根拠が不確かになる場合）

　これらの要因による偏向を正しく識別し，正しい情報を選び取り，虚偽や不正確な情報に惑わされないことが，情報リテラシーの基本である．

情報の発信者として

　このような情報の受信者としての心構えは，同時に発信者として注意を傾けるべき問題でもある．自分の立場，都合，損得によって，発信する情報が

歪められていないか，細心のチェックが必要である．また，メールやツイッター，ブログなどで，以下のような有害な情報や根拠のない情報をばらまくような行為は厳に慎むべきである．

- 知的財産権・肖像権を侵害する情報
- 差別・誹謗中傷にあたる情報
- プライバシーを侵害する情報
- わいせつな情報
- 他者の業務・作業を妨害する情報
- 虚偽情報
- 守秘義務のある情報

このような情報リテラシーに関する諸注意は，情報倫理の問題と重なるものである．昨今，小学校や中学・高校では，「LINE はずし」という IT 社会ならではのいじめの形態が問題となっている．また，それと関連して，ネット依存症とかネット中毒と呼ばれるような現象も問題化している．これらは大学生にも決して無縁な問題ではなく，場合によってはより深刻なケースにも発展しかねない．これらはまさに情報倫理の問題として考えるべきことである．

自分が倫理違反の情報を発信したり，他のコンピュータを侵害したりする意図がなくても，外部のクラッカー（悪意のハッカー）にコンピュータを乗っ取られて，不正侵入や不正発信の踏み台にされることがある．大学キャンパスのネットワークは総合情報センターの管理のもとにファイヤーウォールが設定されていて，そのようなリスクはかなり軽減されているが，自宅などの環境でインターネットに接続している場合は，ウィルスに代表されるようなマルウェア（悪意のある不正ソフトウェア）の侵入を監視するソフトウェアを導入しておくことはもちろん，セキュリティに関連したソフトウェアの更新は怠らぬようにしなければならない．そして，フィッシング詐欺などにひっかかって ID やパスワード情報が流出し，マシンのアカウントを乗っ取られるようなことがないように注意することも必要である．

このようなリスクを察知する能力を涵養するには，情報通信の基本的な技術に関する知識を身につけるとともに，こういうアクションをとるとどうな

るか，という想像力を働かせることを日頃心がけることが，重要である．

6.4.3 情報通信技術の活用能力と問題解決への適用

　現代社会に生きるわれわれには，どのような分野を専門とするかに関わらず，情報通信技術を活用して情報を検索，収集，選択，整理，分析，加工，創造，表現，伝達，発信していくことが求められている．それに利用できる情報機器は，スマートフォン，タブレット端末，パソコンからワークステーション，スーパーコンピュータまで多種多様なものがある．さらに，それらがネットワークでつながり，クラウドコンピューティングなどの仕組みによって離れたところにある情報資源・サービスを活用できる．その上でソフトウェアとして提供される文書編集，表計算，発表スライド作成，データベース，数値計算，数式処理，統計処理，図形・画像処理，音声処理，動画編集，Web ページ作成などの機能は，きわめて豊富でまた品質も高い．このような IT の活用力は，スキルを身につけるという意味でリテラシーという語からまず自然に連想されるものといえる．

　上に挙げた情報に関わる技術のうち，インターネット時代になって格段に便利になり全世界で日々活用されているのが，情報検索であろう．もちろん，2.4 節で述べた図書館を利用する能力の必要性も決して薄れてはいない．むしろ現在は，図書館自体がデジタル検索のサービスを提供しており，図書館の書籍・資料を探し出すきっかけもインターネットによって与えられることに注目すべきだろう．実際，多くの大学図書館のホームページには，蔵書検索 OPAC，オンラインデータベース，電子ジャーナル・電子ブックなどへの入り口が並んでいる．

問題解決への適用

　しかし，検索を始めとするこのようなスキルを獲得しただけでは，「宝の持ち腐れ」になる恐れもある．情報通信技術を活用して，個人レベル，所属組織レベル，あるいは社会レベルの問題解決に適用してこそ，真に役に立つ IT といえよう．問題は他の人から与えられる場合もあるが，基本的には自分で発見し，問題として明確化した上で，解決策を探るものである．そのためには，現状で何が問題かを見極めるという意識を常に研ぎ澄ますことが大事で

ある.

　問題の発見や定式化にも情報通信技術はいろいろな形で役立ちうるが，ここでは問題解決の場面に絞って，とくにモデル化とシミュレーションというキーワードを手掛かりに考えてみよう.

モデル化

　問題はさまざまな状況でさまざまな形をもって発生しうるが，それを明確に捉え，適切な解決手段を適用するためには，「モデル化」という作業を行うことが欠かせない．モデルとは構造を持った対象をその性質や動作を理解するために抽象化したものである．ここで「対象」とするのは「問題」に違いないが，初めから問題の境界が明確ではないことの方が普通なので，「問題領域」と呼んだ方がよいかもしれない．抽象化とは，考察すべき問題の本質に関わるもののみを取り出し，それ以外のものを捨てる，という意味である．したがって，モデルを作成する作業の中で抽象化が行われ，問題領域の一部が切り出されてモデルの境界が明確になる.

　モデル化の手法にもさまざまなものがある．強力な手法の筆頭に挙げられるのが，数理的なモデル化手法である．モデルを数学的・論理的な方法で捉えて記述する．正確で曖昧性のない問題表現が得られるだけでなく，多くの場合，有効な解法が存在し，それを用いることにより解が得られる.

　とくに自然科学の分野におけるモデル化手法については，3章を参照してほしい．また，自然科学を基礎とする工学でも，数学モデルが中心的な役割を果たす.

　社会の問題にも数学モデルが多く適用される．そのときに活躍する重要なものの一つが統計モデルである．現在では国勢調査，工業統計，家計調査，貿易統計などのおびただしい統計データが取られ，景気判断や政策決定に使われている．そのような公的統計以外に，ビッグデータとして話題になっているのが，インターネットとセンサー技術の発達によって収集される，人やものの動き，経済取引，システムの監視，自然の観測，そしてツイッターなどによるメッセージ発信，などに関する膨大なデータである．このような統計データの処理と解析の基礎については，第9章を参照されたい．また，ビッグデータを扱うのに統計学とともに重要なデータモデリング，データマ

イニングなど IT の手法については 3 章を参照されたい.

　組織における意思決定にも数理モデルが適用される. 階層化意思決定法（AHP）（3.3.2 項）は, 複数の選択肢の中からいずれを選んだらよいかを決定するための数理的な手法である. AHP を含むオペレーションズ・リサーチの分野では, 数理計画法のように与えられた条件下で目的関数を最適化する手法が開発されており, 生産計画, 輸送計画, スケジューリングなどに用いられている. このような数理モデルで表される問題に有効なアルゴリズムは, ソフトウェア・パッケージとして提供されていることが多いので, 問題解決のために自らプログラムを開発する手間をかける必要性はそれほどない.

　しかし, モデル化に有効な方法は数学的なものに限らない. 対象となる問題領域の「要素」を抽出し, その要素間の「関係」を捉える概念モデルは, システム開発における要求分析や概念設計の段階などでよく使われる. そのようなモデルの表現には, 数学的な記法よりも図形によるグラフィカルな記法が使われることが多い. 図式を中心とするモデル記述言語の一つに UML（Unified Modeling Language）があり, システム開発以外にもたとえば企業における事業分析などに用いられている.

シミュレーション

　シミュレーションとは, 分析や設計の対象となるシステムの振る舞いを, そのシステムの代わりとなるモデルを用いて模擬することをいう. したがって, これまで述べてきたモデルと密接な関係にあるが,「模擬する」とは何らかの形で実行し, 動的に挙動を観測・分析することを含意しているので, この場合のモデルはコンピュータ上に実現された実行可能モデルであることが普通である. もちろん, シミュレーションの意味としてはコンピュータを使うことは前提ではないので, 電気回路や風洞などの物理的なモデルでシミュレーションを行うことも考えられるが, 手間とコストの点からコンピュータ・シミュレーションが選ばれることが多い.

　微分方程式で表されるようなモデルは, それを数値的に, あるいは解析的に解くことによって, シミュレーションができる. 確率的なモデルであれば, 確率事象を定められた確率分布に従ってランダムに発生させることを繰り返すことがシミュレーションになり, その結果を統計的に処理することによっ

てもとの問題に対する解が得られる．モンテカルロ・シミュレーションは乱数を使って結果を出す手法の総称であるが，もともと微分方程式で表されるような確定性のある問題に対し，その数値解を求める手法の一つとして考案された．最近の応用例の一つに，コンピュータ囲碁がある．将棋では必ずしも成功しなかったモンテカルロ法を囲碁の手の選択に適用したところ，めざましい効果を挙げたというものである．

シミュレーションは社会分野や経済分野の解析にも用いられる．企業行動のような複雑系の分析に古くから用いられてきたシステム・ダイナミクスは，システム理論に基づいてフィードバックを含む因果関係のネットワークとして対象をモデル化し，そのシミュレーションで振る舞いを分析するものである．政治学の分野や金融分野では，政治や金融取引の個々の参加者の行動パターンを単純化した規則で表し，多数の参加者の行動をシミュレーションすることで全体的な傾向を捉える，という手法が活用される．これは人工知能分野でいえば，マルチエージェント・システムに対応する．また，エージェントの行動を決めるには，ゲーム理論の成果も適用される．たとえば政治学者のアクセルロッド（Robert M. Axelrod, 1943–）が，囚人のジレンマ問題を用いて繰り返し型のシミュレーションを行った結果は，よく知られている．

Chapter 7

実験レポートの書き方

7.1 自然科学と実験

7.1.1 科学の方法

物理学を含めた「自然科学」の学問体系は，様々な現象を系統立てて説明し，その背後にある規則性や法則性を探求し，その論理の普遍的枠組みを構築することによって形成されてきたといってよい．「リンゴがストンと木から落ちる様子」と「鳥の羽根がゆらゆらと舞い降りる様子」はあたかもまったく異なる運動現象のように映るかもしれないが，どちらの運動も，万有引力（と空気抵抗）の作用の下でニュートンの運動方程式によって記述される，という点においては本質的に何ら異なるところはない．それぞれの現象を注意深く観察（実験）した結果，その背後に潜む運動方程式という，普遍的に適用される論理的枠組みが構築され確認されているのである．

現象を矛盾なく説明できる理論を構築するには，対象とする現象を客観的で系統だった実験によって観測し，その結果を論理的に考察する姿勢が不可欠である．今日の自然科学の理論体系は

【問題認識】 解明したい現象を明確にする

【仮説設定】 現象を説明する理論を仮説としてたてる

【結果推定】 仮説に基づいて結果を推定する

【実験検証】 実験によって推定結果が正しいか検証する

【結論】 これらの過程から導かれることを結論とする

というサイクルを延々と繰り返すことによって構築されてきたといってよい．どんなに対象とする現象の幅が広がり，あるいは検証のための実験が高度化し精密化したとしても，普遍的理論体系を構築するための「科学の方法」は原則的には変わらない．

例えば質量をもつ物体の間に働く力は万有引力と呼ばれ，経験則 $F = GMm/r^2$ で与えられる．このように，万有引力が二つの物体の質量 M と m の積に比例し，物体間の距離 r の 2 乗に逆比例する（G は万有引力定数）ことはよく知られていることである．この距離に関する逆二乗則ともいわれる万有引力の法則は天体の運行の観測などによって古くから確かめられてきた確固たる関係性であるが，一方でこれはあくまでも観測から導かれた経験則であって，無条件に成立することが保証されているものではない．だからこそ距離や質量の異なるさまざまな条件下でこの法則が成り立つかどうかを実験や観測によって検証し，法則をさらに確固たるものにしなくてはならないのである[*1]．もし仮に従来からの理論（万有引力の法則）では説明できない新しい実験結果が得られて，その結果が実験的に間違いないと認められるようになったとき，それを論理的に説明し得るような新しい仮説がいくつかたてられ，これらのうち数々の実験による検証によって，もっともらしいものだけが生き残るという論理的かつ実証的なサイクルを繰り返すことにより，さらに確固たる理論体系が構築されてゆく．

7.1.2 実験と検証

このように，現象を説明する理論体系を構築するための論拠となるのは，実験による仮定の検証である．したがって実験とその考察には，以下に示す充分な正当性，再現性と客観性が求められることとなる．

【正当性】 目的とする仮定の検証に対して，実験の論理，方法および過程が正当であり，かつ適切であるかどうかについて正当性を慎重に検討する．さらに実験の全体をよく理解し，実験条件がよく制御された状態で正確な実験を行う．

[*1] 0.1 mm 程度よりも小さな微小距離領域での逆二乗則の破れの研究は「余剰次元の探索」として理論的研究および検証実験が進められている最先端研究領域である．

【再現性】 実験を同一人が複数回，あるいは別の人や別グループが繰り返し行っても同じ結果が得られることを確認することにより，実験の再現性と客観性を確保する．

【客観性】 よく計画された実験を正しく行い，条件と作業内容の記録や結果を含め後から再現できるようにデータを忠実かつ正確に系統的に記録する．測定の不確かさ（測定の精度）を十分に考慮したうえでデータを解析し，それによって得られた結果を論理的に評価し検討する．

　特にカリキュラムとして行う学生実験のテーマの中には，既存の理論体系を背景としてある法則を確かめるための実験テーマを設定している場合も珍しくない．そういった場合の実験についても，その結果が既存の理論の予測と合っているから実験はうまくいった，あるいは予測からずれたから実験は失敗だった，というような立場をとることは「科学の方法」からして完全に本末転倒である．仮に既存の理論の予測に合わなかった場合でも，自分の行った実験を注意深く見直し，測定の不確かさはどのくらいか，想定している条件通りに実験が行われたか，あるいは理論的な予想は実験条件を十分考慮にいれたものになっていたかなどを検討してみる．きっとどこかに見落としていたものを発見できるはずである．実験とそのデータに真摯に向き合い，愚直なまでに本質を見極めようとする姿勢（科学するこころ）こそが唯一「科学の方法」を実践する道だからである．

　思ったように実験できない，想定したようなデータが取れないなど，実験がうまくいかないことは起こって当たり前のことである．むしろこういった失敗を数えられないくらい重ね，実験技術を高めることではじめて思ったような実験ができるようになるのである．失敗を恐れてはいけない．過去の歴史的発見がそうであったように，「失敗や予期せぬ結果にこそ，新しい発見や学習の種はある」のだから．

7.2 実験レポートの書き方

7.2.1　カリキュラムとしての学生実験

　まずはじめに「何のために実験をするのか」を考えてみよう．先端的な実験の目的はいろいろある．新たな自然法則の発見や既知の法則の成立条件の

探索，新素材の合成方法の開発とその特性調査，新装置の性能試験，新薬の合成，病気の原因の探査などなど実にさまざまである．しかし共通していえることは，まだ誰もやったことがない，あるいはやったという報告はあるが十分確かめられていない事柄を実証することが目的であることだ．

一方，大学の学部カリキュラムとして行う学生実験は，先端的な実験とは少し違う性格を持っている．すなわち未知のテーマに挑戦するのではなく，すでに確立された自然法則を確認したり応用したりするものが多い．それは，実験を通してこれらの法則を深く理解するとともに，自然科学の基礎的な実験技術と測定法およびデータ処理法を修得することを第一の目的としているからである．しかし，そうだからといって，予想通りの結果が得られたら実験が「成功」で，予想と違っていたら「失敗」であるというマニュアル的な思考はすでに述べたように本末転倒であり，それでは実験の本質を理解できない．

さらに，手順書どおりに作業を進めてデータを取り，実験の内容やデータの意味するところを考えもせず，ともかく得られた結果をレポートに書いて点数をもらえばよいなどと考えていては実験をする意味がない．実験内容をきちんと理解していなければ良いレポートは書けない．自然法則の理解を深め，実験技術と測定およびデータ処理の技法を身につけ，将来先端的な実験に携わることになったときにきちんとした実験ができレポートが書けるよう，その訓練をするという役割も学生実験のレポートにはあるのである．

先端的な実験のレポートはほとんどそのままの形で出版されることもあるが，少し整形されて研究論文という形で出版されることが多い．これらは，研究者や技術者の研究成果を公表するために作成される文書であり，多くの関連分野の人々の強い関心が注がれている．一方，学生実験のレポートがそのまま出版されることはほとんどない．学生実験のレポートを読むのは教員である．教員は当然実験の内容を熟知しているが，それを前提に実験レポートを書いてはいけない．その分野の知識がある人なら，誰が読んでも「やったことと得られた結果」がわかり，必要ならその実験を再現して確認できる情報が含まれていなければならない．

さらに加えて，実験レポートの作成は「自分の言葉で文章を書く」訓練を

する絶好の機会でもある．自分の言葉で文章が書けることは，成熟した大人になるための必須の要件である．この能力を身につけることは大学生活の最大の目標の一つといってもよい．文章を書く能力は訓練しないで身につくことは決してない．現在では，多くの事柄についてインターネットや書籍を通じて調べることができる．とくに，インターネットでは，コピー&ペーストが簡単にできるため，「コピー&ペーストだけで作った文章」をあたかも「自分が書いた文章」であるかのように提示する人もいる．これではいつまで経ってもまともな文章は書けないし，社会における自らの存在意義を示すこともできない．社会人となって，コピー&ペーストを行うと，著作権法違反で罪に問われたり，場合によっては巨額の賠償が発生したりすることがあり，人生を台無しにするほどの問題を背負う可能性がある．

　実験レポート作成の根本原則は，論理の流れを常に意識して事実を正確にわかりやすい文章で書くことである．この原則に真っ向から反するのがコピー&ペーストと密接に関連する「剽窃」*2，と「捏造」である．剽窃とは，他人の文章，学説，データ，論文中の図などを情報源（引用元）を明示することなく自分のものとして発表することである．実験レポートで出典を明示せずコピー&ペーストを行う，あるいは友人のレポートの一部をそのまま自分のレポートに組み込むのは立派な剽窃である．物心ついたときからインターネットが普及していた現代の大学生の中には，特に悪いこととは意識せずにコピー&ペーストを行う癖をもっている人がいるかもしれない．そのような人は，必ず学生のうちにこの悪癖から脱する必要がある．

　捏造とは，事実とは異なる架空のデータを，たいていの場合は自分の学説やモデルに都合が良い形で，作り上げることである．これはまさに「研究者倫理にもとる」ことであり，捏造をすれば研究者として再起不能となる．2014 年に，生命科学分野での「大発見」（STAP 細胞の存在）を報じた科学雑誌 Nature の論文をきっかけに，捏造に関する大事件が起きたことは記憶に新しい．剽窃や捏造はすべて，個人の問題だけではなく，所属する組織全体にも大きな影響を及ぼす．まっとうな人間として社会のなかで生きて行きた

---

*2　盗用，盗作等の言葉も使われる．

いなら，剽窃と捏造に決して手を染めないことを肝に銘じておかなければならない．

　言うまでもないことだが，実験レポートを書くには「実験ノート」が不可欠である．ばらばらにならない綴じられたノートを実験専用に用意する．ここには，教員やティーチングアシスタントの説明，実験中に起きたこと，気がついたこと，取得した生データ，などなどすべてを書き込む．重要な数値を書き直す場合は消しゴムで消さずに，二重線を引いて新しい数値を書く．実験ノートは上述した剽窃や捏造の疑いが万一もたれた場合に，身の潔白を証明する最後のよりどころとなるものである．データをパソコンで処理する場合も，自動測定などでデータ量が莫大でない限り，まず実験ノートにデータを書いて，それをパソコンに入力する．電子媒体（パソコンのファイル）にだけ入力しておくと，何らかの理由でデータが消失した場合，実験すべてが水泡に帰すことになる．なお，入力ミスがないかどうか確認することは当然である．データの入力ミスは入力段階で確認しないとあとで発見することはきわめて難しい[*3]．

7.2.2　実験レポートの書き方

　実験レポートは，「100点満点の正解」がただ一つあるテストの解答のようなものではない．したがって，この方法以外ではだめという書き方があるわけではない．しかしながら，ある程度一般的に認知されているルールと作法があることも確かである．以下はその一つの事例として参考にしてほしい．

本体の章立て

　本体は以下に示す5章からなる．最後に必要なら謝辞を書き，続いて参考文献を一覧表にする．参考文献の数が多くない場合は本文中にそれを示すのでも良い．

1　実験の目的と概要
2　実験に用いる装置

[*3]　入力ミスで大きくかけ離れた数値になる場合は発見できるが，そうでない場合も多い．

3　実験方法と結果

4　結論

5　考察

　謝辞（必要なら）

　参考文献

　レポートの書き方の解説書のなかには，「原理」を書く章があったり，「実験方法」と「結果」が別の章になっていたり，「結論」がなく「考察」だけであったり，「考察」の後に「結論」が置かれているものもあるが，それらの違いはあまり本質的ではない．

　実験レポートは，実験の内容とそこから得られた結果と結論を他人に使えるために作成するものである．他の人が「これは読んでみたい」という気になるように，自分の行ったことを簡潔に明快な論理で表現することが大切である．わかりやすい図や表の作成は本質的である．実験ノートには，実験中に起きたことや得られたデータなどをすべて書き込むが，レポートでは，そこにある情報を必要十分なものに限定し整理して，他の人にわかりやすい形にして提示する．

　多少の語弊を恐れずにイメージ的なたとえをすると，レポートは「小説」である．図や表は，実験結果を理解するための大切な手段であり，多くの場合には理解を助ける上で本質的な役割を果たす．しかし，レポートは（ポスターではなく）あくまで文書であるので，文章が「主」で，表や図は「従」と考えてほしい．したがって，表は，それがどのようなデータを表すものであるのか，図はどのデータからどのように作られたもので，そこから何が読み取れるのかを，本文中に文章で記述する．図や表が置いてあるだけで説明がないレポートをよく見かけるが，これではレポートの体をなしていない．

　小説は一般には最初のページから最後のページまで，順番に読めば読み終わり，行きつ戻りつすることはない．レポートも同様で，行きつ戻りつしなければ読めないという構成にせず，図や表を参照しつつ冒頭から文章を順に読んで最後まで行けば，著者の言いたいことが伝わるように書く．「実験方法」と「結果」を一つの章にまとめたのはまさにこのためである．

```
1  目的と概要                          1  目的と概要

…を目的として，まず○○（課題 1）を行    …を目的として，まず○○（課題 1）を行
い，次に□□（課題 2）を行って，その結    い，次に□□（課題 2）を行って，その結
果を踏まえて最後に△△（課題 3）を行      果を踏まえて最後に△△（課題 3）を行
う．                                 う．

2  実験に用いる装置                     2  実験に用いる装置
   ……………………                        ……………………

3  実験方法                           3  実験方法と結果
      3.1 ○○（課題 1）                   3.1 ○○（課題 1）
      ……………………（A1）                    ……………………（A1）
      3.2 □□（課題 2）                    ……………………（B1）
      ……………………（A2）                    3.2 □□（課題 2）
      3.3 △△（課題 3）                    ……………………（A2）
      ……………………（A3）                    ……………………（B2）
                                        3.3 △△（課題 3）
4  結果                                  ……………………（A3）
      4.1 ○○（課題 1）                    ……………………（B3）
      ……………………（B1）
      4.2 □□（課題 2）                 4  結論
      ……………………（B2）
      4.3 △△（課題 3）                 5  考察
      ……………………（B3）

5  結論

6  考察
```

図 **7.1**　「実験方法」と「結果」を別の章にした奨められない例（左）と「実験方法と結果」として一つの章にした推奨例（右）．

　図 7.1 にそれを示してある．この実験では，目的を実現するために，全部で三つの課題を行うという想定である．各課題に対する方法の記述を A1, A2, A3 で，結果の記述を B1, B2, B3 で表している．図 7.1 左図は，「実験方法」と「結果」を別々の章にした例である．このようにすると，読者は図に示す A1, A2, A3, B1, B2, B3 の順に読むことになる．B1 を読んでいる途中で，「はてここはどんなやり方で行ったのだったかな」という記憶が定かでなくなると，頁を前に戻って A1 を読み返す必要が出てくる．つまり，「行きつ戻りつ」になるのである．B2, B3 を読んでいる途中で同じことが起きると，後戻りする量が次第に増えてきて，行きつ戻りつがますます大変になる．

中学や高校の実験レベルでは，課題が単純で，このように書いても全体を記憶でき，行きつ戻りつする必要はないかも知れないが，方法や結果が複雑になり，分量もそれなりに増えてくるとそうは行かない．これを図 7.1 の右図のように「実験方法と結果」としてまとめれば，実験課題ごとに，「こんな方法で実験してこんな結果になった」ということが整理され，すんなり文章が読み進められるのである．

「4　結論」の章を置いたのにも理由がある．小学校・中学校における理科の実験では，諸種の事情により，「結果」と「考察」の境界がかなり曖昧になっている．ここでは，実験によってわかったことを「結論」としてきちんと文章でまとめる訓練をするために意図的にこの章を設けた．実験レポートでは論文と異なり，冒頭に「要約」をつける習慣がない．「要約」の代わりに，「1　実験の目的と概要」と「4　結論」の二つの章だけ読めば，この実験が一通り理解できるようにしたいと考えてこの章が置かれている．

「実験原理」を独立した章として書かせるように指導している文献もあるが，ここでは，実験原理は「1　実験の目的と概要」および「3　実験方法と結果」のなかに適宜書くことを想定している．

章立ての階層は原則として，「章」，「節」，「小節」の 3 階層とする．必要な場合には，小節の中をさらに分けてもよい．章番号は 1, 2, 3, … などの数字で表し，数字の後にはドット（点）やカンマは打たない．節番号は 1.1, 2.1, 2.2, … などのようにして，数字の間にドットを打つ（最後の数字の後にはドットを打たない）．小節番号は 1.1.1, 2.1.2, 3.2.2, … などのようにして数字の間にドットを打つ（最後の数字の後にはドットを打たない）．小節の中をさらに分ける必要がある場合には，(a), (b) 等を使う．

図表の挿入場所と方法

図 7.2 に示すように，図と表はレポート本体の中の適切な場所に糊付けするなどして貼り込む．スティック糊系のものを使うと水分が少なくきれいに貼れる．

ほとんどの図は「3　実験方法と結果」の章の各課題の節の中に入れることになろう．ただし，手書きの大きな図など，やむを得ない場合は，レポート本体の最後に「別紙」として添付しても良い．この場合には，その図につい

て言及している該当箇所に,図番号と図の標題に続いて(別紙)と記入し,その図は最後に添付されていることが一目でわかるようにする(図7.2参照).場合によっては2章や4章にも図や表が入ることもあるが,同じルールに従う.

図と表にはそれぞれ,一つのレポートでは唯一となる通し番号を,図1,図2,図3,…,表1,表2,表3,…などのように付ける.図3-1や表3-1のように章や節ごとに番号を振ることはしない.表番号と表の標題(タイトル)は表本体の上に,図番号と図の標題および必要なら説明(キャプションという)は図の下に付ける.「この表1をグラフにしたものが図1である.」,「これを表すグラフが図2である.図2は別紙に示す.」などのような表現を用いて,本文中に引用する図と表が,貼り付けられているどの図と表を指しているのかが明確にわかるように文章で記述する.

レポート本体の書き方

本体の主要部分はすでに述べたように,1–5までの5章からなる.必要な場合は,5章の後に,章立てせずにスペースを空けて,謝辞やその他書いておくべきことを書く.多くの参考文献があれば最後に一覧表にまとめる.

「1 目的と概要」の章には,何を

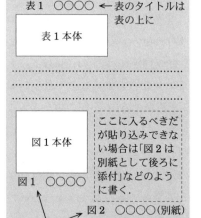

図 **7.2** 図表の挿入場所と方法

するためにどのようなことをするのかという実験の目的と概要を簡潔に（数行〜20 行程度で）書く．実験の原理や背景などを書いても良いが，あまりいろいろ書いて肝心の「この実験の目的と概要」がかすんでしまわないようにする．手順書に書いてあることをコピー&ペーストしてはいけない．手順書を読んで自分で実験をしたのであるから，この章を書くときには，手順書は閉じて，実験の内容を振り返りながら，自分の言葉で書く．目的や課題の組み立てがよく理解できないなら，実験を始める前に質問して納得してから実験を始めること．それがこの章をうまく書けるかどうかの鍵となる．

「2 実験に用いる装置」の章には，実験に用いる装置とその簡単な説明（何をする装置で何の目的に使うか）を書く．細かな物は，用途ごとにまとめて説明しても良い．ありとあらゆるものをリストアップする必要はない．手順書をそのままコピーするのではなく，自分で必要と思う範囲で要点をまとめる．

「3 実験方法と結果」の章には，どのような方法で，どのようなデータが得られて，それをどのように処理したり解析したりしてどのような結果を得たかを，表や図を適宜含めつつ文章で書く．

実験方法は特に大事で，原理を理解している他の人が再現実験を行うために必要なデータはすべて記録として書かれている必要がある．その際，実験課題に関する理論や原理を理解して，それを基に説明するとわかりやすい説明となる．また，装置の配置図や回路図を描いてそれに基づいて実験方法を説明するとよりわかりやすくなることが多い．複雑な装置を用いたり，特別な工夫が必要な場合は，実験の様子の写真なども有効である．この章にある説明を読めば，データや結果を列記した表の数値の意味や，図の見方が分かるように書かれていなければならない．

「方法」と「手順」は同じではない．手順書は，その順番でそこに書かれた指示に従って実験を行えば実験ができるように書かれた指示書である．やった実験を自分なりにまとめて，他の人でも実験を再現できる程度の詳しさでまとめたものが「方法」である．再び多少の語弊を恐れずにたとえていえば，手順は「日記」であり，方法は，日記に基づいて 1 年間の総括をした「エッセイ（小論文）」と考えるとイメージが湧くかもしれない．エッセイを

書くにあたって，日記を参照するであろうが，日記に書かれている毎日毎日の出来事を時系列に沿ってエッセイにすべて書くことはないだろう．

　課題が1つで単純な場合は，この3章をこれ以上の節（3.1, 3.2, … など）に細分しなくてもよい．課題ごとの複数の節に分ける場合の注意点はすでに述べたが重要なことなのであえて以下に詳しく述べる．

　仮にここを「3.1　○○○○（課題1の標題）」と「3.2　□□□□（課題2の標題）」の二つの節に分割するとする．3.1節の中には，課題1の実験方法をまず書き，得られたデータの説明や処理方法などを表や図に言及しながら記述して，最後に結果を文章にまとめる．すなわち，課題1の実験についてはこの節の中で完結するように書く．その後で，3.2節を同様のやり方で書くのである．

　ただし，この3章を複数の節に分けるか分けないかの厳密なルールはない．課題の数や複雑さに応じて，わかりやすさと読みやすさがより増すように書き手が判断する．課題が複数あっても節を分けないで書く方がわかりやすい場合もあるだろう．ただし，行きつ戻りつしないように書くことが原則である．分ける場合と分けない場合の二種類作ってみて自分で読んでみれば，どちらが良いかは自ずとわかるであろう．ワープロで作成するのが一般的なので，二種類作るのはさほど手間ではないはずだ．

　実験結果は，（課題ごとに）1か所にまとめて見やすい文章で記述する．表や図に結果の数値が書き込んであったとしても，それを図や表としてばらばらに置いただけでは結果をまとめたことにならない．図や表からどのようなことがわかるのかを文章で書いてはじめて「結果を書いた」ことになるのである．これはプレゼンテーションの場合を想像すれば容易にわかる．図や表のスライドだけ見せても，そこから何を読み取るかをプレゼンターが説明しないと聴衆には意図が正しく伝わらないのである．結果を記述する際に，結果に直接関連する考察はここに書いておくとよい．たとえば，「3回測定したが2回目のデータは他の二つと大きく違っていた．測定時に○○○○だったのでこのデータは無視した．」などなどである．データ処理中に異常なデータを見つけた場合などに，実験中に気づいたことを何でも書いておく実験ノートが役に立つのである．

物理量には必ず「単位」があり，その測定値は常にある大きさの「不確かさ（誤差）」を伴っている．重要な結果の数値は，不確かさが定量的にわかっている場合には◯.◯◯ ± △.△△ [単位]のように不確かさと単位を明示する．不確かさとその表記法の詳細については 2.2 節を参照のこと．

「4　結論」の章は，結論を述べるとともにレポート全体のまとめとなる章である．ここを読んだだけで実験の概要がわかるように書く．まず最初に，実験の概要をごく簡潔に記述した後で，すべての課題の実験結果をここでもう一度文章でまとめる．「3　実験方法と結果」ですでに結果を文章にまとめたはずだが，ここで再度それを簡潔に要約する．課題がいくつかある場合，3 章では課題ごとに飛び飛びに結果が書かれていたが，ここで 1 か所にまとめられていると読みやすい．実験結果の重要な数値も再掲しておく．続いて，実験の目的と照らし合わせて，どのようなことが結論されるかを明確に述べる．

ただし，結論の章の書き方は実験テーマによっていろいろあるだろう．必ず一つの決まった形式で書かなければいけないというものでもない．この「4　結論」を読んだだけで実験の概要がわかるように書かれていればよい．

実際の研究現場で研究する人は，莫大な数の研究論文や実験レポートの中から自分の研究に参考になりそうなものを探して，それだけを丁寧に読むことが多い．学術雑誌に掲載される研究論文の場合には，「題名」と先頭にある「要旨（Abstract）」だけ読んで，この論文を詳しく読むかどうかを決める．実験レポートの場合には，先頭に「要旨」を書くという形式になっていないので，論文で言えば「要旨」に相当するものが「結論」の章であると考えるとよい．すなわち，忙しい人は，実験レポートの「1　目的と概要」と「4　結論」だけ読んで，このレポートにはさらに詳しく読む価値があるかどうかを決める．それくらい「4　結論」は重要な章である．企業で書くプロジェクトレポートについても基本的には同じことがいえるだろう．

「5　考察」の章は，結論を踏まえた上で，今回の実験で得られた結果の考察，精度の検討，実験を行うときの注意点，予想外の結果が得られた場合の原因の考察，実験中に不思議と思ったことについての自分の見解，この実験の今後の発展（今回と違う条件あるいは違うパラメータの範囲でやること

ができるか，またその意味があるか，精度を高めると何がわかりそうか，異なる装置や材料を使うこともできるか）などなど，およそこの実験に関して考えたことをすべて書いてよい．

　考察の内容は実験テーマや課題によってさまざまであろうから，固定した形式にする必要はない．また，学生実験はカリキュラムの中で行う実験である．このため，学生実験のレポートは，教員と学生とのコミュニケーションツールの一つの役割も果たすと考える教員もいるだろう．そのような教員は，考察の最後に「感想」を書いてもかまわないと言うかも知れない．ただし，感想だけでは「考察」の章ができたことにはならないのは明らかである．

　世の中にある「レポートの書き方」の中には，「考察」を「結論」の前に置いてあるものも多い．考察を行った上で結論をまとめるというやり方ももちろんある．また，なかには「結論」の章がなく，「結果」に続いて「考察」があるだけで終わりにしてあるものもある．諸般の事情があるからだが，中学校の理科の教科書の多くはこの典型である．結果をきちんとした文章でまとめることはきわめて重要であり，それは「考察」ではなく「結果とそのまとめ」＝「結論」として1つの章にすべきと考えた結果，ここではこのような構成としたものである．

　謝辞および参考文献は独立した章にはしない．5章の最後に2行分のスペースを空けてから続けて書く．学生実験レポートに必ず謝辞を書く必要があるかどうかは微妙なところである．しかし，本格的な実験ではほとんどの場合謝辞を書く．特にお世話になる人などが出てくるものである．そのことを考えて，「謝辞という項目を書くならこの位置である」ということは将来のために気にとめておくとよい．レポートを書く際に参考にした「参考文献（URLを含む）」は，あまり多くない場合には，適宜本文中の引用した所に書いておくのでよい．ある程度数がある場合には，最後に「参考文献」として一覧にまとめる．

表と図について

　すでに述べたが，表と図にはそれぞれ，一つのレポートでは唯一となる通し番号を付ける．表の場合は，表本体の上に表番号と表の標題（タイトル）を付けるが，図の場合には図の下に図番号と図の標題（タイトル）を付ける．必

要な場合には，標題に続いて，図の理解に必要な説明文（キャプション）を書く．表に注をつける必要がある場合は表の下に書く．

　表 7.1 に表のサンプルを示す．表の標題は，それだけで表にまとめられている数値の意味がわかるようにする．表に数値を書くときは，有効数字（2.2.2 項参照）について考えてから適切な桁数を書くようにする．意味もなくたくさんの桁の数値を並べない．

　表の各欄の数値がどんな物理量を表すのかを示すために，最上段あるいは最左列に適切な項目名と数値の単位を入れる．この項目名（および表の標題）は，「3　実験方法と結果」の節の記述を読めばその意味が明確にわかるように工夫する．

表 7.1　音源からの距離とマイク出力

距離	マイク出力（電圧振幅の RMS 値）（mV）	
(cm)	同位相	逆位相
5	108.67	35.08
10	61.86	84.83
15	23.71	143.98
20	92.59	116.11
25	107.01	18.87
30	58.15	92.47
35	33.25	145.65
40	95.86	103.76
45	102.26	17.54

　エクセルなどのツールで作成した表で，物理量などを示す「項目名」や「単位」が長くなって，そこに入る数値に比べてコラム（縦の欄）の幅がとても広くなり，空白が目立つ表になることがしばしばある．このようないわゆる「間延びした表」をそのままレポートに含めないようにする．表 7.1 の第 2，第 3 のコラムは多少間延びして見える例である．間延びした表がたくさんあるレポートは読みにくく，結果や結論が読み取りにくい．項目名や単位の書き方を工夫して，数値に見合ったコラムの幅になるようにする．

　表はたくさんの数値を整理して見やすくするツールである．必要もないの

に多用するとかえってレポートの論理の流れを悪くすることもある．大学に入ってはじめて本格的な実験のレポートを書く1年生の中には，「生データはすべてレポートに書く」のだと考え，測定データをすべて書き並べて，レポートの何ページにもわたる表を作る学生が少なからずある．

　実験の基礎となる生データをどこまで表にしてレポートに書くかはケースバイケースである．多数の測定値があるが，最終的に使うのが平均値で，その回りのばらつきがどれくらいかがわかれば良い場合には，平均値と標準偏差だけをレポートに書くので良い．グラフに打った点に対応するデータは原則としてはレポート中に表の形で数値を示しておくのがよいが，これもケースバイケースである．グラフに何万個ものデータ点があるような場合にその数値をすべて書くのは現実的ではない．表の作り方，すなわちデータのまとめ方は状況に応じて各自が工夫する．

　実験レポートや論文でいう「図」は，一般にグラフを指すことが多いが，グラフだけでなく画像情報を含めて，表以外のものはすべて図として扱う．エレクトロニクスの実験で使う回路図，実験手順や装置を示すイラストや写真なども図である．最も一般的な図であるグラフの描き方については次節に詳しく述べる．

7.3　グラフの描き方

　グラフを描く目的は，データの振る舞いを可視化して直観的に伝えることである．数値の集合からは読み取れない微妙な振る舞いも，グラフを描くと見えてくることが多い．データの振る舞いに応じて様々な工夫をして見やすいグラフを作成することが読みやすい実験レポートを作る必須要件といっても良い．ここでは，正確でわかりやすいグラフを描くために留意すべき点をまとめる．

グラフの種類

　一般にグラフといえば，棒グラフ，円グラフ，折れ線グラフ，散布図などまざまな形式のものがある．自然科学系の実験レポートや論文で最もよく使われるのは散布図の形式である．散布図とは，一対の変数で表されるn組の

データ

$$\{(x_i, y_i), i = 1, 2, \cdots, n\} \tag{7.1}$$

を縦軸と横軸にそれぞれの変数を対応させてプロットした図である.

実験においては,何らかの関係があると想定される二つの量のうち,一つを計画的に変化させ,それに伴うもう一つの量の変化の仕方を調べるという手法がよく使われる.電気回路の入力電圧を変化させて出力側の電流の変化を見る場合や,振り子の糸の長さを変えて周期の変化を見る場合などがこれに相当する.このような場合,変化させる量を x とし,もう一つの量を y として,y と x の間に相関があるかないか,あるとすれば,$y = f(x)$ という関数の形で表現し,その関数の振る舞いを調べることがデータ解析の重要な手段となる.

このとき,x を独立変数,y を従属変数とよぶ[*4].一般には従属変数 y を縦軸にとり,独立変数 x を横軸にとってグラフを描く.その図の標題(タイトル)は,「○○ (y) を △△ (x) に対してプロットした図」,「△△の関数として表した○○」,「○○と△△の関係」などと書き,「○○と△△の散布図」という書き方はしない[*5].以下の説明はこのようなグラフを対象とするものである.

線形目盛と対数目盛

まず最初に,グラフを描くべきデータに対して,線形目盛(linear scale)と対数目盛(logarithmic scale)のどちらが適当かを決めることが必要である.線形目盛は通常の定規に使われているような目盛で,まず単位(= 1)となる長さを決め,原点 0 から,単位長の 1 倍,2 倍,3 倍,$\cdots$,10 倍,20 倍,$\cdots$ の位置にそれぞれ,1, 2, 3, $\cdots$, 10, 20, $\cdots$ の目盛りを付けるものである.

目盛りが等間隔な線形目盛に対して,対数目盛は x を $\log_{10} x$ に変換したときの値に対応するように目盛りを付けるものである(本節では今後対数の底である 10 を省略する).このため,変数 x の線形変化に対応する目盛りの間隔が一定ではない.実験では,対数で表した方がデータの振る舞いが分かりやすい場合がある.対数目盛の単位長(= 1)は変数が 10 倍変化する間隔で

[*4] 統計学では独立変数を説明変数,従属変数を目的変数とよぶことがある.

[*5] 散布図とは図の形式を表す一般名称である.実験レポートでは,その図で何を表したいのかが端的に伝わるような標題にする.

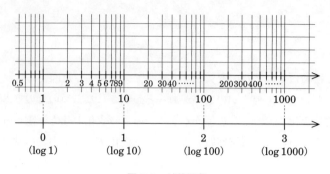

図 **7.3** 対数目盛

ある（図 7.3）．例えば，$x = 1, 10, 100, 1000, \cdots$ のとき，$\log x = 0, 1, 2, 3,$ $\cdots$ であることから，対数目盛では，$x = 1, 10, 100, 1000, \cdots$ の値が等間隔になっている．さらに，1 と 10 の間に，$2, 3, 4, \cdots$ の目盛りがある．グラフ用紙によっては，さらにその間を 10 分割した目盛りがついているが，そうすると 10 に近づくにつれて目盛りの間隔が狭くなるので，5 より大きいところは 5 分割ですませているものが多い（後述の図 7.5 参照）．同様に，10 と 100 の間の目盛りは，$20, 30, 40, \cdots$ である．線形グラフでは，原点の 0 は必要だが，対数目盛では，$\log 0$ が定義できないので，0 はない．原点は，データに応じて $0.01, 0.1, 1, 10$ などから始めてよい．対数目盛は，変数の変化する範囲（変域）が広いときによく使われる．

線形目盛と対数目盛はこのような関係にあるので，x を $\log x$ に変換して線形目盛で描いたときと，x の値のまま対数目盛で描いたときとで同じグラフができあがるが，対数目盛グラフを使うと，わざわざ x の対数を計算しなくても対数グラフを作成できるという利点がある．

実際にグラフを描くにはグラフ用紙を用いるが，以下の三種がある．縦軸と横軸の両方を線形目盛にとる「線形グラフ（linear plot）」，どちらか一方の軸を対数目盛にしてもう一方を線形目盛とする「片対数グラフ（semi-log plot）」，両軸とも対数目盛にした「両対数グラフ（log-log plot）」がある．関数 $y = x$ と $y = 2x$ のグラフをそれぞれの目盛りで描いた例を図 7.4 に示す．

図 7.4 から，目盛りの取り方によって同じ関数の振る舞いが大きく異なって見えることがわかる．線形目盛では，変数の変化する範囲（変域）がせい

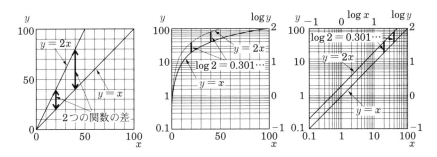

図 **7.4** 線形グラフ(左),片対数グラフ(中),両対数グラフ(右)に描いた $y = x$ と $y = 2x$ の振る舞い.

ぜい 100 倍程度以下でないとうまく表せない.変域が数百倍以上あるような現象の場合は対数目盛が必要である.また,線形目盛では 0 に近い小さな数 ($10^{-1}, 10^{-2}, 10^{-3}, \cdots$) がうまく表せないこともわかる.さらに,線形目盛では「差」は見やすいが「比」は見にくいのに対し,対数目盛では「比」が見やすいこともわかる[*6].

このような目盛りの特性を踏まえて,自分のデータを最も適切に表現できる目盛りを採用する.線形グラフでは,必ず原点 $(0,0)$ がグラフに描かれるようにしなければならない.また,対数目盛のグラフ用紙では,目盛り軸の向きがあるので,逆向きにして使わないように注意する.実際の両対数グラフ用紙に目盛りを付ける例を図 7.5 に示す.

グラフの標題と軸

グラフ(図)の下には必ず図番号と標題をつける.標題はそれを読むだけで,何を描いたグラフであるかがわかるようにする.「図 5 課題 2 の結果のグラフ」のようなタイトルは良くない.「課題 2」が何であるかを探さないといけないからである.「図 5 回路への入力電圧と出力電流の関係」,「図 6 振り子の周期を糸の長さに対してプロットした図」などのようにする.グラフに標題だけでなく説明を付けると理解しやすい場合には,「記号の黒丸とプラス印はそれぞれ,抵抗が 100Ω と 200Ω の場合を示す.」などのように,標

[*6] 対数目盛では $y = 2x$ のグラフは $y = x$ のグラフをその比の対数($\log 2 = 0.3010\cdots$)だけずらしたものになっている.

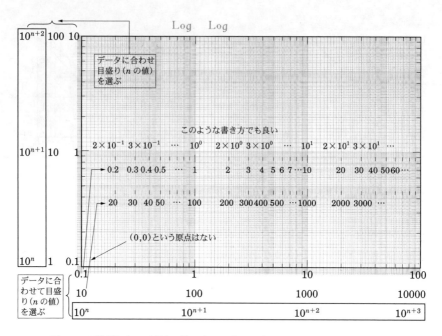

図 **7.5** 両対数グラフ用紙の使い方.目盛りの向きを間違えないようにする.

題に続けてキャプションを書く.

　縦軸と横軸には必ず軸ラベルと単位を表示し,目盛を入れる(図 7.6 参照.縦軸の軸ラベルは上の方に横書きにしても良い).目盛りは等間隔に入れる.自分がデータ点を打った位置だけに目盛りを付けるのではない.線形目盛の場合は必ず原点(ゼロ)を表示する.また,両軸の 1 目盛りの大きさは同じにするのが理想だが,縦軸にとる量と横軸にとる量の次元が異なる(電圧と電流,距離と時間,など)場合や,変域が大きく異なる場合などでは,1 目盛りの大きさを同じにできないことがある.学生の実験レポートでは,データ点は打ってあるが目盛りや軸ラベルのないグラフをしばしば見かけるが,これはグラフの描き方の基本ができていないからである.重要なことは,両軸に目盛りを入れ,軸ラベルと単位を記入したあとで,はじめてデータ点を打つ習慣を身につけることである.

　軸の目盛りの付け方や軸ラベルおよび単位を書く位置や書き方は,データがどのようになっているか(1 象限だけにあるのか 1, 3 象限にあるのか,す

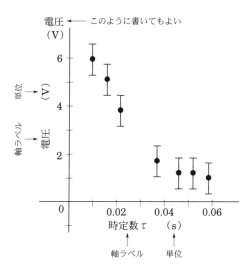

図 **7.6** 図の一例．図には軸ラベルと単位を付け目盛りを付ける．

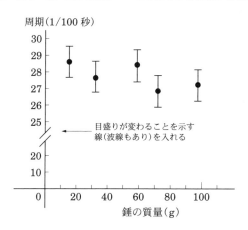

図 **7.7** 軸の「ちょん切り」の例．原則としてやってはいけないことである．

べての象限に分布しているのかなど）によって見やすさが変わるので，状況によって各自判断する．要は，必要な情報がもれなく見やすく表現されている図を描けばよい．

　誤差棒を見えるようにしたいなど何らかの理由によって，どちらかの軸の一部だけを拡大して示したい場合もある．このようなときに使われる，軸に

切れ目を入れて一部拡大であることを明示する描き方（「軸のちょん切り」図7.7 参照）がある．しかしながら，この軸の「ちょん切り」は，真にやむを得ない場合以外はやってはいけない．両軸のスケールを大幅に変えることで，データの大局的な振る舞いを見誤ることがあるからである．誤差棒が小さい場合には，軸の「ちょん切り」をして誤差棒を見えるようにするのではなく，「誤差棒は図の記号の大きさより小さい．」などのように，誤差についてキャプションや本文で記述するのがよい．もう一つ重要なことは，軸をちょん切りしたグラフで，回帰直線の傾きなど定量的な分析をしてはいけない．間違いのもとである．また，決して両軸ともに「ちょんぎり」をしてはいけない．それはもはや正しいグラフではなくなるからである．

データ点の打ち方

データ点ははっきり見えるような大きさで打つ．一つのグラフの複数の系列のデータ点をプロットするときは，図7.8 のように系列ごとのデータ点のシンボル（○，□，△，＋，×，☆など）を変えて描く．この場合は，どのシンボルがどの系列に対応するかをキャプションに書くか，凡例としてグラフに表示する．

測定データは必ず誤差（不確かさ）を伴っているので，それを示す「誤差棒（error bar）」をデータ点に付けるのが原則である (2.2 節参照)．学生実験では時間的制約から誤差をきちんと評価出来るほど十分な測定ができず，誤差棒が付けられないこともあるが，データには必ず誤差があることは意識しておく．誤差が評価できる場合にはデータ点とともに誤差棒も描く（図7.6, 7.7, 7.8 参照）．

実験中にデータを取りつつグラフを描いてゆけば，異常なデータがすぐ分かったり，データを取り足す必要があることが分かったりして，実験がうまく進むようになる．グラフを書くのにエクセルなどのツールを使う場合には，まずデータを実験ノートに書き写してからファイルに打ち込むのはすでに述べたとおりである．また，これも繰り返しになるが，実験ノートのデータとエクセルに入力したデータが一致していることを必ず確認することはいうまでもない．大幅な入力間違いはグラフの様子からすぐに分かることが多いが，微妙な間違いはグラフからは読み取れないので，必ず数値を確認しておく必

要がある.

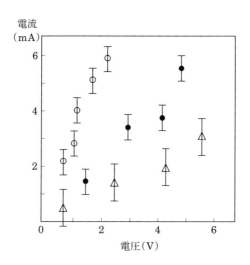

図 7.8　異なる抵抗を流れる電流と電圧の関係.白抜き丸,黒丸,三角はそれぞれ抵抗値 $0.4\,\mathrm{k\Omega}, 1\,\mathrm{k\Omega}, 2\,\mathrm{k\Omega}$ に対応する.

データの振る舞いを見やすくする工夫

　グラフを描く目的は,データの振る舞いを目に見えやすくすることである.振る舞いがわかれば,その背後にある規則性(法則)を推測し,様々な予測をすることもできる.データ点を打っただけでは見にくい場合でも,データ点を直線や滑らかな曲線で「近似する」と,データの振る舞いが見やすくなることがある.ただし,データ点だけグラフに打って,あえて線を引かないほうがよい場合も多いことに注意する.直線や曲線で「近似する」ということは,個々のデータ点を直線や曲線でつなぐことではない.エクセルなどのツールで単純に図を描くと,すべての点を結んでしまうことがあるので注意する.これはやってはいけないことである.理由は,個々のデータ点には必ず不確かさ(誤差)があり,またデータ点の取り方が荒すぎて現象の振る舞いを適切に表現できていないことがあるからである.データを直線や曲線で近似するには,回帰分析や最小自乗法などの数学的手法が必要となる(第 9 章参照).

　状況に応じて各自で様々な工夫をしてグラフを描くとよい.上述したよう

に，一般的な線形目盛だけでなく，片対数目盛や両対数目盛も使い分けると
データの振る舞いが格段に見やすくなることがある．べき関数$(y = ax^\alpha)$は
両対数目盛，指数関数$(y = ca^x)$は片対数目盛を使うと直線で表すことがで
きる．線形目盛の場合には，原点をグラフ用紙のどこにおいて（必ずしも左
下隅が良いとは限らない），両軸の1目盛りをどのスケールにするかを決め
なければいけない（1目盛り = 1 mm, 5 mm, 10 mm などの選択をする）．

　手にしたデータに応じて見やすいグラフを作るには経験が必要である．こ
の経験は，グラフから何を読み取るかの経験と密接に関係している．見やす
いグラフを作ることができない人は，グラフの語っている事実を読み取るこ
とができない．この経験を積むために，入学当初の大学1年生の実験では，
グラフは方眼紙に手描きするのが良い．何も考えずにいきなりエクセルなど
のツールでグラフを描かせると経験の蓄積ができないからである．エクセル
などでグラフを描くときには，両軸の目盛りを自動にしてコンピュータにグ
ラフを描いてもらってはいけない．必ず両軸の最大値，最小値，目盛間隔な
どのパラメータを手動で入力して，自分の思い通りのグラフをコンピュータ
に描かせるようにする．方眼紙に手書きした図を描く訓練をすれば，実験レ
ポートに貼り込むのに適切なサイズにするための目盛りの取り方などもわ
かって，手描きにせよコンピュータで描くにせよ，きれいな図が作れるはず
である．

7.4 学術雑誌への投稿論文と卒業論文の違い

　実験レポートと直接の関係はないが，ここで卒業論文について，とくに，
学術雑誌への投稿論文との違いを簡単に述べておこう．学術雑誌に投稿する
研究論文も大学に提出する卒業論文も，何らかのオリジナルな研究成果が含
まれているという点では同じである．しかし両者は基本的な考え方や形式に
おいて相当な違いがある．

　まずはじめに，学術雑誌に投稿する研究論文を考えよう．研究論文は，あ
る研究テーマについて新たに明らかになった研究成果を公に報告するもので
ある．特に学術雑誌はその分野の研究者が読むものなので，背景説明や用語

の説明，データ収集と解析の詳細などは冗長にならないよう簡潔に書き，新たにわかった事柄とその論拠を中心に説明するのが一般的である．学問分野が違えば当然ながら，実験のやり方，データの収集法，解析に使われる手法などなど研究の進め方にさまざまな違いがある．そのため，その分野の研究者の間で，長年にわたって確立されてきた研究論文のスタイルがあり，それは分野ごとに異なっている．同じ分野における学術雑誌でも，形式的な書き方の詳細はいくらか異なっているのが通常である[*7]．

　一方で，卒業論文を書く学生は，はじめてその分野に触れ，その分野の研究活動をはじめて体験した人がほとんどであろう．卒業研究の結果だけでなく，その学生がその分野の基礎をどれくらい理解したのか，研究手法をきちんとマスターしたのかを評価することも卒業論文の役割である．このため，背景説明や学術用語の解説などは丁寧に書かれている方がよい．先行研究がどこまで行われていて，自分がそれに付け加えたオリジナルなところはどこかがはっきりわかるように書かれていなければならない．データ処理や解析手順も，自分がその内容を理解していることが伝わるように丁寧に書くのがよい．ただし，あまりにも細かいデータ処理の手順まで論文に含めると，論文としての読みやすさが損なわれ，論理の流れが見えにくくなる．しかしだからといって逆にそれをまったく書かないと，本当に正しい手順やパラメータを用いてデータ処理をしたのか，疑問が出てきたときに論文の中で確認するのが難しくなる．「実験ノート」まで遡れば確認できるはずだが，それは本人でないとできない．データ処理の詳細な手順など研究結果の確認に必要なことは，卒業論文の巻末に「付録」としてまとめておくことを勧める．このような巻末付録は，後に自分自身ばかりか，同じ分野の卒業研究を行う研究室の後輩の役にも立つであろう．

　要約すれば，卒業論文は，自分が行ったことをすべて記録するという姿勢で書いてよい．ただし，論文として読めるように，論理の流れを大切にし，構成を工夫する．卒業研究の結果を学術雑誌に投稿する場合には，卒業論文

[*7] 最近では各雑誌がその雑誌に固有の LaTeX や Word のスタイルファイルを用意して，投稿者はそれに自分の原稿をはめ込んで投稿論文の原稿を作るという方法が広まっている．

のエッセンスだけを抽出し，研究論文のスタイルに沿って整形すればよいのである．

Chapter 8

プレゼンテーション

8.1 プレゼンテーションの「きほんのき」

　日本で長い間，重きをおかれてこなかったプレゼンテーション．それでも徐々に重要性に対する認識が高まり，パワーポイントをはじめとするプレゼンテーションツールの発達とともに，ビジネスからアカデミアまで広い分野に浸透することとなった．日本において，プレゼンテーションの認知度を一気に上げたのが 2020 年東京オリンピック招致活動のシーンであろうか．自己主張やプレゼンが下手であるという日本人に対する日本人自身の固定概念を変える契機になったように思われる．

　上手なプレゼンテーションをできるようになりたいという需要があるからか，書店で眺めてみると，世の中にプレゼン関連の本は多く出版されていることに気付く．しかし，そのほとんどはビジネスや企画発表等に関するもので，スティーブ・ジョブズのプレゼンについての考察や，東京オリンピック招致のプレゼンなどの本がずらりと並んでいる．一方，アカデミック関係，特に理工系の研究発表に関する本は限られており，書籍よりもむしろ大学の各研究室でまとめたものが，ウェブ上に公開されていて参考にするケースが多いようである．これらの例は巻末の参考文献に示した．

　上手なプレゼンというと，感情に訴えかけたり，自分を過大に見せようとするといった，あざといイメージがあるかも知れないが，それは誤解である．基本はあくまでも論理的にストーリーを組み立てて，結論がいかに相手の心

にストンと落ちるように説明できるか，が重要である．華やかにみえるジョ
ブズやオリンピック誘致団のプレゼンも，全体のロジックがあり，それに加
えて表現を磨いたものと理解すべきである．

　大学の学部生の間に，まずはアカデミックな発表において，しっかりとし
たプレゼンテーションの基本を身につけることはとても重要である．見た目
にはそれほど派手でなくともよいが，自分が行ってきたことを順序立てて効
果的に相手に伝える基本を固めてほしいと思う．基礎ができればその上に
応用として，自分ならではの状況に応じたプレゼンを組み立てることがで
きるようになるであろう．本章では，コミュニケーションコンサルタントの
テリー・ヘークス氏が過去に理化学研究所で行ったプレゼンテーションセミ
ナーをもとに，プレゼンテーションの考え方，組み立て方，事前準備の方法
を述べる．

プレゼンテーションと本は何が違うのか

　そもそも，プレゼンテーションと本は何が違うのだろうか．これを考える
ことで，プレゼンテーションに必要な要素が見えてくる．以下の表 8.1 をご
覧いただきたい．

表 **8.1**　プレゼンテーションと本の違い

	プレゼンテーション	本
時間	予め決められた時間内	読み手のペース次第
理解度	講演者からの情報がすべて	読者は辞書など参照できる
話の順序	講演者が決める	読者は前のページを参照できる
相手の反応	講演者は聴衆の反応を直接見る	著者は知ることができない

　このように比べてみると，プレゼンテーションと本とは，同じ情報を得る
手段としても大きな違いがあることがわかる．プレゼンテーションでは聴衆
の反応を見ながら，メリハリをつけるなどの対応が可能な点ではインタラク
ティブ性において優れているが，聴衆が話の途中で迷い子となっても自分で
前のページに戻ることができない．特に目次がないというのが極めて重要な
ポイントで，プレゼンテーションにおいては，常に聴き手の頭の中に目次を
作る手助けをすることが重要になる．

プレゼンテーションでいちばん大切なこと

あなたがプレゼンテーションの準備をするときに，何にいちばん気を使って準備をするだろうか．

1. 聴き手の分析
2. 原稿の作成
3. スライドの準備
4. 発表練習

この中で，いちばん大切なことは何だと考えて取り組むだろうか．どれも重要なことであるには間違いない．しかし，なかでも重要なのは，「1. 聴き手の分析」である．あなたが初めて会った人に自己紹介をするときに，それが知人の知人に対する当たり障りのないものなのか，採用面接時の面接員に対するものなのかで話すべき内容はまったく異なる．さらに，仕事のインタビューであっても仕事の種類によって，また相手が接客業なのか，技術職なのかによっても，話すべき内容は大きく違ってくるであろう．何故なら，相手は限られた時間の中で，あなたの情報を得たいのであり，必要ない情報を延々と聞かされてもお互いに時間の無駄になる．

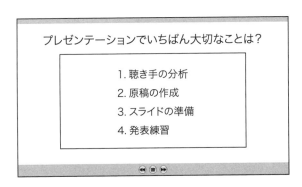

図 8.1　プレゼンテーションでいちばん大切なこと

アカデミックなプレゼンテーションにおいては，自分の研究内容を好きなように話せばよいと思われがちだが，本質的な事情は上に同じである．自分の貴重な時間を割いて講演を聞きにきている聴衆が，あなたからどのような

情報を得たいと思っているかを分析するところからすべてが始まるのである.

8.2 プレゼンテーションの準備

聴き手を分析しよう

まず,聴き手の分析から始めよう.念頭に置くのは,次の四つのポイントである.

1. 誰に (Whom)
2. 何を (What)
3. なぜ (Why)
4. どうやって (How)

プレゼンテーションにおいて考慮すべき「きほんのき」であるこの 3W1H を図 8.2 に示す.

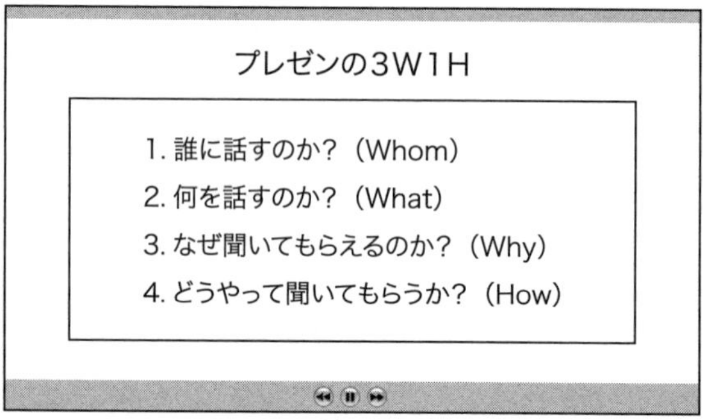

図 **8.2** プレゼンの 3W1H

はじめに,誰に話すのかを考えよう.あたなの講演を聞きにきている人たちの専門レベルは,あなたと (1) 同程度だろうか,それとも (2) やや低い,あるいは (3) まったく専門知識を持っていないのであろうか.例えば,科学技術の特定の分野に特化した学会や研究会では (1) と (2) が混ざっている状態が一般的であるが,少し分野を広げたセミナーや研究会になると (3) に近い聴衆も混じっていると考えたほうがよい.

そこで，相手の知識量に応じてプレゼンテーションの専門レベルを調整する必要がある．当然のことながら，相手の専門レベルが低ければ，専門用語を少なく，背景説明を多く，定義の説明を多くする必要がある．聴衆のレベルが混ざっているときは，それぞれの章ごとに，最低の専門レベルに戻ると良い．

次に，自分は何を言いたいのかを考えよう．どのようなプレゼンテーションであっても，持ち時間はあらかじめ決まっている．3分間スピーチの場合もあれば，10–15分程度の学会講演の場合もあれば，1時間程度のセミナー講演の場合もあるが，時間は必ず決まっている．それでは，その限られた時間を有効に活用するのに必要なことは何であろうか．

ここで，極端な例を考えてみよう．もし，あなたが相手の前で1分間のプレゼンをする時間を与えられたとしたら，あなたは何を話すだろうか．1分であれば，無駄なことを話す時間はないはずである．必然的に，話したいことの中から本当に重要なエッセンスだけを絞り出さなければならない．その中に必ず含めるべき次のようなポイントがある（図 8.3）．

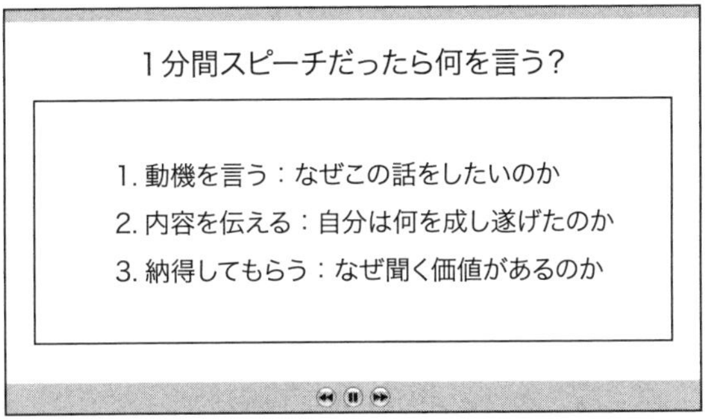

```
┌─────────────────────────────────────┐
│                                     │
│        1分間スピーチだったら何を言う？          │
│  ┌───────────────────────────────┐  │
│  │                               │  │
│  │  1. 動機を言う：なぜこの話をしたいのか       │  │
│  │  2. 内容を伝える：自分は何を成し遂げたのか     │  │
│  │  3. 納得してもらう：なぜ聞く価値があるのか     │  │
│  │                               │  │
│  └───────────────────────────────┘  │
│                                     │
│              ◀◀ ❙❙ ▶▶                 │
└─────────────────────────────────────┘
```

図 **8.3** 1分間スピーチだったら

1. 動機を言うこと
   なぜ，自分がこの話をしたいのか
2. 内容を伝える
   自分は，何を行ったのか（研究したのか）

3. 相手に納得してもらう
なぜ，これが聴き手にとって聞く価値があるのか

　無駄をぎりぎりまで削り落としてこの三点を話せば，きっとあなたの話は相手に伝わることだろう．なかでも，なぜこの話が聴き手にとって聞く価値があるか，を始めに伝えることが重要である．これは上で述べた，プレゼンで一番重要なことは聴き手の分析であるということにも関係する．聴き手があなたからどのような情報を得たいと思っているかを考え抜いた上で，次の三点に留意することが重要である（図 8.4）．

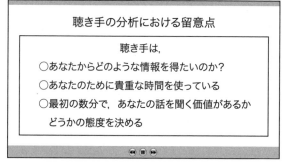

図 8.4　聴き手の分析における留意点

(1) 話の始めに，なぜ聴衆があなたの話を聞く必要があるかを述べる．
(2) アカデミックな講演の場合は特に，大きな流れの中で，この報告がどういう重要な位置を占めるかを認識してもらうことが重要である．
(3) 聴き手は，貴重な時間をあなたのために使っているのであり，最初の数分で「この話は聞く価値があるかどうか」の態度を決めてしまうと言って過言ではない．

IBC 構造を作ろう

　聴き手の分析ができたところで，少しテクニカルなことを考えよう．つまり，何を聞いてもらうかが決まったら，次はどうやって聞いてもらう（聞かせる）かである．そのためには，話（以下では「トーク」という）の組み立てを考える必要がある．ここでは，同じことを 3 回言う組み立てを紹介する．

どのようなトークも，その中のどのセクションも次の三つの部分からなる．

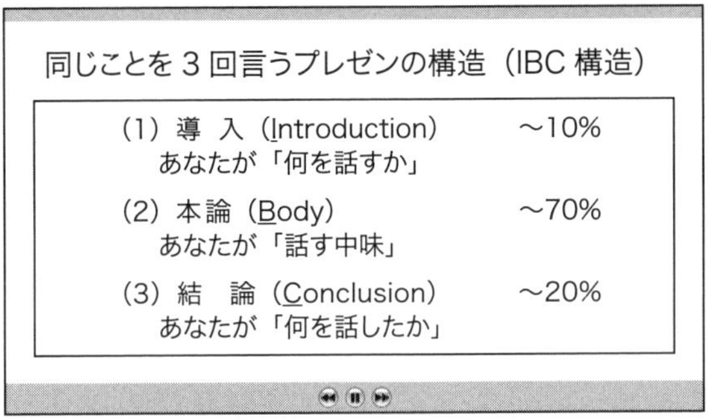

```
同じことを 3 回言うプレゼンの構造（IBC 構造）

    (1) 導 入（Introduction）      ～10%
        あなたが「何を話すか」
    (2) 本論（Body）               ～70%
        あなたが「話す中味」
    (3) 結 論（Conclusion）        ～20%
        あなたが「何を話したか」
```

図 **8.5**　同じことを 3 回言う IBC 構造

(1)　導入（Introduction）

(2)　本論（Body）

(3)　結論（Conclusion）

これを IBC 構造と名づけることにする（図 8.5）．

(1)は，これからあなたが「何を話すか」

(2)は，あなたが「話す中味」

(3)は，あなたが「何を話したか」

である．しかも，あらゆる部分がこの小構造を包含するように組み立てることが肝要である．例えば，

(1)の導入の中には

　(i)目的，(ii)本トークの重要性，(iii)本トークの要約

(2)の本論の中にも，

　(i)背景，(ii)研究結果，(iii)結果の簡単な要約

(3)の結論の中にも，

　(i)目的の復唱，(ii)重要点の復唱，(iii)トーク全体の要約

が含まれる構造を作る．

　トーク全体の中での(1)，(2)，(3)のバランスは場合によるが，それぞれ 10%，70%，20%程度を目安とすると良いであろう．(2)の本論は当然長いので，複

数の事柄からなることがよくある．その場合は，1つ1つの事柄がIBC構造を備えているように組み立てに気をつけると良いであろう．また，複数の事柄を話す場合にはその繋ぎも重要になってくるが，それについては次に述べる．

原稿の作成

プレゼンテーションの構造がどのようにあるべきかを理解したら，いよいよシナリオの作成にかかる．必要なパーツは，前節のIBCに加えて，繋ぎ（transition）の部分である（図 8.6）．

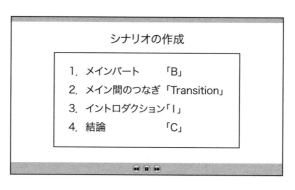

図 **8.6** シナリオの作成

1. メインパートの作成

まず，トークのテーマとなる点を明確にする．このパートで伝えたいことは何であろうか．これを一文（30 文字程度）で書いてみよう．前述したように，それは複数のパーツからなっているかもしれない．その場合は，それぞれについて一文でまとめてみる．そして，その中からキーワードを選ぶ（図 8.7）．

2. つなぎの作成

いくつかのテーマの塊ができたら，それをつなぐ作業に入る．テーマ1の「B1」と「C1」を述べた後に，次のテーマ2を導入するのがこのつなぎ「T」であり，これは次のテーマ2の「I2」でもある．その後テーマ2の「B2」を語ったのち，テーマ2の結論を述べるわけであるが，ここでは「C2」を述べ

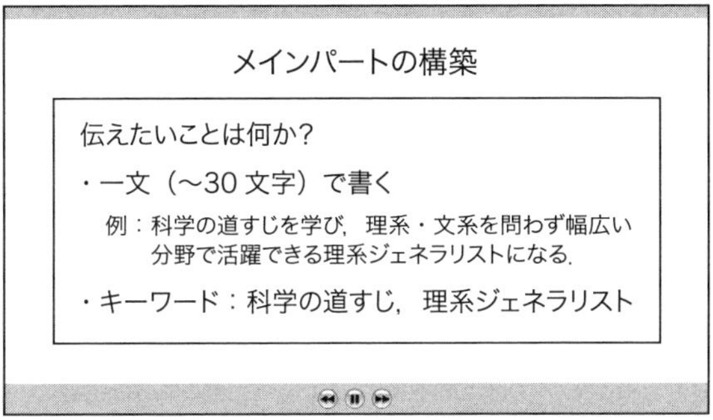

8.2 プレゼンテーションの準備　　227

```
┌─────────────────────────────────────────┐
│            メインパートの構築              │
│  ┌───────────────────────────────────┐   │
│  │ 伝えたいことは何か？                │   │
│  │ ・一文（〜30 文字）で書く          │   │
│  │   例：科学の道すじを学び，理系・文系を問わず幅広い │   │
│  │       分野で活躍できる理系ジェネラリストになる．  │   │
│  │ ・キーワード：科学の道すじ，理系ジェネラリスト │   │
│  └───────────────────────────────────┘   │
│              ◀◀ ❚❚ ▶▶                      │
└─────────────────────────────────────────┘
```

図 8.7　メインパートの構築

るのでなく，「C1」＋「C2」とすると効果的である（図 8.8）．8.1 節で述べたように，プレゼンテーションには目次がないのであり，聴き手は前に戻ってその内容を確認することができない．

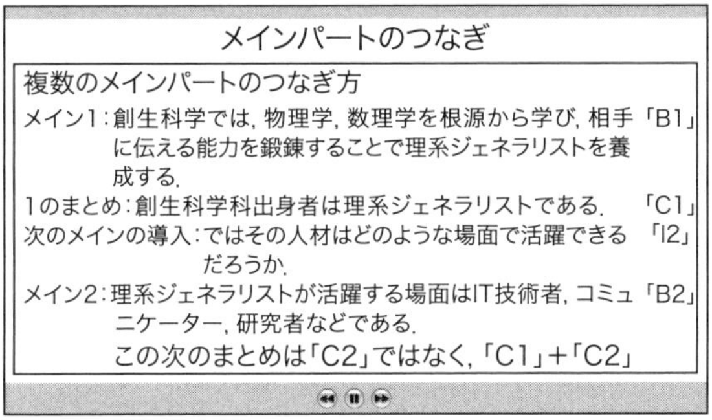

```
┌─────────────────────────────────────────┐
│            メインパートのつなぎ            │
│ 複数のメインパートのつなぎ方                │
│ メイン1：創生科学では，物理学，数理学を根源から学び，相手「B1」 │
│         に伝える能力を鍛錬することで理系ジェネラリストを養 │
│         成する．                           │
│ 1のまとめ：創生科学科出身者は理系ジェネラリストである．  「C1」 │
│ 次のメインの導入：ではその人材はどのような場面で活躍できる 「I2」 │
│         だろうか．                         │
│ メイン2：理系ジェネラリストが活躍する場面はIT技術者，コミュ「B2」 │
│         ニケーター，研究者などである．      │
│         この次のまとめは「C2」ではなく，「C1」＋「C2」│
│              ◀◀ ❚❚ ▶▶                      │
└─────────────────────────────────────────┘
```

図 8.8　メインパートのつなぎ

　したがって，プレゼンテーションの最中は，常に聴き手の頭の中に目次を作りながら，全体の流れを理解してもらう必要がある．これができないと，聴衆は迷い子になり，その後の話の内容が頭の中に入ってくることは残念ながらないであろう．

3. イントロダクションの作成

　本論部分の構成ができたら，イントロダクションのブラッシュアップに入ろう．イントロは，プレゼンの中で一番重要な位置を占めていることは間違

いない．図 8.9 に一般的な聴衆の集中力と，講演時間との相関関係を示す．

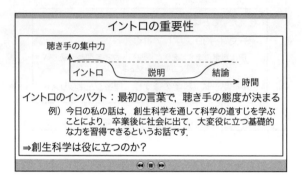

図 8.9 イントロダクションの重要性

聴衆の集中力は最初の数分が最大であり，その時間帯のイントロの出来栄えが，聴衆にあなたの話を聞く気にさせるかどうかの勝負となる．したがって，イントロでいかにインパクトを与えられるかが重要であり，ここでだらだらと話をするのは得策ではない．例にあるように，だらだらとした文章を述べるよりは，一言のキャッチで「創生科学は役に立つのか？」のように短く述べよう．イントロの構成は，これまでと同様，IBC 構造を念頭に作成すると良い（図 8.10）．

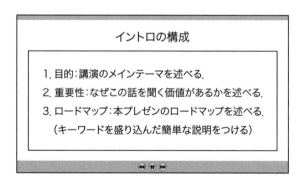

図 8.10 イントロダクションの構成

(1) 目的：講演のメインテーマを述べる

(2) 重要性：なぜこの話を聞く価値があるかを述べる
(3) 結論へ向かうロードマップ：本プレゼンのロードマップを述べる

ロードマップにはキーワードを盛り込んだ，簡単な説明をつけると良い．キーワードや説明のない項目の羅列（1. 目的，2. 理論，3. 装置，4. 結果，5. まとめ）などは，何の情報も含んでいないので，避けるべきである．

4. 結論の作成

結論は，本質的には「イントロを繰り返す」のでよい（図 8.11）．

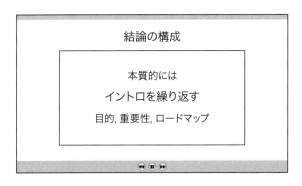

図 **8.11** 結論の構成

聴き手の集中力が高いのが最初の数分であるのは，図 8.9 に示したとおりであるが，それを引き戻す言葉があるとしたら，「結論を申しますと」「結論を述べます」など，結語にかかわる言葉である．この言葉を聞くと，再び集中力が高まり，注意して聞かねば，という気持ちになる．そこで，結論では，プレゼンの内容を一通り要約して述べよう．このプレゼンの目的が何であったか，何故重要なのか，結果はどうであったか．途中で集中力を失っていた聴衆も，最後の数分を聞けば，今回の話の内容を大まかに把握し，何かを学んで，聞いてよかったと満足することであろう．

5. 最後に原稿のチェック項目をまとめておく．

○ プレゼンが「インパクト」から始まっているか？
○ 「目的」と「重要点」は明確か？
○ 大きな流れの中での「位置づけ」がされているか？

○ 「説明」部分は，必要最小限の文のみか？

○ 「メインパート」のみで話が通じるか？

○ 「メイン間のつなぎ」はスムーズか？

○ 「イントロ」 と「結論」は全重要キーワードを含むか？

○ 1文は30文字以内か？

○ 全部読んでみて時間オーバーなら，「メインパート」をいくつか削除する．

特に，最後の時間の管理は重要である．読んでみて予定時間を超えるなら，それは与えられた時間に対して，内容が多すぎるのである．この場合，間違っても速く話すことで内容を詰め込もうとしてはいけない．必ず，テーマを一つ以上削除することを心がける．

8.3 スライドの作成と発表

スライドの作成

近年のアカデミックなプレゼンテーションにおいては，骨格およびシナリオの作成とスライドの作成は表裏一体であり，同時並行して進められることが多いであろう．そこで，ここでは前節に述べた骨格以外のスライド作成時の注意点について述べる（図8.12）．

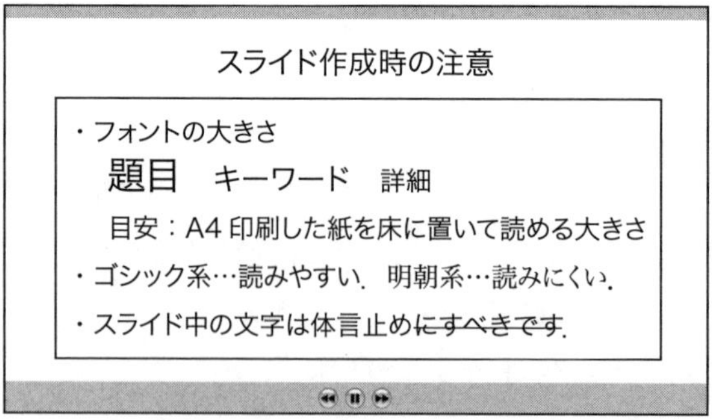

図 **8.12** スライド作成時の注意

スライド作成は，基本的に見る人の立場で行われるべきである．あなたが

いくら沢山の情報を伝えたいからといって，それを全部盛り込んだら，逆に伝わるものも伝わらなくなる．自分が見る側だったら，と考えればわかるはずのことなので，聴き手の立場で考えよう．

1. フォントの大きさ

フォントの大きさは，会場の最後列の人に読める大きさを確保すること．わかりやすい判定法としては，A4 サイズに印刷した紙を床に置いて読める大きさかどうか，一度試してみると良い．また，題目，キーワード，詳細，と大きさを変えて書くことにより，重要度が一目でわかるようになる．

2. フォントの種類

ゴシック系の太めの字体が望ましい．明朝体はスライドとしては見にくいので避ける．

3. 体言止め

なるべく文章体にせず，体言止めにする．

4. ヘッドライン

図 8.13 の左右 2 つのスライドを比べてほしい．どちらがより，メッセージがストレートに伝わってくるであろうか．たくさんの文字がある左のようなヘッドラインより右の方がすっきりしている．ヘッドラインを見ただけでスライドの内容がわかるような書き方を心がけたい．

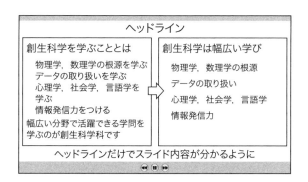

図 **8.13** ヘッドライン（その 1）

5. 情報を極限まで減らす

同様に，図 8.14 の 2 つのスライドを見比べてみよう．どちらが視覚的に

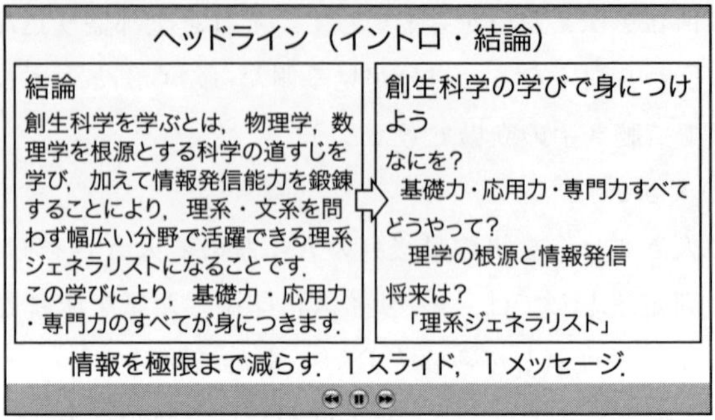

図 **8.14** ヘッドライン(その 2)

結論を訴えるだろうか．情報は極限まで減らし，1 スライド，1 メッセージを心がけよう．もっと極論すれば，1 講演，1 メッセージである．

発表

さあ，いよいよ発表である．まずは発表練習を行おう．発表は自身の口で行うことであるので，口の筋肉の事前トレーニングは欠かせない．スポーツに置き換えてみるとよくわかるが，練習をせずに試合に臨むことはありえない．

発表練習

練習は順を追って行うのが良い．慣れないうちは，発表用の原稿を全部書いて暗記しても良いであろう．慣れてきたら，原稿を一字一句ではなく脚本のような形にまとめて話す台本にすることもできるようになる．大きな声でゆっくり，はっきり話す練習をすることが重要である．そして，聴衆のために何ができるかを考えながら行おう．練習の順序はおよそ以下のように行うと良いであろう(図 8.15).

(0) スライドを印刷する

(1) スライドを眺めながら脚本を読む

(2) 次は，スライドの大きな字だけを見ながら脚本を読む

(3) 最後にスライドのヘッドラインだけ見ながら脚本を読む

そして，読むのに全部で何分かかるかを測っておこう．実際には 10%程度の余裕を持たせておくのが望ましい．もう一度繰り返すが，大きな声ではっ

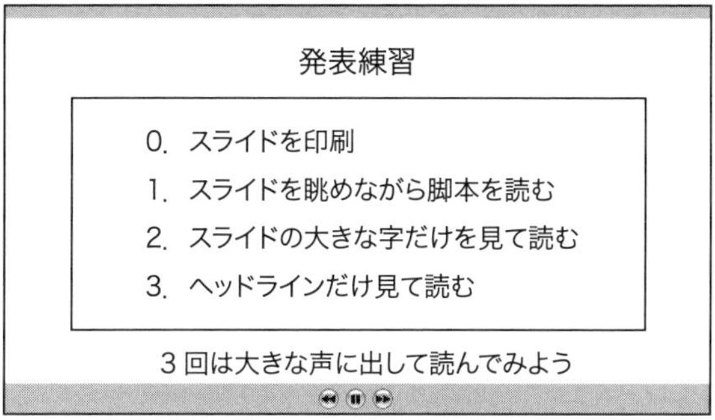

```
                    発表練習

        0.  スライドを印刷
        1.  スライドを眺めながら脚本を読む
        2.  スライドの大きな字だけを見て読む
        3.  ヘッドラインだけ見て読む

        3 回は大きな声に出して読んでみよう
                   ◀ ❚❚ ▶
```

図 **8.15** 発表練習の順序

きり，最低でも 3 回は声に出して読んでみよう．

発表本番

　さて，いよいよ発表本番である．一番大切なことは，「面白そうに話す」ことである．発表者本人が面白いと思って話していない話を聞いて，面白いと感じてもらえるであろうか．自分はこの話がとても面白いと思って話そう．その他，気をつけることとして以下の点を列記する．

- ○ 緊張しても心配しないこと．緊張しても良いのである．十分練習したのだから安心して話そう
- ○ 話したい相手を決めて話すのも一つのコツである
- ○ スクリーンを見ながら話すのではなく，聴衆を見て話そう
- ○ 時々，一呼吸おいて，全体を見渡す間を取ると良い
- ○ 講演は本と異なり一方通行ではないので，会話のつもりで話す
- ○ 聴き手はあなたの話は聞いたことがない，ということを常に念頭に置いて話そう

　十分に練習をして，これらの点を心がけて話せば，きっとメッセージは伝わると信じよう．

質疑応答

　講演の後は質疑応答の時間がやってくる．これも相手の立場に立って考えるのが基本である．以下にいくつかのポイントを記すので，参考にしてもらいたい．

表 8.2　講演で 1 分間に話す分量

言語	講演者	文字数
英語	母国語	120–130 words
	非英語圏で堪能	約 100 words
	非英語圏で不慣れ	約 80 words
日本語	母国語	300–350 文字 (漢字かな混じり文)

○ 質問者の質問を繰り返す「あなたの質問は … ということですね?」

○ 答えを「Yes」「No」のどちらかで言う

○ 答えるときに,理由がいくつあるかを最初に言う

○ 「しかし」は使わないほうが良い

○ 「あなたの質問に私は適切に答えましたか?」と確認する

○ 知らない,分からない場合はそのように言う.「今すぐには答えられませんが,講演の後でお時間をいただけますか?」と誠意をもって答えよう.

　以上のように準備,練習,本番と進めていけば,きっと聴き手が聞いてよかったと思えるプレゼンを行うことができるであろう.大きなプレゼンテーションから,ちょっとしたグループ内での発表まで,是非これまでに述べた原則に則って,時には自分で工夫した変化をつけて,行っていただきたい.

英語による発表

　英語での発表においても,これまでに述べてきた基本的な考え方は何ら変わることはない.いかに組み立て,聴き手の頭の中に目次を作っていき,伝えたいメッセージを落とし込むかは,まったく同じプロセスだからである.論理が上手に組み立てられていれば,多少つたない英語であっても,相手の心にメッセージが伝わるものである.スライドの作り方についても同様である.

　しかし,気をつけなければならないのは,日本人が外国語を同じ速さでは操れないので,内容量は日本語の場合より少な目にすることが求められる.一般に,ネイティブスピーカーが話す速度は 1 分間に約 120–130 words

（1 word = 5 letters で換算）といわれる．これに対して，かなり流暢な非英語圏の人で約 100 words，あまり流暢でない場合には 80 words 程度に設定しておくのが無難である．英語のプレゼンの場合は，必ず原稿を作成し，語数を数えて分量を調節し，練習も多めに行って時間の調整を万全にすることが望ましい．

8.4 ポスター発表

ポスター発表の基本的な考え方

ポスター発表は，アカデミックな学会に参加し始めて間もない若い世代にとって，頻繁に行うことになる発表形式である．比較的似通ったテーマの発表が隣り合うように並べられ，約 1 時間半〜2 時間程度，ポスターの前に立って個別的に聴き手に説明する形式の発表である．発表に対する基本的な考え方は，やはり口頭のプレゼンテーションと同じである（図 8.16）．

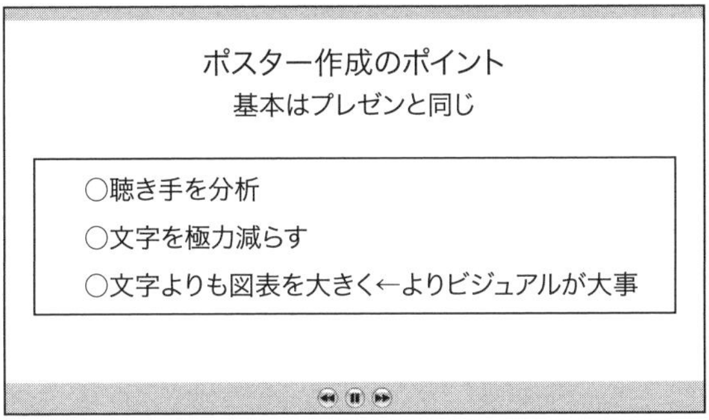

図 **8.16** ポスター作成のポイント

○ 聴き手を分析して，メッセージを伝える
○ 文字を極力減らして，必要最低限のみを載せる一方，ポスターの場合は，口頭発表以上にビジュアルが大事なので，
○ 文字よりも図表を多くするほうがよいという点は心がけたい．

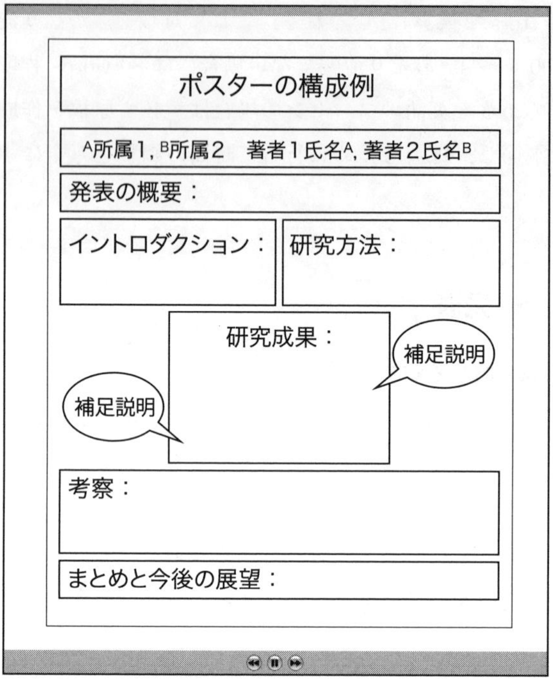

ポスターの構成例

A所属1, B所属2　著者1氏名A, 著者2氏名B

発表の概要：

イントロダクション：　研究方法：

研究成果：

補足説明

補足説明

考察：

まとめと今後の展望：

図 8.17　ポスターの構成例

ポスターの構成

　ポスターの構成は，一種の文書であるだけに，スライドよりは，より論文に近い構成になると考えたほうが良い．記載すべき事項は，論文と同じように

(1) タイトル，発表者
(2) 発表の概要(要旨)
(3) イントロダクション
(4) 本論(研究方法と研究成果)
(5) 考察
(6) まとめと今後の展望

を含むようにするのが良かろう．以前は，A4 のスライド形式で作成し，それを印刷して並べて貼っていたが，最近では，A0 または A1 サイズの 1 枚

ものの紙に，これら事項を構成して埋め込むことが多い．

1枚もののポスターの構成例を図 8.17 に示す．当然配置はこれに限らない．個々のパーツの必要な分量に応じて，また一番注目して欲しい点を中央付近に持ってくるなど，さまざまな工夫が可能である．

ポスター発表の練習

ポスター発表はインタラクティブな発表形式なので，その場で聞かれたことに答えれば良い，と考え原稿の準備も練習もせずに発表に臨むケースも散見される．やはりポスター発表の場合でも，原稿を用意するべきである．

なかでも，概要を簡潔に説明してください，という来訪者は多いので，5–7分くらいにまとめた原稿を作り，やはり3回は（英語の場合はもっと多く）練習しておきたい．このような準備を経てポスター発表に臨めば，来訪者と有意義な議論ができることであろう．

Chapter 9

データ解析の技法

9.1 統計処理の基礎

　物理学的には，世の中に起きるすべての事柄には因果関係があると考えられている．しかし，隕石の落下，放射性元素の崩壊，株価の急落などなど，自然界や現実の社会で起きる現象には，その因果関係が単純自明でないことがたくさんある．これらを偶然に起きる現象と捉えて，偶然の中に法則性を探し出し，それに基づいて現象を説明したり，推測したりするのが統計学であり，その基礎になっているのは確率論である．

　確率論を基礎とする統計学は，現在社会のあらゆる分野で用いられる分野横断型の学問であり，それを理解し，統計処理を行える能力を身につけることは，どんな分野で活躍しようと考えている人にも重要なことである．とくに，「ビッグデータ」と呼ばれる，大量で高品質のデータが利用できるようになった最近では，その重要性はますます増してきている．

9.1.1 母集団と標本

　統計学において「母集団 (population)」と「標本 (sample)」という概念は極めて重要である．統計学の教科書には，しばしば，「ここに与えられた n 個のデータ $\{x_i\} \equiv (x_1, x_2, \cdots, x_n)$ があるとしよう」という表現が登場する[*1]．

[*1] 言うまでもないが，本章で扱うデータは実数に限定されている．

このデータは実際には何らかの実験や社会調査などから得られたものである．このとき，これ以外には我々が使えるデータはないとして，手元にあるこの唯一のデータがどのような性質を持つかをさまざまな指標を使って調査するという考え方を統計的記述の立場（記述統計学）と呼ぶ．それに対して，与えられたデータは，「ある母集団から取り出された一つの標本」と見なして，標本の性質から母集団の性質を推測するという考え方は統計的推測の立場（推測統計学）と呼ばれる．現代の統計学は主に後者の立場でさまざまな理論と手法が展開されている．

推測統計学では，観測，実験，調査などによって我々が手にしたデータは，母集団から無作為に抽出された一つの標本（部分集合）であり，それ以外にも多数の「観測されなかった標本」が存在すると想定する（図 9.1）．母集団は，無限個の要素を含む無限母集団と，有限個の要素からなる有限母集団がある．社会調査で得られるデータは，有限母集団から抽出された一つの標本である．有限母集団の場合には，すべての要素を調べる全数調査が原理的には可能であるが，実際上はほとんど不可能なことが多いので，通常は標本を調べることになる．これに対して，自然科学の実験や観測で得られるデータは，当該測定を無限回繰り返して得られるデータからなる（仮想の）無限母集団から抽出された一つの標本と考えられる．

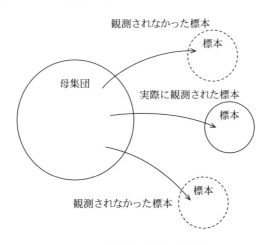

図 **9.1** 母集団と標本の概念図

Chapter 9 データ解析の技法

内閣支持率に関する世論調査は推測統計学の典型的な応用例の一つである．全有権者からなる母集団の支持率を p としよう．この p は母集団比率とよばれる．母集団から任意に 1 人を選んだときに，その人が「支持する」と答える確率が p，「支持しない」と答える確率が $1-p$ である[*2]．この母集団の特性は p と $1-p$ の二項で決まる．このような母集団を二項母集団と呼ぶ．世論調査は無作為抽出された 2000 人程度の有権者を対象に行われることが多い．これは母集団の 0.01％以下であるが，（未知である）真の支持率 p と大きく違わない推定値 p' が得られるように対象人数が決められている．これについては 9.3.3 項で詳しく述べる．

9.1.2　ヒストグラムと特性値

まずはじめに，統計処理で扱うデータの型について述べておこう．データには大きく分けて「カテゴリー型（質的データ）」と「数値型（量的データ）」がある．カテゴリー型には，「商品コード」や「男女の性別」などのような「名義型」と，「成績評価（A+, A, B, C）」などのような「順序型」がある．前者については数学演算としては「一致・不一致」しか適用できないが，後者についてはそれに加えて「大小比較」が可能である（2.1 節参照）．社会調査やデータマイニングなどではカテゴリー型のデータがしばしば登場するが，本節で扱うのは数値型データに限ることにする．数値型には後述するように離散型と連続型がある．

ヒストグラム

ある測定あるいは調査によって n 個のデータ $(x_1, x_2, \cdots, x_n)$ が得られたとしよう．このデータがどのような分布をしているかを調べる第一歩は，$\{x_i\}$ の存在する範囲を均等な K 個の区間（ビン）に分けて，度数分布表として整理することである．j 番目の区間に入る x_i の個数 f_j を度数，$f_j/n\,(j = 1, 2, \cdots, K)$ を相対度数という[*3]．ここで，

[*2]　ここでは便宜上，「どちらとも言えない」は選択肢に入れていない．

[*3]　厳密には度数は $x = x_i$ に対して定義されるが，ここではわかりやすさのためにビン幅に対する度数として定義した．

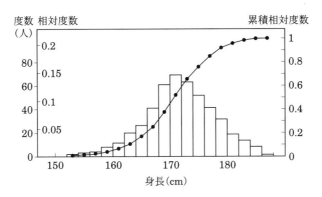

図 **9.2** ある大学のある学部の 1 年生男子 474 人の身長の分布を，ヒストグラム（縦棒；左軸）と累積度数分布（実線；右軸）で表した図．左軸には度数と相対度数の目盛りがついている．ヒストグラムのビンは連続しているので，縦の棒の間に間隔を空けてはいけない．累積度数分布はビン幅の中央の位置に値を示す．

$$\sum_{j=1}^{K} f_j = n, \quad \sum_{j=1}^{K} \frac{f_j}{n} = 1 \tag{9.1}$$

の関係がある．

度数分布 f_k を x の値の小さい方から順次積算した F_j を累積度数，また F_j/n を累積相対度数という．ここで，

$$F_K = n, \quad \frac{F_K}{n} = 1 \tag{9.2}$$

である．

度数分布表を可視化した図をヒストグラムという．図 9.2 にその例が示されている[*4]．ヒストグラムのビン幅（度数分布表のビン幅と同じ）を決める一般原理はなく，目的に応じて適切な値に設定するが，細かすぎると測定誤差の影響が目立つようになり，逆に大きすぎるとデータの分布の細かい情報が失われる（図 9.3）．可能なビン幅の最小値は測定の精度（測定装置の分解能）である．当然のことながら，同じデータであってもビン幅を変えると度数が変わる．

[*4] ヒストグラムの縦軸は「度数」または「相対度数」であるが，度数の場合は，具体例に応じて［人］や［個］などの単位がつけられることが多い．

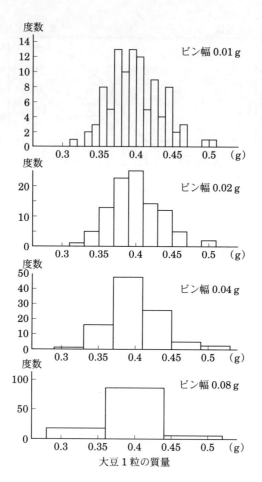

図 **9.3** 大豆 100 粒の質量の分布を異なるビン幅で表したヒストグラム．一番上の図のビン幅は測定器の最小分解能（精度）と同じである．

ヒストグラムと棒グラフは異なるものであることに注意する．棒グラフでは横軸は連続量ではなく，カテゴリーの違いやエントリー項目の違いなどを表すので，縦棒の間に隙間を設けるのが普通である．しかし，ヒストグラムの横軸は連続量であり，それをビンに分けて度数を数えたのであるから，ヒストグラムの縦棒は両隣の縦棒と隙間なく密接していなければならない．

代表値とばらつき

データ$(x_1, x_2, \cdots, x_n)$の特徴を要約して表す数値が「代表値」と「ばらつき」である．最も一般に使われる代表値は平均値（mean）であり，

$$平均値：\quad \overline{x} = \frac{1}{n} \sum_{i=1}^{n} x_i \tag{9.3}$$

で定義される[*5]．分布の様子によっては，平均値に加えて，以下の最頻値（mode）および中央値（median）が有用な場合がある．

最頻値：度数分布で最も高い度数を示す値

中央値：$(x_1, x_2, \cdots, x_n)$ を大きさの順に並べたとき中央に来る値

n が偶数のときには，$(x_{n/2} + x_{n/2+1})/2$ の値

一方，データ $\{x_i\}$ のばらつきは次のような量によって表される．変動 S_x は

$$S_x = \sum_{i=1}^{n} (x_i - \overline{x})^2 = \sum_{i=1}^{n} x_i^2 - n\overline{x}^2 \tag{9.4}$$

で定義される．また，

$$V_x = \frac{S_x}{n-1} = \frac{1}{n-1} \sum_{i=1}^{n} (x_i - \overline{x})^2 \tag{9.5}$$

で定義される $V(x)$ を分散（variance）とよび，

$$\sigma_x = \sqrt{V_x} = \sqrt{\frac{S_x}{n-1}} = \sqrt{\frac{1}{n-1} \sum_{i=1}^{n} (x_i - \overline{x})^2} \tag{9.6}$$

を標準偏差（standard deviation）と呼ぶ．近年は V_x の記号を用いずに，

$$\sigma_x^2 = \frac{S_x}{n-1} \tag{9.7}$$

[*5] より正確に言えばこれは算術平均（相加平均ともいう）である．$\overline{x}$ の代わりに記号 $\langle x \rangle$ や μ を使うこともある．平均値にはこの他に，$\dfrac{1}{\mu_{\mathrm{H}}} = \dfrac{1}{n} \sum_{i} \dfrac{1}{x_i}$ で表される調和平均 μ_{H} や，$\mu_{\mathrm{G}} = \sqrt[n]{x_1 x_2 \cdots x_n}$ で表される幾何平均 μ_{G}（相乗平均ともいう）などもある．単に平均という場合には算術平均を指す．

として，直接 σ_x^2 を分散と定義する場合が多いので，本書も以下ではそれに従う．ここで，V, S, σ などには，わかりきっている場合は添え字 x を省略することがある．また，後述する重回帰分析などで x と y のように二変数を扱う場合，対称性を見やすくするために，$S_{xy} = \sum_{i=1}^{n}(x_i - \overline{x})(y_i - \overline{y})$ の表記に対応して S_x を S_{xx}，S_y を S_{yy} などと表現する場合がある．

　ここで分散 σ_x^2 は，変動 S_x をなぜ n ではなく $n-1$ で割るのだろうか．これは，σ_x^2 の期待値（9.1.5 項参照）を母集団（平均を μ，分散を σ^2 とする）の分散 σ^2 と一致させるためである[*6]．こうする理由は次のように説明される．標本の平均値 $\overline{x}$ がデータ $(x_1, x_2, \cdots, x_n)$ を用いて計算されているので，母集団の平均 μ よりも「データ寄り」にずれるため，変動は母集団の変動より少し小さく計算される．多数の標本に対するこの「ずれ（$= \overline{x} - \mu$）の分散」は σ^2/n である（9.2.3 項に述べる中心極限定理はこのことを示している）．$(x_i - \overline{x})^2$ は，それぞれ σ^2/n 分だけデータ寄りになるため，それらの和である変動はこの n 倍（σ^2）だけ小さく計算される．これは，データの自由度が n から $n-1$ に減少したことに相当するので，n ではなく $n-1$ で割ることで，データから計算される変動が母集団の変動より小さくなる分を補正するのである．

　ばらつきの指標としては，変動，分散，標準偏差の他にも，異なる標本の相対的なばらつきを比較するのに有効な変動係数（$\sigma/\overline{x}$）や，累積度数分布が 25% になる値（第 1 四分位数あるいは 25 パーセンタイル）や 75% になる値（第 3 四分位数あるいは 75 パーセンタイル）なども用いられる．中央値は第 2 四分位数（50 パーセンタイル）である．また，データの分布の非対称性を示す歪度や，分布のとがり具合を示す尖度という指標もある．

　データを特徴付けるこれらの数値を総称して特性値という．特性値は，データの分布の特徴を要約して既述するために使われるもので，多数のデータを見て経験を積めば，いくつかの特性値がわかれば大まかなヒストグラム

────────────

[*6]　期待値が母集団の分散（母分散）と一致するため σ_x^2 は不偏分散と呼ばれる．また，標本データから計算した値であるため標本分散ともいう．ただし，単に分散ということもあるなど「分散」の用語法は必ずしも統一されていないので，定義式（S_x を n で割ったものか $n-1$ で割ったものか）をその都度確認するようにしたい．

の形が想像できるようになる.

9.1.3 相関係数

ここで $\{x_i\}$ と対をなすもう一組のデータ $\{y_i\}$ が得られたとしよう. このとき,

$$S_{xy} = \sum_{i=1}^{n} (x_i - \overline{x})(y_i - \overline{y}) \tag{9.8}$$

を共変動(covariance)といい, 次式で表される r を相関係数(correlation coefficient)と呼ぶ.

$$r = \frac{S_{xy}}{\sqrt{S_x}\sqrt{S_y}} \tag{9.9}$$

相関係数 r は定義より

$$-1 \leqq r \leqq 1 \tag{9.10}$$

である. このことは二つの n 次元ベクトル $\boldsymbol{x} = (x_1 - \overline{x}, x_2 - \overline{x}, \cdots, x_n - \overline{x})$ と $\boldsymbol{y} = (y_1 - \overline{y}, y_2 - \overline{y}, \cdots, y_n - \overline{y})$ を考えるとよく理解できる. ここで $\boldsymbol{x}$ と $\boldsymbol{y}$ の内積は

$$\boldsymbol{x} \cdot \boldsymbol{y} = (x_1 - \overline{x})(y_1 - \overline{y}) + (x_2 - \overline{x})(y_2 - \overline{y}) + \cdots + (x_n - \overline{x})(y_n - \overline{y}) = S_{xy} \tag{9.11}$$

であり, 絶対値は $|\boldsymbol{x}| = \sqrt{S_x}$, $|\boldsymbol{y}| = \sqrt{S_y}$ であることに注意すると,

$$\boldsymbol{x} \cdot \boldsymbol{y} = S_{xy} = |\boldsymbol{x}||\boldsymbol{y}| \cos\theta = \sqrt{S_x}\sqrt{S_y} \cos\theta \tag{9.12}$$

であるので,

$$r = \frac{S_{xy}}{\sqrt{S_x}\sqrt{S_y}} = \cos\theta \tag{9.13}$$

であることがわかる. ベクトル x, y の両者が同一方向なら 1, 反対方向なら -1, 直交する場合は 0 である. このように, 相関係数 r は二つのデータが得られたとき, 両者の「直線関係」の強さを示す指標である.

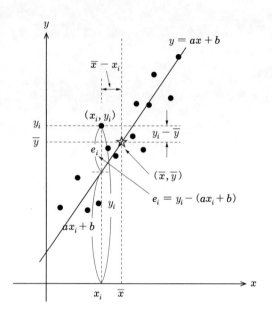

図 **9.4** 最小自乗法の解説図. n 対の 2 変数データ (x_i, y_i) $(i = 1, 2, \cdots, n)$, 回帰直線 $y = f(x) = ax + b$, 残差 $e_i = y_i - (ax_i + b)$.

9.1.4 最小自乗法と回帰直線

　測定から得られた一対のデータ $\{(x_i, y_i), i = 1, 2, \cdots, n\}$ に対して，y_i を x_i の何らかの関数で表す (y を x を含む数式モデル $y = f(x)$ で表す) ことを考える．この場合には $\{y_i\}$ を目的変数，$\{x_i\}$ を説明変数という．一般に，モデルの関数にはパラメータが含まれている．モデルが測定値を良く近似するようにパラメータを決める方法の代表的なものが最小自乗法 (least squares method)[*7] である．残差 (関数の予測値と測定値の差) の 2 乗和を最小にするように関数のパラメータを決めることから，この名前がつけられた．測定値の誤差がどれも同じ正規分布 (9.2.3 項参照) に従う場合には，最小自乗法で決めたパラメータが，最も起こりやすいという意味で最良推定値[*8] になることが知られている．

　ここでは，仮定する $f(x)$ が最も簡単な 1 次式の場合について最小自乗法

[*7] 最小二乗法と表記することもある．
[*8] 最尤法による最尤推定値である (3.5.2 項参照)．

を図 9.4 を用いて解説する．この場合に最小自乗法で決まる 1 次式を回帰直線と呼ぶ．求める回帰直線を，

$$y = f(x) = ax + b \tag{9.14}$$

とすると，残差 $e_i = y_i - (ax_i + b)$ の 2 乗和は次のように書ける．以下この項では $\sum\limits_{i=1}^{n}$ を簡単のため $\sum$ と省略する．

$$Q \equiv \sum_{i=1}^{n} e_i^2 = \sum \{y_i - (ax_i + b)\}^2 \tag{9.15}$$

この $Q = Q(a, b)$ を最小にする値 $a = \hat{a}$, $b = \hat{b}$ を求める条件は，

$$\frac{\partial Q}{\partial a} = -2 \sum x_i \{y_i - (ax_i + b)\} = 0 \tag{9.16}$$

$$\frac{\partial Q}{\partial b} = -2 \sum \{y_i - (ax_i + b)\} = 0 \tag{9.17}$$

である．まず，(9.17)式において，$\sum x_i = n\overline{x}$, $\sum y_i = n\overline{y}$ であることに注意すると，

$$\overline{y} = \hat{a}\overline{x} + \hat{b} \tag{9.18}$$

が導かれる．すなわち，回帰直線は両変数データの平均値を座標とする点 $(\overline{x}, \overline{y})$ を必ず通ることがわかる．具体的な $\hat{a}$, $\hat{b}$ の数値は，(9.16), (9.17)式を a, b に関する連立方程式の形，

$$
\begin{aligned}
\left(\sum x_i^2\right)\hat{a} + \left(\sum x_i\right)\hat{b} &= \sum x_i y_i \\
\left(\sum x_i\right)\hat{a} + n\hat{b} &= \sum y_i
\end{aligned} \tag{9.19}
$$

に整理して解けば，

$$\hat{a} = \frac{\sum x_i y_i - n\overline{x}\,\overline{y}}{\sum x_i^2 - n\overline{x}^2} = \frac{S_{xy}}{S_x} \tag{9.20}$$

$$\hat{b} = \frac{\overline{y}\sum x_i^2 - \overline{x}\sum x_i y_i}{\sum x_i^2 - n\overline{x}^2} \tag{9.21}$$

が得られる．この $\hat{a}$, $\hat{b}$ の値を (9.18)式に入れれば回帰直線が求まる．また回帰直線は $(\overline{x}, \overline{y})$ を通ることから，

$$y = \frac{S_{xy}}{S_x}(x - \overline{x}) + \overline{y} = \hat{a}(x - \overline{x}) + \overline{y} \tag{9.22}$$

とも書ける.ちなみに,(9.18)式があるので,以下に示すように残差の和は必ず 0 になる.

$$\sum e_i = \sum \{y_i - (\hat{a}x_i + \hat{b})\} = n\overline{y} - \hat{a}n\overline{x} - n\hat{b} = n(\overline{y} - \hat{a}\overline{x} - \hat{b}) = 0 \tag{9.23}$$

ここに述べた最小自乗法は,測定値 y_i に誤差がない,あるいは誤差はあるがそれがすべての $y_i\,(i = 1, 2, \cdots, n)$ について同じ分散をもつ正規分布に従う場合の例である.それぞれの y_i に対する誤差が,異なる分散 σ_i^2 を持つ正規分布に従う場合には,誤差が大きい値よりも小さい値の方が信頼度が高いので,誤差の影響を考慮して,(9.15)式の代わりに,誤差の分散の逆数で重みをつけた

$$Q \equiv \sum_{i=1}^{n} \frac{e_i^2}{\sigma_i^2} = \sum \frac{\{y_i - (ax_i + b)\}^2}{\sigma_i^2} \tag{9.24}$$

を最小にする値 $\hat{a}, \hat{b}$ を求める.

最近ではデータを入力すれば自動的に最小自乗法の計算を行ってくれる統計処理ソフトが多数ある.しかし,どのような計算がそこで行われているのか原理を理解しておくことはとても重要である.原理を理解しないで,統計処理ソフトの結果の意味するところを誤解してしまうと,とんでもない判断をする危険がある.

9.1.5 確率変数と確率分布

数学などで扱う通常の変数は,設定された条件のなかでどんな値を取ることもできる.したがって,その変数にいろいろな値を設定することができる[*9].一方で,任意の値を設定することはできず,そのとる値がある確率的な規則に従っている変数を確率変数(random variable)という.確率変数の値 x とそれが実現する確率の対応関係を確率分布と呼ぶ.以下に述べるように,離散的確率変数の確率分布は確率関数で表されるが,連続的確率変数の確率分布は確率密度関数で表される.

[*9] 関数により一意に決まる場合も含める.

離散的確率変数と連続的確率変数

例えば,サイコロを1回投げて出る目の数を変数 x とすると,x は1から6までの整数であることは決まっているが,x の値は前もって知ることはできない.すなわち x は確率変数である.ちなみに,統計学ではサイコロを投げるなどして確率現象を実験することを試行(trial)といい,試行の結果起こる事柄を事象(event)という.正常なサイコロだと1回の試行でそれぞれの目の出る確率は等しく 1/6 である.このときの確率関数 $p(x)$ は次のようになる.

$$p(x) = \frac{1}{6} \quad (x = 1, 2, \cdots, 6) \tag{9.25}$$

これを図示すると図 9.5(左)のようになる.

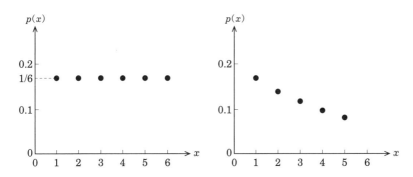

図 **9.5** (左)サイコロを1回投げたとき出る目の数の確率分布.(右)サイコロを x 回投げて最初に1が出る確率($x > 5$ は省略).

今度は,同じサイコロを何回か投げて x 回目にはじめて1の目が出る確率を考えよう.各試行において1の目が出る確率は 1/6,それ以外の目が出る確率は 5/6 である.ちなみに,このように,どの試行においてもある事象の起こる確率は同じで,どの試行も次の試行に影響を与えない(各試行は独立である)ような試行をベルヌーイ試行と呼ぶ.x 回目にはじめて1の目が出る確率 $p(x)$ は

$$p(x) = \left(\frac{5}{6}\right)^{x-1} \frac{1}{6} \quad (x = 1, 2, \cdots \infty) \tag{9.26}$$

となる.このときの $p(x)$ を図示すると図 9.5(右)のようになる.これを一般

化して，ある事象が生起する確率を p として，x 回目にはじめてこの事象が生起する確率 $p(x)$ は，

$$p(x) = (1-p)^{x-1} p \quad (x = 1, 2, \cdots \infty) \tag{9.27}$$

となる．この確率分布は幾何分布と呼ばれる．

これまでに述べた確率分布では，確率変数のとる値がとびとびの（離散的な）値であった．このような確率分布を離散分布という．離散分布の確率関数 $p(x)$ は次の性質を持っている．

$$0 \leqq p(x), \qquad \sum_x p(x) = 1 \tag{9.28}$$

左の式は，確率に負の値はないことを示している．右の式の和 $\left(\sum_x\right)$ は，x のとりうる（離散的な）値のすべてについて和をとることを意味しており，起こりうるすべての事象の確率を足し合わせると 1 になるという当然の事実を示している．このことは，幾何分布の場合は，公比 $(1-p)$ の等比級数の公式から，

$$\sum_{x=1}^{\infty} (1-p)^{x-1} p = p\{1 + (1-p) + (1-p)^2 + \cdots\} = p\frac{1}{1-(1-p)} = 1 \tag{9.29}$$

のように証明できる

次に，ある集団の身長 x の分布を考えよう．図 9.2 に示したヒストグラムはその一例であった．身長 x は飛び飛びの値ではなく連続した値をとる．図 9.2 のヒストグラムは，連続した値をビンに分けて度数分布にした結果を表示したものである．連続分布では，変数 x がある特定の値をとる確率といっても，無数にある連続的な値のうちの一つになる確率ではあまり意味がない．そこで，連続分布で確率を表す場合には，確率変数がある区間 $a \leqq x \leqq b$ にある確率 $\mathrm{Prob}\{a \leqq x \leqq b\}$ を考える．この確率が，

$$\mathrm{Prob}\{a \leqq x \leqq b\} = \int_a^b f(x)dx \tag{9.30}$$

のように積分形で書けるとき，$f(x)$ のことを確率密度関数という（図 9.6）．本節では暗黙のうちに $f(x)$ の定義域を $-\infty < x < \infty$ と仮定して記述する．

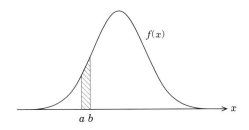

図 9.6 確率密度関数. 確率変数 x が a と b の間の値をとる確率は斜線部の面積に等しい.

定義域が有限の範囲である確率密度関数も存在するが,その場合は積分の範囲を定義域に限定することになる.

一方,$f(x)$ を $-\infty$ から x まで積分した関数

$$F(x) = \int_{-\infty}^{x} f(x)dx \tag{9.31}$$

は累積分布関数とよばれる[*10]. 確率密度関数と累積分布関数が満たすべき,離散分布の (9.28) 式に対応する条件式は

$$\begin{aligned} & 0 \leqq F(x) \leqq 1, \quad 0 \leqq f(x) \\ & F(\infty) = 1, \quad \int_{-\infty}^{\infty} f(x)dx = 1 \end{aligned} \tag{9.32}$$

である.

確率(密度)関数の平均と分散

確率(密度)関数の平均 μ と分散 σ^2 は次のように定義される. 以下の式で,左は離散分布,右は連続分布に対するものである.

$$\mu = \sum_{x} x \cdot p(x), \quad \mu = \int_{-\infty}^{\infty} x \cdot f(x)dx \tag{9.33}$$

$$\sigma^2 = \sum_{x} (x-\mu)^2 p(x), \quad \sigma^2 = \int_{-\infty}^{\infty} (x-\mu)^2 f(x)dx \tag{9.34}$$

確率変数の期待値とは,その変数 x に実現確率の重みをかけて平均した値

[*10] 図 9.2 のデータを確率分布 $f(x)$ の一つの実現値とすれば,累積度数分布はそれに対応する $F(x)$ の実現値である.

で，(9.33)式の μ に対応し，$E(x)$ あるいは $E[x]$ と書かれる．例えばサイコロ 1 個を振って出る目の値を x とすると，その期待値 $E(x)$ は，

$$E(x) = 1 \times (1/6) + 2 \times (1/6) + \cdots + 6 \times (1/6) = 3.5 \qquad (9.35)$$

となる．式 (9.3) の標本平均 $\overline{x}$ は $p(x) = 1/n$ としたときの $E(x)$ である．

確率変数 x の任意関数 $\varphi(x)$ についても，

$$E(\varphi(x)) = \sum_x \varphi(x)p(x), \quad E(\varphi(x)) = \int_{-\infty}^{\infty} \varphi(x)f(x)dx \qquad (9.36)$$

のように期待値が定義できる．とくに，$\varphi(x) = x$, $\varphi(x) = (x-\mu)^2$ とすれば，(9.33)，(9.34)式からわかるように

$$E(x) = \mu, \quad E((x-\mu)^2) = \sigma^2 \qquad (9.37)$$

となる．

ここで，x, y を互いに独立な確率変数とすると，

$$E(ax + by) = aE(x) + bE(y), \quad E(xy) = E(x)E(y) \qquad (9.38)$$

の関係がある．また，分散については，

$$\sigma^2(x) = E((x-\mu)^2) = E(x^2) - \mu^2 \qquad (9.39)$$

$$\sigma^2(ax + by) = a^2\sigma^2(x) + b^2\sigma^2(y), \quad \sigma^2(ax) = a^2\sigma^2(x) \qquad (9.40)$$

の関係がある．

9.2 おもな確率分布

9.2.1 二項分布 (Binomial distribution)

1 回の試行で，ある事象 A が起きる確率を p とすると，それと排反する事象 $\overline{A}$ が起きる確率は $1-p$ である．このような試行を独立に n 回繰り返したとき，A が k 回起きる（すなわち $\overline{A}$ が $(n-k)$ 回起きる）確率，

$$p(k) = {}_n\mathrm{C}_k(1-p)^{n-k}p^k \quad (k = 0, 1, 2, \cdots, n) \qquad (9.41)$$

が二項分布である．ここで，${}_n\mathrm{C}_k$ は n 回から k 回を選び出す「場合の数」で，

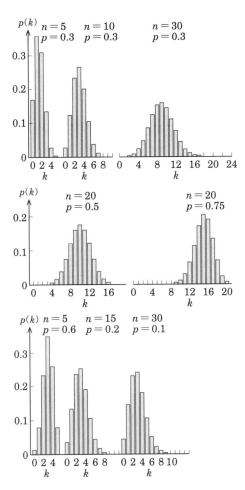

図 **9.7** 二項分布の確率分布．上段は $p = $ 一定 として n を変化させた場合，中段は $n = $ 一定 として p を変化させた場合，下段は n と p の両方を変化させた場合である（S. Brandt 1976 のものを改変）．

$$\begin{aligned}
{}_n\mathrm{C}_k &= \frac{n \times (n-1) \times \cdots \times (n-k+1)}{k \times (k-1) \times \cdots \times 1} \\
&= \frac{n!}{k!(n-k)!}
\end{aligned} \tag{9.42}$$

である．

二項分布は離散確率分布であり，$B(n,p)$ と表記される．$k = 0$ から $k = n$

までの確率を合計すればすべての場合に相当するので,

$$\sum_{k=0}^{n} p(k) = 1 \tag{9.43}$$

である.

二項分布の平均と分散は,

$$E(k) = np, \quad \sigma^2(k) = np(1-p) \tag{9.44}$$

である.図 9.7 に二項分布の例を示す.

二項分布は n が十分大きく,かつ np および $np(1-p)$ も十分大きいときには,9.2.3 項に述べる正規分布(平均 np,分散 $np(1-p)$)で近似できる.

9.2.2 ポアソン分布 (Poisson distribution)

ポアソン分布は,交通事故の発生,放射性元素の崩壊,ある天体から単位時間に単位面積に入射する光子の数,などなどまれにしか起きない事象を表現する確率分布として広く用いられる.

図 9.7 の下段をみると,$np =$ 一定 としたまま n を大きくすると,二項分布はある特定の形に近づくように見える.実際,$np = \lambda$ として,$n \to \infty$ の極限では,二項分布は,

$$f(k) = \frac{\lambda^k e^{-\lambda}}{k!} \quad (k = 0, 1, 2, \cdots) \tag{9.45}$$

となる.これをポアソン分布とよぶ.すなわちポアソン分布は,p がきわめて小さくかつ,n が大きくなるときに $np \to \lambda$(>0 の定数)となる場合の二項分布の近似となっているのである.

たとえば,ある警察署の管内で,一日平均 3 件の交通事故が起きるとする($\lambda = 3$).しかし,特定の日を取ってみれば,事故が 1 件も起きない日($k = 0$)もあれば 5 件起きる日($k = 5$)もあるだろう.事故が k 件起きる日がどれくらいの確率で存在するかを示すのが,$\lambda = 3$ に対するポアソン分布の $f(k)$ なのである.

ポアソン分布も離散確率分布であり,k が 0 以上の整数に対してのみ値が定義される.図 9.8 に,いくつかの λ の値に対する $f(k)$ が示されている.与

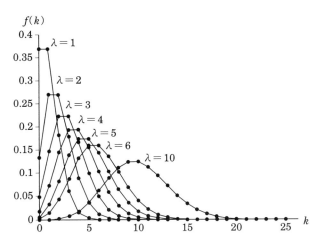

図 9.8 ポアソン分布の確率分布．実線で結んであるのは見やすくするためで，値は k が 0 以上の整数に対してのみ定義される．

えられた λ を持つ事象に対して，どんな k でもよいからそれらすべてを観測する全確率は

$$\sum_{k=0}^{\infty} f(k) = 1 \tag{9.46}$$

である．ポアソン分布の平均と分散は，

$$E(k) = \lambda, \quad \sigma^2(k) = \lambda \tag{9.47}$$

である．また，最頻値は λ 以下の最大の整数である．

図 9.8 からわかるように，ポアソン分布は λ が大きくなるほど対称性がよくなる．実際，λ が十分大きい ($\lambda \gg 10$) ならば，9.2.3 項に述べる正規分布がポアソン分布の良い近似となる．

9.2.3 正規分布 (Normal distribution)

図 9.2 に示した身長の分布や図 9.3 の大豆 1 粒の質量，あるいは多くの人が受験する試験の得点分布など，社会統計量や自然現象には，平均値のまわりに多く集まり，平均値から外れるほど頻度が少なくなるような形の分布をするものがたくさんある．このような分布を表現する正規分布（ガウス分

布ともいう）は，最も基礎的な確率分布（連続分布）でさまざまなところで広く用いられている．

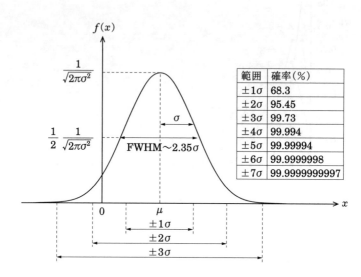

図 **9.9** 正規分布の確率密度関数．表は $\pm n\sigma$ の範囲に入る確率である．

正規分布は次の確率密度関数で定義される．

$$f(x) = \frac{1}{\sqrt{2\pi\sigma^2}} e^{-(x-\mu)^2/2\sigma^2} \tag{9.48}$$

ここで π は円周率（$= 3.141592\cdots$）である．図 9.9 にこの $f(x)$ を示す．正規分布は平均 μ と分散 σ^2 の二つのパラメータで特徴づけられ，$N(\mu, \sigma^2)$ という記号で表されることが多い．当然のことながら，

$$\int_{-\infty}^{\infty} f(x)dx = \int_{-\infty}^{\infty} \frac{1}{\sqrt{2\pi\sigma^2}} e^{-(x-\mu)^2/2\sigma^2} dx = 1 \tag{9.49}$$

である．正規分布で $\mu - n\sigma \leqq x \leqq \mu + n\sigma$ $(n = 1, 2, \cdots)$ の範囲（それぞれ $\pm 1\sigma, \pm 2\sigma, \cdots$ の範囲などと呼ぶ）に x が入る確率はいろいろな応用場面で重要になるので，図 9.9 にそれを示した．例えばある事象や仮説の有意性を調べる場合に，正規分布の仮定の下で，社会学的調査では確率 95%（$\pm 1.96\sigma$ 以内であるかどうか）を判断基準（有意水準）にする場合が多いが（9.3 節参照），物理学や天文学の信号検出の基準としては，$\pm 3\sigma$ や $\pm 5\sigma$，場合によってはそ

れ以上の厳しい基準が用いられることが多い．

正規分布の拡がりを表す量として，σ以外に，半値全幅(FWHM)[*11] もさまざまな応用の場で広く用いられている．これは図 9.9 に示すように，正規分布のピーク値の 1/2 の値における分布の幅で，FWHM $\sim 2.35\sigma$ の関係がある．

式 (9.48) と図 9.9 からわかるように，正規分布は，平均値 $x = \mu$ で最大値を取り，また $x = \mu$ に対して左右対称である．正規分布では，平均値，最頻値，中央値はすべて同じ値となる．分散 σ^2 が大きいと分布の巾が広くて低い山になり，小さいと幅が狭くて高い山になる (図 9.10)．

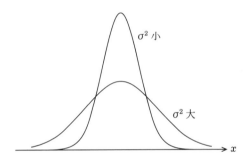

図 **9.10** 分散 σ^2 の値の異なる二つの正規分布

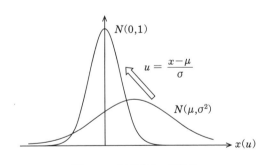

図 **9.11** 正規分布の標準化

平均 $\mu = 0$, 分散 $\sigma^2 = 1$ の正規分布 $N(0,1)$ を標準正規分布と呼ぶ．任意の正規分布 $N(\mu, \sigma^2)$ に従う確率変数 x は，

[*11] Full Width at Half Maximum の頭文字を取った略語．

$$u = \frac{x-\mu}{\sigma} \tag{9.50}$$

によって u に変数変換すると，u は標準正規分布に従う．この手続きを正規分布の標準化という（図 9.11）．標準正規分布に関する数値を表にした標準正規分布表を付録 1 に掲げる．

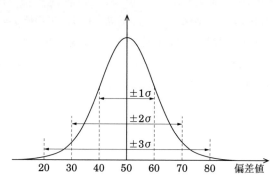

図 **9.12** 偏差値の分布

多数の人が受験する試験の成績の分布は，多くの場合正規分布で良く近似できることが知られている．このことを利用して，受験した集団のなかでの相対的な順位を示す目安として偏差値がよく使われている．偏差値は，平均値 50 点，標準偏差 10 点（分散 100 点）の正規分布 $N(50, 10^2)$ における変数（得点）の値である．すなわち，得点分布の平均点を μ, 標準偏差を σ とすると，x 点の偏差値は

$$偏差値 = 50 + 10 \times \frac{x-\mu}{\sigma} \tag{9.51}$$

となる[*12]．偏差値に対応する上（下）からの位置づけ（割合）を図 9.13 に

偏差値	割合	偏差値
50	50%	50
51	46%	49
52	42%	48
53	38%	47
54	34%	46
55	31%	45
56	27%	44
57	24%	43
58	21%	42
59	18%	41
60	16%	40
62	12%	38
64	8.1%	36
66	5.5%	34
68	3.6%	32
70	2.3%	30
75	0.62%	25
80	0.13%	20

図 **9.13** 偏差値に対応する上（下）からの位置づけ（$Q(u)$ で表す面積の全面積に対する割合）

示す．これから例えば，偏差値 60 の人は上から 16%の位置にあり，偏差値 45 の人は下から 31%の位置にいることがわかる．

正規分布が関わる重要な事柄に「大数の法則」[*13] と「中心極限定理」がある．大数の法則は，ある母集団（平均値 μ）から無作為に抽出された標本 $(x_1, x_2, \cdots, x_n)$ の平均値 $\bar{x} = \sum x_i/n$ は，n が無限に大きくなれば μ に限りなく近づくということを述べたものである．母集団についてはその平均値（期待値）が定義できること以外には何の制限もない．

サイコロを振る試行の場合を考えよう．サイコロを振って 1 の目が出る理論確率は 1/6 である．しかし，実際に 6 回振って 1 回だけ 1 の目が出ることはまれである．N 回振って 1 の目が出る回数を $n(1)$ とすると，N を限りなく大きくして行くと $n(1)/N$ は限りなく 1/6 に近づくというのがこの場合の大数の法則である．このことから，確率論における大数の法則は，「多数回の試行をすれば経験確率は理論確率に近づく」とも表現される．

中心極限定理は次のように言い表される．ある母集団（平均値 μ，分散 σ^2）から無作為に抽出された標本 $(x_1, x_2, \cdots, x_n)$ の平均値を $\bar{x} = \sum x_i/n$ とする．何度も同じように標本を取り出して多数の $\bar{x}$ が求められたとすると，その分布は，平均値 μ，分散 σ^2/n の正規分布 $N(\mu, \sigma^2/n)$ にしたがう．平均と分散が定義できるなら，母集団の分布がどんな分布であろうと，$\bar{x}$ は母集団の（しばしば未知の）平均 μ の周りに正規分布し，その分散は母集団の分散の $1/n$（標準偏差は $1/\sqrt{n}$）となるのである（図 9.14）．

このことは，第 2 章図 2.7 で，200 発の弾痕のばらつき（$\sigma = 0.8$）より 20 発ごとの弾痕の平均位置のばらつき（$\sigma \sim 0.8/\sqrt{20}$）のほうが小さくなっていることに示されている．このために，n 個の測定値（平均値 $\bar{x}$，標準偏差 σ_x）をもとにその最良推定値として平均値を用いる場合，不確かさを $\pm\sigma_x$ ではなく $\pm\sigma_x/\sqrt{n}$ とするのが適切なのである．実験で同じ量を測定するとき，たくさんの測定値を取れば取るほど（n が大きいほど），その平均値は真の値に近くなることが期待される．ただし，それは系統誤差が無視できる場合に限

[*12] （258 ページ）偏差値は試験の成績だけに用いられるものではなく，標本中のデータを大きさの順に並べたとき，あるデータが標本の中でどの位置にあるかを示す一般的な指標である．

[*13] 「たいすうのほうそく」と読む．

られていることに注意が必要である．

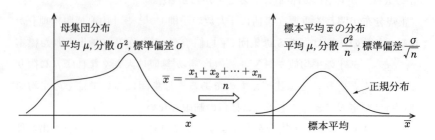

図 9.14 中心極限定理のイメージ図

大数の法則は標本の平均値が母集団の平均値にどれくらい近くなれるかを述べたものであるのに対して，中心極限定理は，標本の平均値が母集団の平均値のまわりにどのように分布するかを述べた定理である．

9.2.4 カイ二乗 (χ^2) 分布 (Chi-squared distribution)

さまざまな応用において，統計結果の信頼度を表現するときに重要な役割を果たすのがカイ二乗分布である．自由度 ν のカイ二乗分布 (χ^2 分布) の確率密度関数は，

$$f(\chi^2; \nu) = \frac{1}{\Gamma(\nu/2) 2^{\nu/2}} (\chi^2)^{\nu/2-1} e^{-\chi^2/2} \tag{9.52}$$

のように表される[*14]．ここで Γ はガンマ関数

$$\Gamma(x) = \int_0^\infty t^{x-1} e^{-t} dt \quad (x > 0) \tag{9.53}$$

である．図 9.15 に $f(\chi^2; \nu)$ を示す．

正規分布からのサンプリングによって，χ^2 分布に従う確率変数を作り出すことができる．x_i を，平均値 μ_i，分散 σ_i^2 の正規分布に従う確率変数とする．そのような確率変数を独立に n 個取り出したとき，次式の統計量

$$\chi^2 = \sum_{i=1}^n \left(\frac{x_i - \mu_i}{\sigma_i} \right)^2 \tag{9.54}$$

[*14] χ^2 という記号は二乗の和であることを示すために指数 2 が肩についているが，1 個の通常の変数と同じである．

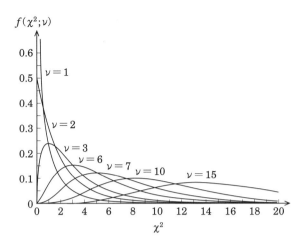

図 **9.15** 自由度 ν のカイ二乗分布の確率密度関数 $f(\chi^2;\nu)$ (S. Brandt 1976 のものを改変)

は自由度 n の χ^2 分布に従う．右辺の括弧の中は，標準正規分布に従う確率変数となっている．

カイ二乗分布の期待値（平均値）と分散は，

$$E(\chi^2) = \nu, \qquad \sigma^2(\chi^2) = 2\nu \tag{9.55}$$

となる．図 9.15 からわかるように，自由度が 3 またはそれ以上のときには，カイ二乗分布は特徴的な非対称の分布になるが，自由度が増えるほど対称性が増してくる．また，カイ 2 乗分布の累積分布関数は

$$F(\chi^2;\nu) = \frac{1}{\Gamma(\nu/2)2^{\nu/2}} \int_0^{\chi^2} u^{\nu/2-1} e^{-u/2} du \tag{9.56}$$

となる．図 9.16 にこれを示す．

カイ二乗分布は統計結果の信頼度を検定するときに広く用いられている．χ^2 の値が小さいほど結果の信頼度が高いと考えられる．累積分布関数 $F(\chi^2;\nu) = P(\chi^2 < \chi^2)$ は，確率変数 χ^2 が与えられた値 χ^2 以下になる確率を表すもので，$W = 1 - F(\chi^2;\nu)$ が信頼度を示す量として用いられる（9.3 節参照）．

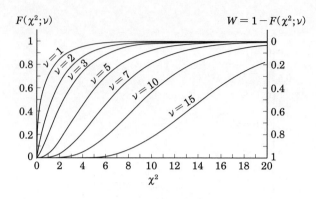

図 9.16　カイ二乗分布の累積密度関数(S. Brandt 1976 のものを改変)

9.2.5　F 分布(F-distribution) と t 分布(t-distribution)

最後に，分散の検定と平均値の検定を行う場合に用いられる F 分布と t 分布を挙げておく．

確率変数 x_1, x_2 を，それぞれ自由度 k_1 と k_2 のカイ 2 乗分布に従う独立な変数とする．このとき，x_1 と x_2 から作られる統計量，

$$F = \frac{x_1/k_1}{x_2/k_2} \tag{9.57}$$

が従う確率密度関数を自由度 k_1, k_2 の F 分布という．

F 分布の確率密度関数は，

$$f(F) = \left(\frac{k_1}{k_2}\right)^{k_1/2} \frac{\Gamma((k_1+k_2)/2)}{\Gamma(k_1/2)\Gamma(k_2/2)} F^{(k_1/2)-1} \left(1 + \frac{k_1}{k_2}F\right)^{-(k_1+k_2)/2} \tag{9.58}$$

のように表される．ここで Γ はガンマ関数である．

いくつかの k_1, k_2 に対してこれを図 9.17 に示す．F 分布はカイ二乗分布に似ていて F の正の値に対してのみ 0 でない値をとる．F 分布は，等しい平均値をもつ二つの正規母集団[*15] の分散が等しいかどうかを検定する F 検定に用いられる．

次に，平均値 μ，分散 σ^2 の正規分布 $N(\mu, \sigma^2)$ に従う独立な確率変数 n 個からなるサンプル $(x_1, x_2, \cdots, x_n)$ を考える．このとき，標本平均を

[*15]　確率分布が正規分布である母集団のこと．

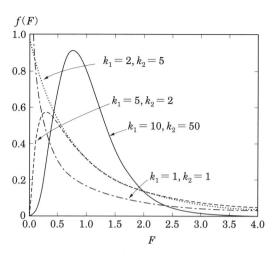

図 **9.17** F 分布の確率密度関数の例

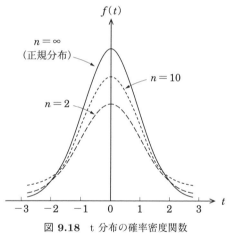

図 **9.18** t 分布の確率密度関数

$\overline{x} = \sum x_i/n$, 不偏分散を $\sigma_x^2 = \dfrac{1}{n-1}\sum(x_i - \overline{x})^2$ としたとき,

$$t = \frac{\overline{x} - \mu}{(\sigma_x/\sqrt{n})} \qquad (9.59)$$

の従う分布 $f(t)$ を自由度 $(n-1)$ の t 分布という[*16].

[*16] この論文を発表した著者がスチューデントというペンネームを使っていたため,しばしばスチューデントの t 分布と呼ばれる.

t 分布の確率密度関数は，$n-1=\nu$ とおいて，

$$f(t) = \frac{\Gamma((\nu+1)/2)}{\sqrt{\pi\nu}\Gamma(\nu/2)}\left(1+\frac{t^2}{\nu}\right)^{-(\nu+1)/2} \tag{9.60}$$

のように表される．ここで Γ はガンマ関数である．t 分布は n が大きくなるにつれて標準正規分布 $N(0,1^2)$ に近づき，$n\to\infty$ の極限では一致する．t 分布は，二つの標本の平均値から，それらが抽出された正規母集団の平均値は等しいかどうかを検定するなど，平均値に関する t 検定に用いられる．

9.3 検定と推定

統計学において「検定」と「推定」という言葉は特別の意味で使われる．あらかじめ母集団の性質と母数（平均や分散など母集団の分布を特徴づける量）の値を仮定して，現実に観測されたデータが果たしてこの母集団から抽出された標本と見なせるかどうかを推論するのが検定（仮説検定）である．一方，現実の標本から，母集団の未知の母数に対して，その値や値の範囲を推定できるような信頼のおける命題を立てるのが推定である．

9.3.1 仮説検定

仮説検定は次のような手順で行われるのが普通である．

(1) 問題を設定し仮説を立てる．

自然科学であれ，社会科学であれ，収集したデータに基づいてある命題（事実）を実証するには，まず証明したい問題を明確に設定し，それを仮説（理論モデルの予想）として提起する必要がある．この問題では平均値の違いを見たいのか，分散の違いを見たいのかなど，問題によって検定に使う統計量が異なることに注意する．

この証明したいと考える命題を対立仮説（あるいは作業仮説）といい，H_1 で表す．ここで，H は仮説に対する英語 hypothesis の頭文字である．たとえば，「新たに開発したがんの治療薬 A が，がんの治療に有効である」，「この試

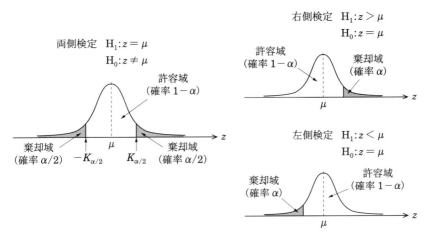

図 9.19 検定の種類と棄却域

験の成績は都市部の学校と農村部の学校で差がある」，等々である．仮説検定では，証明したい命題（対立仮説）を否定する命題を仮説 H_0 として立てて，H_0 を否定することによって H_1 を証明するという論法を取る．このように，H_0 が棄却されてはじめて，目的とする作業仮説（対立仮説）が証明されるので，もともと「無に帰する」ことを意図して作られる仮説ということで，H_0 は「帰無仮説」と呼ばれる．

上記の例では対立仮説と帰無仮説は次のようになる．

$$H_1（対立仮説）：治療薬 A はがんの治療に効果がある \\ H_0（帰無仮説）：治療薬 A はがんの治療に効果がない \tag{9.61}$$

$$H_1（対立仮説）：この試験の成績は都市部の学校と農村部の学校で差がある \\ H_0（帰無仮説）：この試験の成績は都市部の学校と農村部の学校で差がない \tag{9.62}$$

(2) 仮説を証明するのに有効なデータを収集する．

どのような対象に対してどのような手法でどれくらいのデータを集めれば良いか，仮説検定の理論を参考にしてデータ収集の計画を定めて実行する．

(3) 検定に用いる統計量の確率分布を調べ，有意水準を設定する.

検定に用いる検定統計量 z が帰無仮説 H_0 のもとでどのような確率分布に従うか調べる. それは母集団の性質と用いる検定統計量 z の種類によって異なる. その分布において，z がどんな範囲に入ったときに帰無仮説を棄却するかをあらかじめ設定しておく. この範囲を棄却域という. 棄却域の確率は普通 α と書いて，これを有意水準（または危険率）という（図 9.19）. 有意水準は，帰無仮説が正しければ滅多に起こらないような値に設定する. この「滅多に起こらないような」が具体的にいくつであるかは，検定の対象となっている問題によって異なる. 社会調査などでは α として 0.05（5%）や 0.01（1%）がとられることが多いが，物理学の実験や天体観測における信号の検出などでは，3σ（0.27%）や 5σ（0.006%）という厳しい基準がとられることが多い（9.2.3 項参照）. 有意水準が 5% ということは，同じような検定を 20 回行うと 1 回は誤った判断をする危険性があるということを意味している. 棄却域は，対立仮説の種類によって，z の分布の両側に設定される場合（両側検定）と片側に設定される場合（片側検定：左側検定と右側検定）とがある.

(4) 実際のデータから統計量を計算する

最後に実際のデータから統計量 z を計算し，帰無仮説を棄却するかどうかを判定する. 検定において犯す可能性のある誤りには二種類ある. 帰無仮説の内容が正しいにもかかわらず誤って棄却し，対立仮説を棄却しない場合を「第一種の誤り」という. 有意水準は第一種の誤りを犯す確率であり，これを小さく設定するほど信頼度の高い検定ということになる. 一般に，「$\alpha < \alpha_0$ なら仮説を棄却する/棄却しない」ことを統計学では，「仮説は有意水準 α_0（または $\alpha \times 100\%$）で棄却される/棄却されない」と表現する.

一方，帰無仮説は正しくないにもかかわらず，帰無仮説を棄却しない場合を「第二種の誤り」という. 帰無仮説が棄却されないからといっても，必ずしも帰無仮説が正しいとは限らないことに注意が必要である. 単にデータ数が少なかったからで，もっとたくさんのデータがあれば帰無仮説は棄却されたかも知れない. 第二種の誤りを犯す確率を求めるには，対立仮説のもとでの統計量の確率分布を求める必要がある. 対立仮説の内容にはさまざまなも

のがあり得るので，ここで詳細には立ち入らないが，帰無仮説が棄却できない場合の結論の述べ方には十分な検討が必要である．

これから仮説検定の具体例を考えよう．あるサイコロに，特定の目が出やすいように細工がされていないかどうかを見極めたいとしよう．このサイコロを 400 回振って，偶数の目が出る回数と奇数の目が出る回数を調べることにする．この場合は，偶数が出る確率 p が 0.5 でないことを証明すればインチキサイコロとわかるので，

$$H_1 (対立仮説)：\ p \neq 0.5$$
$$H_0 (帰無仮説)：\ p = 0.5 \tag{9.63}$$

とする．仮に 400 回のうち偶数が 220 回，奇数が 180 回出たとする．ここで $400 \times 0.5 = 200$ なので，「220 回も出るのはおかしい．このサイコロはインチキだ」という結論を直ちに出すのは性急である．(9.63)式は母集団比率に関する式であり，220 回は 1 つの標本における実現値だからである．この場合の母集団は，このサイコロを 400 回振る作業を無限回行って得られる（仮想の）データ $\{n(\text{even})_i; i = 1, 2, \cdots \infty\}$ である．ここで $n(\text{even})$ は偶数の出る回数を表している．$n(\text{even})_1 = 220$ であったがもう一度 400 回投げるという試行をすれば $n(\text{even})_2$ として違った値が得られるだろう．では，$n(\text{even})$ がどれくらい 200 と異なっていれば，帰無仮説 H_0 を棄却できるだろうか．それが 100 回に 1 回（確率 0.01）程度のまれなことなのか，1000 回に 1 回（確率 0.001）くらいしか起きない極めてまれなことなのかで判断が分かれるだろう．このようなことを考えて有意水準を定めるのである．

出る目が偶数のとき $x = 1$，奇数のときを $x = 0$ として，この標本を $(x_1, x_2, \cdots, x_{400})$ と書くことにする．母集団比率 p である二項母集団では，$\sum_{i=1}^{n} x_i = n\overline{x}$ は二項分布 $B(n, p)$ に従い，平均は np，分散は $np(1 - p)$ となること，また，その二項分布は p が 1/2 に近く n が大きいときは正規分布 $N(np, np(1 - p))$ で近似できることは 9.2.1 項ですでに述べた．今回の試行はこの条件を満たしているので，平均 $400 \times 0.5 = 200$，分散 $400 \times 0.5 \times 0.5 = 100$（標準偏差 $\sigma = 10$）の正規分布を考える．$n\overline{x}$ の平均からのずれを標準偏差

で規格化すると $(220 - 200)/10 = 2$ となる。つまり、偶数が 220 回出るのは $+2\sigma$ のずれである。平均からのずれとしてはこの裏返しの -2σ のずれ、すなわち偶数が 180 回出ることも想定しなければならない。つまり、帰無仮説は「$H_0 : p = 0.5$」なので、図 9.19 の両側検定を行うことになる。9.2.3 項の図 9.9 に示した表より

$$\text{Prob}\,(n\overline{x} \leqq 180 \text{ または } 220 \leqq n\overline{x}) = 1 - \text{Prob}(180 \leqq n\overline{x} \leqq 220)$$
$$(\%\text{で表すと}) = 100 - 95.45 = 4.55\%$$

(9.64)

である。つまり、偶数が 180 回以下あるいは 220 回以上出るのは、100 回に 4–5 回程度起きる現象であることがわかる。この例では $\alpha = 0.05\,(5\%)$ とすれば H_0 は（かろうじて）棄却できるが、$\alpha = 0.01\,(1\%)$ ならば棄却できない。どちらをとるべきか、あるいはもっと別の値をとるべきかは、この判定がどれだけ大きな意味を持つかによるので一概には言えない。

健康診断の際のスクリーニングなどのように、基準をかなり緩やかにして、可能性のある人はできるだけ広く拾い上げて精密検診をしたい場合などは有意水準はそれなりに緩く設定するだろう。一方、薬の副作用がないことを調べる検査などでは、かなり厳しい有意水準が設定されるべきであろう。

9.3.2 推定の例 —— 区間推定

内閣支持率の調査でマスコミが使うのは無作為抽出された 2000 人程度の標本である。全有権者を母集団とすると 0.01% にも満たない数である。母集団の支持率（母集団比率）を p とし、そこから $n\,(\sim 2000)$ の標本 $(x_1, x_2, \cdots, x_n)$ を抽出する。母集団比率が p なので、母集団から任意の 1 人を選んだときその人が「支持」と答える確率は p で「不支持」と答える確率は $(1 - p)$ である[17]。ここで、i 番目の人が「支持」の場合は $x_i = 1$、「不支持」の場合は $x_i = 0$ とすると、統計量 $z \equiv \sum_{i=1}^{n} x_i = n\overline{x}$ は 0 から n までの値を確率的に取り、その値の分布は 9.3.1 項の例と同様に二項分布 $B(n, p)$ に従う。この調査で得られた支持率は $\overline{p} = z/n$ であることに注意する。

---

[17] 簡単のため「どちらともいえない」の選択肢はないものとする。

この場合も $B(n,p) \sim N(np, np(1-p))$ が成り立つので，この正規分布 $N(np, np(1-p))$ をもとに考える．9.2.3 項で述べた正規分布の標準化の手順に従って，

$$u = \frac{z - np}{\sqrt{np(1-p)}} = \frac{n\bar{p} - np}{\sqrt{np(1-p)}} = \frac{\sqrt{n}(\bar{p} - p)}{\sqrt{p(1-p)}} \qquad (9.65)$$

として z を新たな変数 u に変換すると，u は標準正規分布に従う．

有意水準を α とすると，図 9.19 に示した $K_{\alpha/2}$（ただし，標準正規分布に対する値）を用いて，

$$\mathrm{Prob}\left\{|u| \leqq K_{\alpha/2}\right\} = 1 - \alpha \qquad (9.66)$$

となる．(9.65) 式と合わせると，

$$\mathrm{Prob}\left\{|p - \bar{p}| \leqq K_{\alpha/2}\sqrt{\frac{p(1-p)}{n}}\right\} = 1 - \alpha \qquad (9.67)$$

と書き直せる．したがって，確率 $1 - \alpha$ で，母集団比率 p は

$$\bar{p} - K_{\alpha/2}\sqrt{\frac{p(1-p)}{n}} \leqq p \leqq \bar{p} + K_{\alpha/2}\sqrt{\frac{p(1-p)}{n}} \qquad (9.68)$$

の範囲にあることがわかる．これはまた，

$$p = \bar{p} \pm K_{\alpha/2}\sqrt{\frac{p(1-p)}{n}} \qquad (9.69)$$

とも表現される．これらの式には未知数 p が含まれているが，近似的には $p = \bar{p}$ として計算してもそれほど問題はないであろう．このような推定法を区間推定[18] とよび，確率 $1 - \alpha$ をその推定された区間に対する信頼度という．

たとえば 2000 人に対する世論調査で 1100 人が「支持」であったとしよう．すなわち，$n = 2000, \bar{p} = 0.55$ である．信頼度を 95%とすると $K_{0.025} = 1.96$ なので，(9.68) 式は，$0.53 \leqq p \leqq 0.57$ すなわち $p = 0.55 \pm 0.02$ となる．また，推定精度

---

[18] これに対して，母集団の母数の値を推定することを「点推定」と呼ぶがここでは触れない．

$$K_{\alpha/2}\sqrt{\frac{p(1-p)}{n}} \sim K_{\alpha/2}\sqrt{\frac{\overline{p}(1-\overline{p})}{n}} \tag{9.70}$$

は，信頼度を固定したときには $\overline{p} = 0.5$ のときに最大となるので，必要な推定精度 δ を設定したときに必要となる人数は，

$$K_{\alpha/2}\sqrt{\frac{\overline{p}(1-\overline{p})}{n}} \leqq \delta \tag{9.71}$$

に，$\overline{p} = 0.5$ を代入して，

$$n \geqq \frac{1}{4}\left(\frac{K_{\alpha/2}}{\delta}\right)^2 \tag{9.72}$$

となる．社会調査の対象人数はこのような考察から決められているのである．ちなみに上記の例で，信頼度を 95%，δ を 0.02（2%）とすると，$n \geqq 2401$ 人となる．

9.3.3　さまざまな検定と推定

分散の値に関する検定と推定（カイ二乗分布）

　正規母集団の分散 σ^2 の値を標本データ $(x_1, x_2, \cdots, x_n)$ のみから推測することを考える．このときは，標本の変動 S を σ^2 で割った値

$$\frac{S}{\sigma^2} = \frac{1}{\sigma^2}\sum_{i=1}^{n}(x_i - \overline{x})^2 \tag{9.73}$$

が自由度 $(n-1)$ のカイ二乗分布に従うことを利用する．分散 σ^2 に関する仮説検定では，

$$\begin{aligned} &\mathrm{H}_0 : \sigma^2 = \sigma_x^2 \quad (\sigma_x^2 \text{ は標本の分散}) \\ &\mathrm{H}_1 : \sigma^2 \neq \sigma_x^2 \end{aligned} \tag{9.74}$$

ととる[19]．帰無仮説 H_0 が正しければ S/σ^2 は自由度 $(n-1)$ のカイ二乗分布に従うので，標本から計算した $S/\sigma_x^2 (= S/\sigma^2)$ は図 9.20 のピークを中心に分布するはずである．よって，有意水準 α に対応する棄却域は図の灰色部

---

[19]　ここで σ_x^2 は 9.1.2 項の脚注 6 に述べた不偏分散（標本分散）で，$\sigma_x^2 = \sum(x_i - \overline{x})^2/(n-1)$ である．

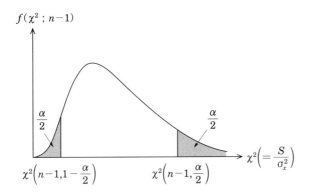

図 **9.20** 自由度 $(n-1)$ のカイ二乗分布と有意水準 α の棄却域

分となる．標本から計算した S/σ_x^2 がどこに落ちるかで仮説検定ができるとともに，9.3.2 項のやり方で σ の信頼区間を σ_x から推定することができる．

分散の比に関する検定と推定 (F 分布)

二つの正規母集団の分散が等しいかどうかの検定は等分散検定と呼ばれ，さまざまな場面で使われる．$N(\mu_1, \sigma_1^2)$, $N(\mu_2, \sigma_2^2)$ それぞれから，大きさ n_1, n_2 の標本を取り出したとする．このとき，

$$F = \frac{\sigma_{1,x}^2/\sigma_1^2}{\sigma_{2,x}^2/\sigma_2^2} \tag{9.75}$$

は自由度 (n_1-1, n_2-1) の F 分布に従うことが知られている．ここで，$\sigma_{1,x}^2, \sigma_{2,x}^2$ はそれぞれ，二つの標本から計算された不偏分散である．

そこで等分散検定では，

$$\begin{aligned} \mathrm{H}_0 &: \sigma_1^2 = \sigma_2^2 \\ \mathrm{H}_1 &: \sigma_1^2 \neq \sigma_2^2 \end{aligned} \tag{9.76}$$

とする．H_0 が正しければ，$\sigma_1^2 = \sigma_2^2$ であるので，観測された標本の分散比 $F = \sigma_{1,x}^2/\sigma_{2,x}^2$ は F 分布に従うので，F の値を用いてこれまでと同じように検定と推定を行うことができる．

平均に関する検定と推定（t 分布）

ここでは，正規母集団の平均 μ の値を標本データのみから推測することを考える．正規分布 $N(\mu, \sigma^2)$ に従う母集団から選び出された標本 $(x_1, x_2, \cdots, x_n)$ に対して，標本平均を $\overline{x}$ とすると，

$$\frac{\overline{x} - \mu}{(\sigma/\sqrt{n})} \tag{9.77}$$

は標準正規分布に従う（9.2.3 項の中心極限定理を参照）．ここで，母分散 σ^2 は未知のことが多いので，代わりに標本から計算された分散 σ_x^2 を用いると，

$$t = \frac{\overline{x} - \mu}{(\sigma_x/\sqrt{n})} \tag{9.78}$$

は自由度 $(n-1)$ の t 分布に従うことが知られている．そこで，平均 μ に関する仮説検定では，

$$
\begin{aligned}
&\mathrm{H}_0 : \mu = \overline{x} \quad (\overline{x} \text{ は標本の平均}) \\
&\mathrm{H}_1 : \mu \neq \overline{x}
\end{aligned}
\tag{9.79}
$$

として，t 分布に基づいてこれまでと同様に平均 μ に関する検定と推定ができる．

9.3.4 適合度検定（カイ二乗検定）

自然科学の実験データにモデルを当てはめ，データがそのモデルでよく説明できるか否かを検定することを適合度検定と呼ぶ．適合度検定によく使われるカイ二乗検定について述べよう．

ここでは，N 個の実験データ（度数 $n_i^{obs}, i = 1, 2, \cdots, N$）が得られているとする．この実験で得られるデータを予測するモデルが存在するとする．モデルは一般にいくつかのパラメータ $\boldsymbol{\alpha} = (\alpha_1, \alpha_2, \cdots, \alpha_\mathrm{M})$ を含んでいる．このモデルがデータ n_i^{obs} に対して予測する度数を $f_i^{model}(\boldsymbol{\alpha})$ とする．このとき，n_i^{obs} の測定誤差を σ_i とすると，

$$\chi^2 = \sum_{i=1}^{N} \left[\frac{n_i^{obs} - f_i^{model}(\boldsymbol{\alpha})}{\sigma_i} \right]^2 \tag{9.80}$$

は自由度 $\nu = N - M$ のカイ二乗分布（9.2.4 項）に従う．自由度 ν が N では

なく $N-M$ になっているのは，モデルに M 個のパラメータが入っているからである．このことを利用して，χ^2 の値から適合度を検定することができる．実際には χ^2 には，測定誤差だけではなく，モデルが正しくない影響も含まれる．正しくないモデルの場合，n_i^{obs} の平均値を正しく予測できないからである．

この実験を説明する正しいモデルを採用したとすれば，測定値 n_i^{obs} は（もし多数回測定できるなら）平均値が $f_i^{model}(\boldsymbol{\alpha})$ で，分散が σ_i^2 の正規分布に従うことが期待される．したがって，式 (9.80) の右辺のそれぞれの i に対する大括弧の 2 乗の項は，大まかにいって 1 に近い値をとる．すなわち $\chi^2 \sim N$ が期待できる．モデルのパラメータ $\boldsymbol{\alpha}$ をいろいろ変化させ，χ^2 が最小となるときがちょうどよく（ベストフィットという），最小値 $\chi^2_{\min}$ を与えるパラメータ $\hat{\boldsymbol{\alpha}} = (\hat{\alpha}_1, \hat{\alpha}_2, \cdots, \hat{\alpha}_M)$ を最良推定値として用いる．

ここで，次式で定義される換算カイ二乗 (reduced χ^2) を導入すると便利である．

$$\chi_\nu^2 = \frac{1}{\nu}\chi^2 = \frac{1}{\nu}\sum_{i=1}^{N}\left[\frac{n_i^{obs} - f_i^{model}(\boldsymbol{\alpha})}{\sigma_i}\right]^2 \tag{9.81}$$

χ_ν^2 は 1 自由度当たりのカイ二乗に相当し，モデルが正しければ $\chi_\nu^2 \sim 1$ となることが期待される．図 9.21 に，$\nu = 10$ と $\nu = 100$ に対する χ_ν^2 の確率密度関数を示した．自由度が大きいと χ_ν^2 の分布は 1 の近くに集中することが

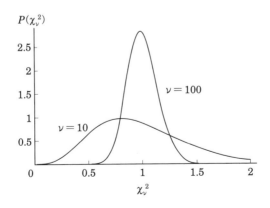

図 **9.21** 自由度 $\nu = 10$ と $\nu = 100$ に対する χ_ν^2 の確率密度関数

わかる.

$\chi^2_{\min}$ が N（あるいは $\chi^2_{\nu,\min}$ が 1）より相当大きいときは，実験誤差の推定やモデルそのものの妥当性に疑問がもたれる．一方，$\chi^2_{\min}$ が N（$\chi^2_{\nu,\min}$ が 1）よりずっと小さい値になったら，いわゆるオーバーフィッティング[20] であり，この場合も実験のやり方，誤差の推定，モデルの妥当性などを根本的に調べ直す必要がある．

モデルパラメータの最良推定値の周りの誤差は，$\chi^2 = \chi^2_{\min} + \Delta\chi^2$ を与える値から求める．1σ 誤差，2σ 誤差などに対応する $\Delta\chi^2$ の値を表 9.1 に示す．この場合の自由度はモデルのパラメータ数であることに注意する．

表 **9.1** 誤差レベルに対応する $\Delta\chi^2$

誤差レベル	確率 (%)	自由度 (= M)					
		1	2	3	4	5	6
$\pm 1\sigma$	68.3	1.00	2.30	3.53	4.72	5.89	7.04
$\pm 2\sigma$	95.45	4.00	6.17	8.02	9.70	11.3	12.8
$\pm 3\sigma$	99.73	9.00	11.8	14.2	16.3	18.2	20.1

パラメータが 2 個（自由度 $M = 2$）の場合は，それらを x 軸と y 軸にとった平面上に $\chi^2 = \chi^2_{\min} + 2.30(1\sigma)$, $\chi^2_{\min} + 6.17(2\sigma)$ などとなる等高線[21] を描くことができる．この等高線は楕円に似たような形になることが多いので，「誤差楕円（error ellipse）」と呼ばれる（図 9.22）．

誤差楕円は (α_1, α_2) の二つのパラメータの組に対してモデルと測定データが合致する度合いを表している．これに対して，パラメータを一つ（例えば α_1）だけ取り出して，その誤差範囲を知りたい場合は，他のパラメータは最良推定値に固定し，α_1 だけ最良推定値のまわりを動かして，χ^2 を計算し，その値が $\chi^2_{\min} + 1$ や $\chi^2_{\min} + 4$ などになる範囲をそれぞれ 1σ や 2σ などの誤差範囲とする．

一つの例を示そう．図 9.23 は，宇宙にある銀河の集団の光度関数のパラ

---

[20] モデルの予測が誤差に比べてデータに合致しすぎている．すなわち，フィッティングするモデルの線が多くのデータに対して誤差棒の中心付近を通っている．

[21] パラメータが n 個の場合は，n 次元空間の超平面になる．

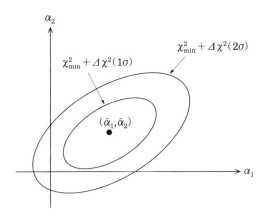

図 **9.22** 誤差楕円

メータを調べたものである．光度関数とは，光度(明るさ) $L \sim L + \mathrm{d}L$ の範囲にある(単位体積中の)銀河の個数を $\phi(L)\mathrm{d}L$ としたときの $\phi(L)$ のことで，三つのパラメータ ϕ^*, α, L_* を含む次式のモデルで近似される．

$$\phi(L)\mathrm{d}L = \phi_* \left(\frac{L}{L_*}\right)^\alpha \exp\left(-\frac{L}{L_*}\right) \mathrm{d}\left(\frac{L}{L_*}\right) \tag{9.82}$$

実際には天文学の慣例から，明るさを等級で表すので，フィッティングに用いる実際の式(図 9.23 の右図の曲線)は

$$\phi(M)\mathrm{d}M = 0.4\ln 10 \times \phi_* 10^{-0.4(M-M_*)(\alpha+1)} \times \exp\left[-10^{-0.4(M-M_*)}\right] \mathrm{d}M \tag{9.83}$$

という形で，L/L_* の代わりに等級，$M - M_* = -2.5\log_{10}(L/L_*)$，が用いられている．

図 9.23 の右図が観測データに対する光度関数のフィッティングの結果で，左図が 1σ(実線)と 2σ(破線)の誤差楕円を示している．ϕ_* は光度関数の形とは関係なく，別途決めているので，ここでは M_* と α の 2 パラメータのみを考えている．

取り扱うデータが正の整数(事象の数)でそれがポアソン分布に従うような場合には，ポアソン分布の分散 σ^2 は平均値に等しい((9.47)式)ので，(9.80)式は，

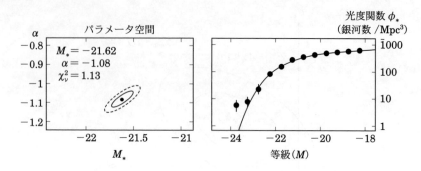

図 **9.23** 銀河集団に対する光度関数のフィッティングの例．横軸の等級 M は数値が小さい左側ほど明るい（Tanaka *et al.* 2006, MNRAS, 366, 1551 より改変）．

$$\chi^2 = \sum_{i=1}^{N} \frac{(n_i^{obs} - n_i^{exp})^2}{n_i^{exp}} \qquad (9.84)$$

と書くことができる．ここで，n_i^{exp} は，モデルや仮説から予測される事象の数である．観測された事象の総数は予測された数の総数に等しいという条件は必ずつくので，この場合 χ^2 は自由度が最高で $\nu = N - 1$ のカイ二乗分布に従う．ただし，カイ二乗検定は誤差が正規分布に従うことを前提としているので，n_i^{obs} や n_i^{exp}（ポアソン分布 (9.45) 式の λ に相当）があまり小さな値になるような場合には適切な検定ができない．

9.3.5 コルモゴロフ–スミルノフ検定（二標本）

これまでの検定は，平均や分散などの母数についてある仮説を設けてそれを検定するというものであった．このような検定は「パラメトリック検定」と分類されるものである．これに対して，母集団の母数には何ら仮定を設けない検定手法を「ノンパラメトリック検定」とよび，コルモゴロフ–スミルノフ検定はその代表的なものの一つである．

二標本コルモゴロフ–スミルノフ検定は，二つの標本 $\{x_1, x_2, \cdots, x_{n_1}\}$ と $\{y_1, y_2, \cdots, y_{n_2}\}$ が同じ母集団から抽出されたものと見なせるかどうかを判定するもので，自然科学で広く使われる検定法である．

この検定は，二つの標本から作られた累積相対度数分布から出発する．累

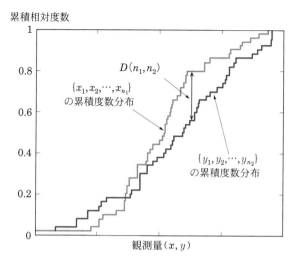

図 **9.24** 二標本コルモゴロフ–スミルノフ検定

積相対度数分布の差の絶対値のうち最も大きいもの $D(n_1, n_2)$ が検定統計量である（図 9.24）．有意水準を α とすると，

$$D(n_1, n_2) > D_{\mathrm{crit}}(\alpha; n_1, n_2) \tag{9.85}$$

の場合に帰無仮説（二つの標本は同じ母集団から抽出された標本である）を棄却する．

標本が大きい（$n_1 n_2 / (n_1 + n_2) \gtrsim 20$）場合，帰無仮説の下での統計量 $D\sqrt{n_1 n_2 / (n_1 + n_2)}$ の確率分布（統計量が z よりも偶然に大きくなる確率）は，

$$P\left(D\sqrt{\frac{n_1 n_2}{n_1 + n_2}} > z\right) = 2\sum_{j=1}^{\infty} (-1)^{j-1} \exp(-2j^2 z^2) \tag{9.86}$$

で近似できることが知られている．この分布に基づいて，

$$D(n_1, n_2) > D_{\mathrm{crit}}(\alpha; n_1, n_2) \sim c(\alpha)\sqrt{\frac{n_1 + n_2}{n_1 n_2}} \tag{9.87}$$

と近似する．いくつかの有意水準に対する $c(\alpha)$ の値を表 9.2 に掲げる．

一例として，$n_1 = 100, n_2 = 200$ の場合を考えよう．有意水準 $\alpha = 0.01$ （1%）で検定する場合，

表 9.2 有意水準 α に対応する $c(\alpha)$ の値

α	0.10	0.05	0.025	0.01	0.005	0.001
$c(\alpha)$	1.22	1.36	1.48	1.63	1.73	1.95

$$D_{\mathrm{crit}}(\alpha; n_1, n_2) \sim 1.63 \times \sqrt{\frac{100 + 200}{100 \times 200}} \sim 0.199$$

となるので，$D(n_1, n_2) > 0.199$ なら，二つの標本は同じ母集団から抽出されたものではないと判定される．標本が小さいときの $D_{\mathrm{crit}}(\alpha; n_1, n_2)$ については付録 3 に掲げてある．

9.4 多変量解析

　多変量解析は，一つの対象に対して複数項目のデータ（変数）があるような対象の集合に対して，変数間の相互関連を分析し，現象を簡潔な表現で表したり，現象の背後にある構造を浮き彫りにしたり，あるいはある項目を他のいろいろな項目から予測したりする統計的手法の総称である[22]．単純素朴な例を挙げる．何人かの集団に対して，身長，体重，肥満指数，年齢，それに 1 日平均の睡眠時間と運動量と摂取カロリー，の 7 項目のデータを測定した場合を考えよう．このデータから，摂取カロリーが多く，平均運動量が少ない人は肥満指数が大きい傾向があるが，年齢との関係はどのようになっているかなどを調べるときに多変量解析が利用できる．

　多変量解析には，回帰分析，主成分分析，因子分析，クラスター分析などさまざまな手法がある．この節では，これらの手法の原理だけをわかりやすく解説する．実際の応用に当たっては，それぞれの手法の解説書を参照されたい．また，さまざまなソフトウェアもあるが，原理を理解しないでソフトウェアの出力結果だけ見て皮相な議論に陥ることがないようにしなければならない．

---

[22] 9.1 節に述べた 1 変量の解析や 2 変量の解析も多変量解析の基礎として重要である．

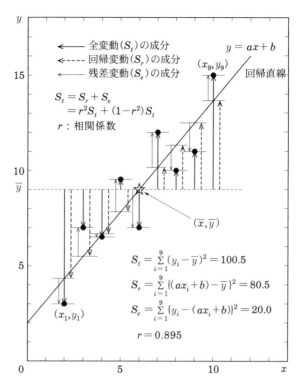

図 9.25　線形回帰分析の説明図.各データ点 (x_i, y_i) に対する三種の矢印は本来なら $x = x_i$ の位置に描かれるべきだが,重なりを避けるために左右に離した.

9.4.1　回帰分析

ある変数が他の変数の影響をどの程度受けているかを知りたい場合がしばしばある.回帰分析では,影響を受けていると考える変数を目的変数,影響を与えていると考える変数を説明変数と呼ぶ[*23].回帰分析は,目的変数を説明変数の式で表し,目的変数がその式(モデル)でどのくらいよく説明できるかを定量的に分析する.式としては一般に一次式(線形回帰)が用いられるが,それ以外の場合もある.ここでは一次式の場合に沿って説明する.説明変数が 1 個の場合を単回帰分析,2 個以上の場合を重回帰分析という.

まず,単回帰分析の場合を説明する.図 9.25 に示すように,$\{(x_i, y_i), i =$

[*23] 数学では目的変数を従属変数,説明変数を独立変数という.

$1, 2, \cdots, n\}$ の n 対のデータがあるとする（図の例では $n = 9$ である）．ここでは y が目的変数で，x が説明変数である．図に示した回帰直線 $y = ax + b$ は，9.1.4 項で解説した最小自乗法で求められる．係数 a を回帰係数，b を定数項（切片）と呼ぶ．ここでは $\{y_i\}$ の変動 S_y（9.1.2 項参照）を全変動 $S_t = \sum (y_i - \overline{y})^2$ と呼ぶことにする．これに対して，回帰直線で表される回帰変動を $S_r = \sum \{(ax_i + b) - \overline{y}\}^2$，残差による残差変動を $S_e = \sum \{y_i - (ax_i + b)\}^2$ で定義する．ここで，(9.20), (9.22) 式を参照すると，

$$
\begin{aligned}
S_e &= \sum \{y_i - (ax_i + b)\}^2 \\
&= \sum \left\{ y_i - \left(\frac{S_{xy}}{S_x}(x_i - \overline{x}) + \overline{y} \right) \right\}^2 \\
&= \sum (y_i - \overline{y})^2 - 2\frac{S_{xy}}{S_x}\sum (x_i - \overline{x})(y_i - \overline{y}) + \left(\frac{S_{xy}}{S_x}\right)^2 \sum (x_i - \overline{x})^2 \\
&= S_t - 2\frac{S_{xy}}{S_x}S_{xy} + \left(\frac{S_{xy}}{S_x}\right)^2 S_x = S_t - \frac{S_{xy}^2}{S_x}
\end{aligned}
\tag{9.88}
$$

また，

$$
\begin{aligned}
S_r &= \sum \{(ax_i + b) - \overline{y}\}^2 \\
&= \sum \left\{ \frac{S_{xy}}{S_x}(x_i - \overline{x}) + \overline{y} - \overline{y} \right\} = \frac{S_{xy}^2}{S_x}
\end{aligned}
\tag{9.89}
$$

であるので，全変動は回帰変動と残差変動の和として次のように表される．

$$
\begin{aligned}
S_t &= \quad S_r \quad + \quad S_e \\
&= r^2 S_t + (1 - r^2)S_t
\end{aligned}
\tag{9.90}
$$

ここで，$r = r_{xy} = S_{xy}/(\sqrt{S_x}\sqrt{S_y})$ は $\{(x_i, y_i), i = 1, 2, \cdots, n\}$ の相関係数である（9.1.3 項参照）．図 9.25 には，全変動の成分が太矢印，回帰変動の成分が破線の矢印，残差変動の成分が細矢印で表されている．図 9.25 と (9.90) 式をみると，回帰分析とは，S_t を S_r と S_e に分割整理する手続きであることがわかる．相関係数 $r = 1$ なら $S_e = 0$ となり，y の変動はすべて回帰変動で説明でき[*24]，$r = 0$ なら $S_r = 0$ となって，回帰直線の影響はないことになる．

[*24] データ点がすべて回帰直線上に乗る．

したがって，回帰分析の信頼度（分析モデルの信頼度）やモデルパラメータ（ここでは回帰直線の傾き a と切片 b）の推定誤差範囲も r の値によって変わる．具体的には（自由度の補正をした）S_r と S_e の値から計算される決定係数や，9.3 節で述べた検定や推定によって定量化される．

重回帰分析は，説明変数が 2 個以上（ここでは k 個とする）ある場合で，データは，

$$\{(x_i^{(1)}, x_i^{(2)}, \cdots, x_i^{(k)}; y_i),\ i = 1, 2, \cdots, n\}$$

の形になる．この場合の回帰式は，

$$y = a_1 x^{(1)} + a_2 x^{(2)} + \cdots + a_k x^{(k)} + b \tag{9.91}$$

となり，単回帰分析と同様の最小自乗法により，回帰係数 $a_1, a_2, \cdots, a_k$ と定数項 b が求められる．ここで，変数が k 個の異なる科目のテストの成績のように，同種の量ならば簡単だが，身長，体重，年齢などまったく種類の違う量を扱う場合は，9.4.2 項で述べる変数の標準化を行った後で解析する必要がある．式 (9.91) の結果が得られたとしても，k 個すべての説明変数で表されているのでは現象の理解が難しい．説明変数の中には，影響の大きいものもあれば小さいものもある（回帰係数の絶対値の大きさである程度判定できる）ので，できるだけ少数の影響の大きい説明変数を用いた回帰式で目的変数を表現できれば見通しが良くなる．影響の小さい説明変数は無視してもよいだろう．強い相関のある二つの説明変数はどちらか一つで良いだろう[*25]．工場の生産管理の問題などでは，制御しやすい変数と制御しにくい変数がある．制御しにくい変数が残ると方針を立てにくくなる．状況に応じてさまざまな検討をして，少数の説明変数に基づく有用な回帰式を見つけることが重回帰分析の神髄である．それには唯一の正解があるわけではない．「データを見る目」が必要である．説明変数を減らして行く具体的な方法については他の書籍などを参照されたい．

回帰分析モデルの信頼性は，「定数項以外の説明変数の効果はゼロである ＝ この回帰モデルはデータを説明できない」という帰無仮説のもとで，次式で

[*25] 二つとも含めて解析すると良い結果が得られない場合がある．

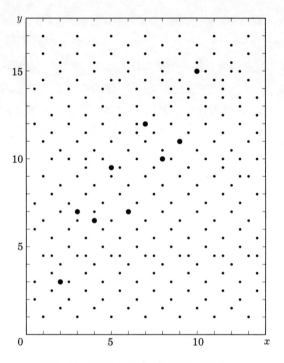

図 9.26 回帰分析の「帰無仮説」の概念図

定義される分散比

$$F = \frac{S_r}{k} \bigg/ \frac{S_e}{(n-k-1)} \tag{9.92}$$

が自由度 $(k, n-k-1)$ の F 分布 (9.2.5 項) に従うことを利用して行われる．ここで，n はデータ数，k は説明変数の数 (単回帰分析では $k=1$) である．観測された F の値以上の大きな分散比が観測される確率を F 分布から計算し，それがあらかじめ定めた有意水準より小さい場合に帰無仮説を棄却する．

ここでの帰無仮説を概念的に示したものが図 9.26 である．この図の 9 個の黒丸は図 9.25 と同じものである．図 9.26 の多数の小さな点 (と 9 個の大きな黒丸) が，「この回帰モデルはデータを説明できない」という帰無仮説の下での母集団 (x と y の相関がない) のイメージを表している．この母集団から 9 個のデータを任意に抽出したとき，それがたまたま大きな黒丸の 9 個であって，観測されたような分散比 (F 値) を与える確率を計算するのである．

もともと無相関のデータからサンプルを取り出すので，サンプルに見られる相関が強いほどまれにしか起きない現象であることはわかる．したがって，大きな F 値が観測されるほどそのサンプルの実現確率は低く，回帰モデルの有意性が高いことになる．一方，回帰係数 a と定数項 b の有意性は，それらの値と標準誤差の比が，帰無仮説の下で t 分布 (9.2.5 項) に従うことを利用して t 検定によって行われる．詳しくは，付録 4 に掲げる「エクセルによる回帰分析表の見方」に説明されている．

9.4.2 主成分分析

主成分分析は，多くの変数の値を，それらの間の相関関係を考慮してできるだけ情報の損失なしに，少数個の合成変数（主成分）で代表させる方法である．すなわち，データが有している情報をより低い次元で解釈する試みで，特に何らかのモデルを仮定するものではない．例えば，種々の財務指標に基づく企業の評価を，少数個の総合的指標（主成分）より求めるときなどに用いられる．

変数を $\{x^{(1)}, x^{(2)}, \cdots, x^{(p)}\}$ とする．それぞれの変数に対して，データが

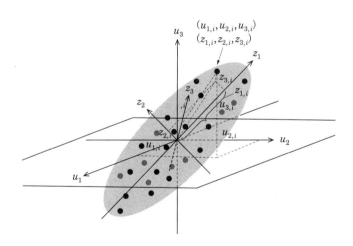

図 9.27　主成分分析の説明図．観測された変数 (u_1, u_2, u_3) の空間内でデータ（黒丸と薄い黒丸はそれぞれ z_1-z_2 平面の上側と下側にあることを示す）は三軸不等の楕円体（湯たんぽ）状の空間に分布している．u_1, u_2, u_3 軸および z_1, z_2, z_3 軸はそれぞれ直交座標系をなしている．

n 個あれば

$$\overline{x^{(k)}} = \frac{1}{n} \sum_{i=1}^{n} x_i^{(k)}, \quad \sigma_k = \sqrt{\frac{1}{n-1} \sum_{i=1}^{n} \{x_i^{(k)} - \overline{x^{(k)}}\}^2} \quad (k = 1, 2, \cdots, p)$$

$$(9.93)$$

を用いて，データを次のように標準化する．

$$u_i^{(k)} = \frac{x_i^{(k)} - \overline{x^{(k)}}}{\sigma_k} \quad (i = 1, 2, \cdots, n, \ k = 1, 2, \cdots, p) \qquad (9.94)$$

これ以降簡単のために，$(u_1^{(k)}, u_2^{(k)}, \cdots, u_n^{(k)}) = u_k$ と書く．こうすることで，標準化された p 個の変数 $\{u_1, u_2, \cdots, u_p\}$ はいずれも平均値 0，分散 1 を持つ．このように，主成分分析は必ず標準化された変数を用いて行うのが原則である[*26]．

　図 9.27 に 3 次元の例が示されている．観測データは観測量 (u_1, u_2, u_3) の空間で見ると図のような「湯たんぽ」（三軸不等回転楕円体）の形をした領域に分布しているとする．そこで，最もデータの拡がりが大きい方向に新たな軸 z_1 軸をとり，これを第一主成分とする．次に，z_1 軸と直交し，二番目にデータの拡がりが大きい方向に z_2 軸をとり，これを第二主成分とする．第三主成分である z_3 軸は，z_1 軸と z_2 軸にともに直交する方向に取る．3 次元以上の場合でも，同様の手続きで，次々に主成分を構成する．図 9.27 の例でいえば，z_1 軸と z_2 軸方向の分散に比べて，z_3 軸方向の分散は小さい．もともとの観測データが持っていた分散（情報）のほとんどは第一主成分と第二主成分で表現できるわけである．つまり，3 次元の情報を，新たに導入した変数 z_1 と z_2 を用いて 2 次元で解釈できることになる．

　主成分分析の数学的取り扱いは変数 $\{u_1, u_2, \cdots, u_p\}$ の相関行列 R から出発する．

_____

[*26]　身長と体重など，異なる単位で測られる量を，そのままの数値で比較するのは意味がないからである．

$$R = \begin{pmatrix} 1 & r_{12} & r_{13} & \cdots & r_{1p} \\ r_{21} & 1 & r_{23} & \cdots & r_{2p} \\ . & . & . & \cdots & . \\ r_{p1} & r_{p2} & r_{p3} & \cdots & 1 \end{pmatrix} \tag{9.95}$$

ここで，r_{ij} は u_i と u_j の相関係数であり，$r_{ij} = r_{ji}, r_{ii} = 1$ である.

この相関行列の固有値 λ を，$\lambda_1 \geqq \lambda_2 \geqq \cdots \geqq \lambda_p$ のように大きさの順に並べる．そうすると，

$$R\boldsymbol{a_i} = \lambda_i \boldsymbol{a_i} \tag{9.96}$$

から求まる．固有値 λ_i に対応する長さ 1 の固有ベクトル

$$\boldsymbol{a_i} = (a_{i1}, a_{i2}, \cdots, a_{ip}) \tag{9.97}$$

を用いて，第 i 主成分は

$$z_i = a_{i1}u_1 + a_{i2}u_2 + \cdots + a_{ip}u_p \tag{9.98}$$

と表される[27]．固有値 λ_i は，第 i 主成分がもとの変数 $\{u_1, u_2, \cdots, u_p\}$ の分散（それぞれ標準化されているので，$1 \times p = p$）のうちのどれくらい，すなわち変数何個分の分散を担っているかを表している．そこで，

$$\frac{\lambda_i}{\lambda_1 + \lambda_2 + \cdots + \lambda_p} = \frac{\lambda_i}{p} \tag{9.99}$$

を第 i 主成分の寄与率といい，第一主成分から順次寄与率を足し上げたものを累積寄与率という.

第一主成分から始まってどこまで主成分を取れば良いかが主成分分析の最も重要な判断となる．一般には，固有値が 1 を越えるものまで採用し 1 以下は無視する，あるいは累積寄与率が 80% になるまで採用する等の基準が用いられるが，唯一の正解があるわけではない．扱っている問題に応じて適切に判断する.

主成分解析の最も難しい点は，主成分が何を意味しているのかを簡単に知る方法がないところである．それぞれの主成分にもとの変数がどれくらい寄

---

[27]　$a_{i1}, a_{i2}, \cdots, a_{ip}$ を主成分負荷量という（因子負荷量という場合もある）.

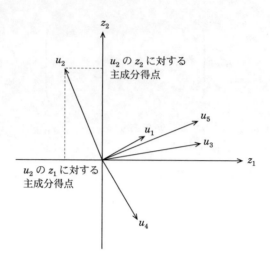

図 **9.28** 主成得点の説明図. 主成分空間でもとの変数が張るベクトルを第一主成分と第二主成分の平面に投影した図.

与しているかを主成分得点で表す(図 9.28). 異なる主成分の組み合わせでこのような図を描いてベクトルの振る舞いを観察すると,主成分の意味するところが見えてくるだろう. 主成分分析は発見的な方法であり,ここでも「データを見る目」がものを言う.

9.4.3 因子分析

因子分析は多くの変量の持っている情報を少数個の潜在的因子によって説明しようという方法である. 因子分析は知能の因子構造を明らかにする方法として開発されたが,今日では因子を合成変量としてとらえ,データ縮約の方法として用いることが多い. 非常にたくさんの互いに相関のある変量があって,データの変動の全体がつかみにくいときに,因子分析を適用して比較的少数の因子を抽出し,因子の変動をみることによって,その特徴を理解しようとするのである. いわば認識あるいは思考の簡潔化の手段として用いる傾向にある.

因子分析は主成分分析といわば表裏一体の関係にある. 主成分分析では多数の互いに相関のある変数の情報をできるだけ少ない次元で解釈することを

目的とし，観測変数の一次結合の形をした合成変数（主成分）を構成する．構成するには，相関係数行列の固有値問題を解くことになる．すなわち，データを記述的に縮約しようとしている．上の (9.98) 式をすべての主成分について書き下し，行列表記で表すと，

$$
\begin{pmatrix} z_1 \\ z_2 \\ \vdots \\ z_p \end{pmatrix} = \begin{pmatrix} a_{11} & a_{12} & \cdots & a_{1p} \\ a_{21} & a_{22} & \cdots & a_{2p} \\ & & \cdots & \\ a_{p1} & a_{p2} & \cdots & a_{pp} \end{pmatrix} \begin{pmatrix} u_1 \\ u_2 \\ \vdots \\ u_p \end{pmatrix} \tag{9.100}
$$

となる．

一方，因子分析では，多数の互いに相関関係のある観測変数の背後に少数の潜在因子を想定し，それにより観測変数間に相関関係が生じていると考え，これをモデル化して解析している．行列表記では，

$$
\begin{pmatrix} u_1 \\ u_2 \\ \vdots \\ u_p \end{pmatrix} = \begin{pmatrix} b_{11} & b_{12} & \cdots & b_{1p} \\ b_{21} & b_{22} & \cdots & b_{2p} \\ & & \cdots & \\ b_{p1} & b_{p2} & \cdots & b_{pp} \end{pmatrix} \begin{pmatrix} f_1 \\ f_2 \\ \vdots \\ f_p \end{pmatrix} + \begin{pmatrix} e_1 \\ e_2 \\ \vdots \\ e_p \end{pmatrix} \tag{9.101}
$$

のように表す．ここで，$(f_1, f_2, \cdots, f_p)$ が因子であり，$(e_1, e_2, \cdots, e_p)$ は因子では説明できない誤差（独自因子ともいう）と考える．誤差が小さい場合にはこのモデルがデータによく適合していので，潜在因子で現象がよく説明できたと考える．式 (9.100) と式 (9.101) を見比べると，主成分分析ではいわば誤差も含めて観測データから主成分を構成するのに対し，因子分析では，観測データを因子モデルで説明できる部分と説明できない誤差に分割するのである．実際には，主成分分析と因子分析では，類似した解析結果を得ることが多い．

9.4.4 クラスター分析

クラスターとは同種のものの集団を表す英語である．クラスター分析とは，さまざまな性質を持つもの（オブジェクト）の集合を，性質の類似しているも

のの集まり（部分集合）に分割して分類する手法の総称である．分割後の各部分集合がクラスターと呼ばれる．分割の方法は，すべてのオブジェクトが一つだけのクラスターの要素となる場合（ハードクラスタリング）と一つのオブジェクトが複数のクラスターに属してもよい場合（ソフトクラスタリング）がある．後者の場合は一つのクラスターが複数のクラスターに同時に部分的に所属することになる[28]．本節ではハードクラスタリングの場合に話しを限ることにする．

クラスター分析では，オブジェクトの性質の違いを距離として表現し，距離が近いオブジェクト同士は似ている，距離が遠くなるほど似ていないと考える．二つのオブジェクト間の距離をどのようにして測るか，すなわち類似度あるいは非類似度に基づくオブジェクト間の距離の定義が，クラスター分析の最も難しい問題であり，現在でもさまざまな研究が行われている．実際の応用でも，ユークリッド距離，マハラノビス距離，マンハッタン距離，などさまざまなものが用いられるが，ここでは詳細には立ち入らず，何らかの距離が定義されているとして話しを進める．

クラスター分析は，オブジェクトの集合と類似性に基づく距離の定義が与えられれば必ず結果を得ることができる．すなわち，外的基準なしに自動的にクラスターが作られる．正解データを事前に与えることができないために，クラスター分析は「教師なし学習」の一手法と近年は位置づけられることも多い．基本的な手法は，階層法と非階層法に分けられる．まず階層法から例を挙げて解説する．

階層クラスター分析

階層クラスター分析では，2つのオブジェクト間の距離とそれに基づくクラスター間の距離によってオブジェクトを分類する．最初には1つのオブジェクトがそれぞれ1つのクラスターを形成すると仮定し，距離の近い（類似している）クラスターから順に併合して，最後にすべてのオブジェクトが1つのクラスターに属するようにする[29]．

---

[28] この他に，1つのオブジェクトが複数のクラスターに属する場合に，属する度合いにあいまいさ（帰属度）を認めるファジー（fuzzy）クラスタリングもある．

[29] この方法は凝集型という．これとまったく逆の手順となる分岐型もあるが，ここでは触れない．分岐型は計算量が多くなる．

階層法の手順を以下に示す．最初は各オブジェクトが 1 つのクラスターを形成するとする．

1. 距離が最小な 2 つのクラスターを併合して新しいクラスターを構成する．
2. 新しいクラスターとそれ以外のクラスター間の距離を求めて，最も近いものを併合して新しいクラスターとする．
3. クラスターが 1 つになるまで 2. を繰り返す．

この手順を実行するには，オブジェクト間の距離に加えて，二つのクラスター間の距離も定義する必要がある．それぞれのクラスターに属するオブジェクト間の距離をベースにするが，ここでも最短距離法，群平均法，最長距離法，ウォード法などさまざまな距離の計算法がある．採用する計算法によって結果が異なってくる．二つのクラスターに属するオブジェクトのうち，最も近距離/遠距離にあるオブジェクト間の距離をクラスター間の距離とするのが，最短距離法/最長距離法である．最短距離法では，大きなクラスターほど併合されやすくなり，逆に最長距離法では，大きなクラスターほど併合されにくい．どの距離を用いれば良いかの正解はない．

表 9.3 を見てみよう．少々古いデータであるが，主要新聞社 2005 年の年間新聞発行部数と，2006 年の一定期間内に日本版 Google ニュースに表示されたニュースの新聞社別のソース源の件数（Google 件数）が示されている．このデータを，横軸に発行部数，縦軸に Google 件数をとってプロットしたものが図 9.29 である．

このデータを階層クラスター分析にかけてみた．ここでは，オブジェクト間の距離は図 9.29 の平面内でのユークリッド距離で定義し，クラスター間の距離は最短距離法を採用した．階層クラスター分析の結果は，分類の過程を階層にしたデンドログラム（樹状図）で図示される．図 9.30 がその結果である．

データが何個のクラスターに分割されているかは，デンドログラムの縦軸（クラスター間距離 ＝ 類似度）上のどの位置での階層を考えるかで異なる．縦軸上で水平線を引き，その水平線と交わる縦線の本数が，その階層でのクラスターの数になる．類似度 32 として水平線を引くと，図 9.29 の破線で示す

表 9.3 Google 件数のデータ

発行組織	発行部数	Google 件数
読売新聞	10,033,215	129
朝日新聞	8,146,130	128
日刊スポーツ	3,955,525	59
毎日新聞	3,945,646	0
日本経済新聞	3,034,481	93
産経新聞	2,172,039	54
デイリースポーツ	998,921	34
西日本新聞	849,361	27
東京新聞	596,626	105

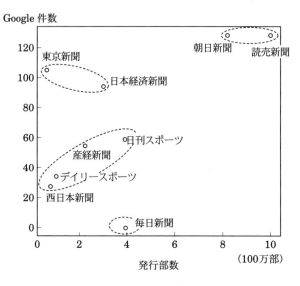

図 9.29 新聞の発行部数と Google 件数．破線は図 9.30 の水平な破線の階層での 4 つのクラスター．

4 つのクラスターが得られる．

しかし，上述したようにクラスター間の最適な距離を定める数理的な根拠はない．データと距離の定義によっては，階層とならずにクラスター数が距離に対して単調に減少しない場合もある．階層クラスター分析は，分析に必要な事前の知識がないオブジェクトの集まりの特徴を明らかにする上で有用

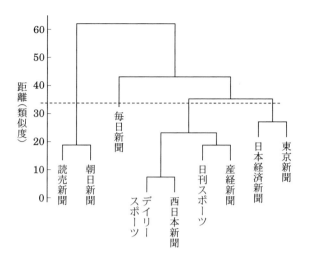

図 9.30　表 9.3 のデータのデンドログラム

な方法である．しかし，どの距離を用いれば適切な結果が得られるか，分析する対象に応じてさまざまな検討を加えることが必要である．

K-means 法

　非階層クラスター分析は，階層構造を持たないあらかじめ決められた個数のクラスターに分割する手法である．オブジェクト数が多いビッグデータの解析に適しているが，何個のクラスターに分割するのが良いかの一般論はなく，問題ごとに分析者が決める必要がある．以下では非階層クラスター分析の中でも代表的な K-means 法[30] を解説する．

　K-means 法では，オブジェクトの平均値（重心）を基に，分割の良さを評価関数で表し，評価関数が最適になるようにクラスター間でオブジェクトを移動させる．図 9.31 の概念図に従ってその手順を述べる．ここでの評価関数としては，平均クラスター内距離が用いられている．

1. クラスターの核となる K 個のオブジェクトを選ぶ（(a)図；この例では $K=5$ であり，核は塗りつぶした記号と太い＋印で表されている）．

---

[30]　クラスターの平均（means）を用いてあらかじめ定められた K 個のクラスターに分割することからこの名前がついた．

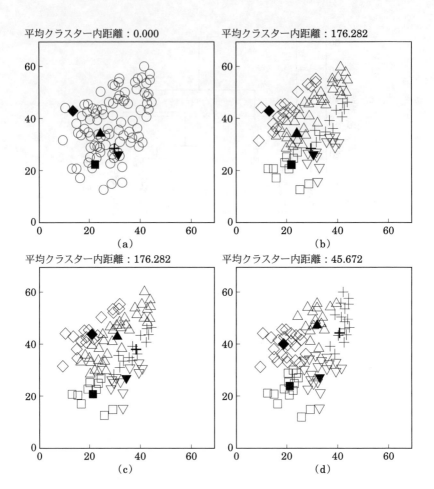

図 9.31 K-means 法の概念図. http://www.albert2005.co.jp/technology/mining/method3_1.html にある図を参考に改変した.

2. すべてのオブジェクトと K 個の核までの距離を測り，オブジェクトをもっとも近い核と同じクラスターに属させる．この時点で，すべてのオブジェクトは K 個のクラスターのどれかに所属する（(b)図; クラスターごとに，核の記号を中抜きしたものと太い + 印に対応する細い + 印にオブジェクトの記号を変えた）．

3. K 個のクラスターの平均（重心点）を求め，その点を新たな核の位置とす

る．ここで核（重心）の位置が変化した（(c) 図）．

4. 重心の位置が変化したので，ここで再びすべてのオブジェクトと K 個の核までの距離を測り，オブジェクトをもっとも近い核と同じクラスターに属させる．

5. 重心の位置が変化しなくなるまで上記の 3 と 4 を繰り返すと，最終的な分割が得られる（(d 図)）．

　K-means 法では，一度作ったクラスターに基づいて新たなクラスターを再構築するが，古いクラスターに基づいて新しいクラスターを構築後，古いクラスターは捨てられて結果は 1 階層となる．同じデータで同じ距離を用いても，最初の核となる K 個のオブジェクトの選び方（初期値）によって結果がかなり異なる場合がある．したがって，良い結果を得るためには，異なる初期値で分析し，平均クラスター内距離が最も小さいものを採用するなど，工夫が必要である．また，K-means 法はノイズの影響を受けやすいことが知られており，それを改良した方法も開発されている．

　これまで見たように，クラスター分析には「これが最適」という距離の選択法や，「この数が最適」というクラスター数の定義もない．また，初期値をどう設定するかによって結果が異なるということもあり，とても難しい分析手法といえる．ここでも「データを見る目」を十分に養っておくことが重要である．

付録

付録 1 — 標準正規分布表

付録 2 — 10のn乗に付ける接頭語

付録 3 — 二標本コルモゴロフ−スミルノフ検定の判定表

付録 4 — エクセルによる回帰分析表の見方

付録 5 — おもな物理定数と天文定数

付録 6 — 角度と長さの換算

付録 7 — エネルギー換算表

付録 8 — SI基本単位と組立単位

付録 9 — 慣用単位

付録10 — ギリシア文字

付録11 — 明るい星

付録12 — 人体標準値

付録13 — 脳の機能

付録 1　標準正規分布表（表は 298–299 ページ）

298–299 ページの表は，確率変数 x の値を z から ∞ まで積分した

$$\phi(z) = \int_z^\infty \frac{1}{2\pi} \exp\left(\frac{x^2}{2}\right) dx$$

の値（下図(a)の影を付けた面積）を表している．

またこの値は，標準正規分布に基づく有為水準 $(1-\alpha) \times 100\%$ での両側検定における下図(b)の影を付けた部分の面積（危険率 α）のちょうど半分に相当する確率 $\alpha/2$ でもある．

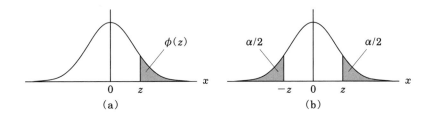

付録 2　10 の n 乗に付ける接頭語

名称	記号	大きさ
ヨタ (yotta)	Y	10^{24}
ゼタ (zetta)	Z	10^{21}
エクサ (exa)	E	10^{18}
ペタ (peta)	P	10^{15}
テラ (tera)	T	10^{12}
ギガ (giga)	G	10^9
メガ (mega)	M	10^6
キロ (kilo)	k	10^3
ヘクト (hecto)	h	10^2
デカ (deca)	da	10
デシ (deci)	d	10^{-1}
センチ (centi)	c	10^{-2}
ミリ (milli)	m	10^{-3}
マイクロ (micro)	μ	10^{-6}
ナノ (nano)	n	10^{-9}
ピコ (pico)	p	10^{-12}
フェムト (femto)	f	10^{-15}
アト (atto)	a	10^{-18}
ゼプト (zepto)	z	10^{-21}
ヨクト (yocto)	y	10^{-24}

付録 3　二標本コルモゴロフ–スミルノフ検定の判定表

表　標本が小さい場合の二標本コルモゴロフスミノルフ検定の $D(\alpha; n_1, n_2)$. 上段は $\alpha = 0.05$, 下段は $\alpha = 0.01$ に対する値. ＊印は有効な検定ができないことを示す.

n_2/n_1	3	4	5	6	7	8	9	10	11	12
1	*	*	*	*	*	*	*	*	*	*
	*	*	*	*	*	*	*	*	*	*
2	*	*	*	*	*	16/16	18/18	20/20	22/22	24/24
	*	*	*	*	*	*	*	*	*	*
3	*	*	15/15	18/18	21/21	21/24	24/27	27/30	30/33	30/36
	*	*	*	*	*	24/24	27/27	30/30	33/33	36/36
4		16/16	20/20	20/24	24/28	28/32	28/36	30/40	33/44	36/48
		*	*	24/24	28/28	32/32	32/36	36/40	40/44	44/48
5			*	24/30	30/35	30/40	35/45	40/50	39/55	43/60
			*	30/30	35/35	35/40	40/45	45/50	45/55	50/60
6				30/36	30/42	34/48	39/54	40/60	43/66	48/72
				36/36	36/42	40/48	45/54	48/60	54/66	60/72
7					42/79	40/56	42/63	46/70	48/77	53/84
					42/49	48/56	49/63	53/70	59/77	60/84
8						48/64	46/72	48/80	53/88	60/96
						56/64	55/72	60/80	64/88	68/96
9							54/81	53/90	59/99	63/108
							63/81	70/90	70/99	75/108
10								70/100	60/110	66/120
								80/100	77/110	80/120
11									77/121	72/132
									88/121	86/132
12										96/144
										84/144

http://www.soest.hawaii.edu/wessel/courses/gg313/Critical_KS.pdf より転載

標準正規分布表（左半分）

正規分布	z	0	1	2	3	4
σ	0	0.500000	0.496011	0.492022	0.488033	0.484047
	0.1	0.460172	0.456205	0.452242	0.448283	0.444330
	0.2	0.420740	0.416834	0.412936	0.409046	0.405165
	0.3	0.382089	0.378281	0.374484	0.370700	0.366928
	0.4	0.344578	0.340903	0.337243	0.333598	0.329969
	0.5	0.308538	0.305026	0.301532	0.298056	0.294598
	0.6	0.274253	0.270931	0.267629	0.264347	0.261086
	0.7	0.241964	0.238852	0.235762	0.232695	0.229650
	0.8	0.211855	0.208970	0.206108	0.203269	0.200454
	0.9	0.184060	0.181411	0.178786	0.176186	0.173609
	1	0.158655	0.156248	0.153864	0.151505	0.149170
2σ	1.1	0.135666	0.133500	0.131357	0.129238	0.127143
	1.2	0.115070	0.113140	0.111233	0.109349	0.107488
	1.3	0.096801	0.095098	0.093418	0.091759	0.090123
	1.4	0.080757	0.079270	0.077804	0.076359	0.074934
	1.5	0.066807	0.065522	0.064256	0.063008	0.061780
	1.6	0.054799	0.053699	0.052616	0.051551	0.050503
	1.7	0.044565	0.043633	0.042716	0.041815	0.040929
	1.8	0.035930	0.035148	0.034379	0.033625	0.032884
	1.9	0.028716	0.028067	0.027429	0.026803	0.026190
	2	0.022750	0.022216	0.021692	0.021178	0.020675
3σ	2.1	0.017864	0.017429	0.017003	0.016586	0.016177
	2.2	0.013903	0.013553	0.013209	0.012874	0.012545
	2.3	0.010724	0.010444	0.010170	0.009903	0.009642
	2.4	0.008198	0.007976	0.007760	0.007549	0.007344
	2.5	0.006210	0.006037	0.005868	0.005703	0.005543
	2.6	0.004661	0.004527	0.004397	0.004269	0.004145
	2.7	0.003467	0.003364	0.003264	0.003167	0.003072
	2.8	0.002555	0.002477	0.002401	0.002327	0.002256
	2.9	0.001866	0.001807	0.001750	0.001695	0.001641
	3	0.001350	0.001306	0.001264	0.001223	0.001183
4σ	3.1	0.000968	0.000936	0.000904	0.000874	0.000845
	3.2	0.000687	0.000664	0.000641	0.000619	0.000598
	3.3	0.000483	0.000467	0.000450	0.000434	0.000419
	3.4	0.000337	0.000325	0.000313	0.000302	0.000291
	3.5	0.000233	0.000224	0.000216	0.000208	0.000200
	3.6	0.000159	0.000153	0.000147	0.000142	0.000136
	3.7	0.000108	0.000104	9.96E-05	9.58E-05	9.20E-05
	3.8	7.24E-05	6.95E-05	6.67E-05	6.41E-05	6.15E-05
	3.9	4.81E-05	4.62E-05	4.43E-05	4.25E-05	4.08E-05
	4	3.17E-05	3.04E-05	2.91E-05	2.79E-05	2.67E-05
5σ	4.1	2.07E-05	1.98E-05	1.90E-05	1.81E-05	1.74E-05
	4.2	1.34E-05	1.28E-05	1.22E-05	1.17E-05	1.12E-05
	4.3	8.55E-06	8.17E-06	7.81E-06	7.46E-06	7.13E-06
	4.4	5.42E-06	5.17E-06	4.94E-06	4.72E-06	4.50E-06
	4.5	3.40E-06	3.24E-06	3.09E-06	2.95E-06	2.82E-06
	4.6	2.11E-06	2.02E-06	1.92E-06	1.83E-06	1.74E-06
	4.7	1.30E-06	1.24E-06	1.18E-06	1.12E-06	1.07E-06
	4.8	7.94E-07	7.56E-07	7.19E-07	6.84E-07	6.50E-07
	4.9	4.80E-07	4.56E-07	4.33E-07	4.12E-07	3.91E-07
	5	2.87E-07	2.73E-07	2.59E-07	2.46E-07	2.33E-07

標準正規分布表（右半分）

正規分布	z	5	6	7	8	9
σ	0	0.480061	0.476078	0.472097	0.468119	0.464144
	0.1	0.440382	0.436441	0.432505	0.428576	0.424655
	0.2	0.401294	0.397432	0.393580	0.389739	0.385908
	0.3	0.363169	0.359424	0.355691	0.351973	0.348268
	0.4	0.326355	0.322758	0.319178	0.315614	0.312067
	0.5	0.291160	0.287740	0.284339	0.280957	0.277595
	0.6	0.257846	0.254627	0.251429	0.248252	0.245097
	0.7	0.226627	0.223627	0.220650	0.217695	0.214764
	0.8	0.197662	0.194894	0.192150	0.189430	0.186733
	0.9	0.171056	0.168528	0.166023	0.163543	0.161087
	1	0.146859	0.144572	0.142310	0.140071	0.137857
2σ	1.1	0.125072	0.123024	0.121001	0.119000	0.117023
	1.2	0.105650	0.103835	0.102042	0.100273	0.098525
	1.3	0.088508	0.086915	0.085344	0.083793	0.082264
	1.4	0.073529	0.072145	0.070781	0.069437	0.068112
	1.5	0.060571	0.059380	0.058208	0.057053	0.055917
	1.6	0.049471	0.048457	0.047460	0.046479	0.045514
	1.7	0.040059	0.039204	0.038364	0.037538	0.036727
	1.8	0.032157	0.031443	0.030742	0.030054	0.029379
	1.9	0.025588	0.024998	0.024419	0.023852	0.023295
	2	0.020182	0.019699	0.019226	0.018763	0.018309
3σ	2.1	0.015778	0.015386	0.015003	0.014629	0.014262
	2.2	0.012224	0.011911	0.011604	0.011304	0.011011
	2.3	0.009387	0.009137	0.008894	0.008656	0.008424
	2.4	0.007143	0.006947	0.006756	0.006569	0.006387
	2.5	0.005386	0.005234	0.005085	0.004940	0.004799
	2.6	0.004025	0.003907	0.003793	0.003681	0.003573
	2.7	0.002980	0.002890	0.002803	0.002718	0.002635
	2.8	0.002186	0.002118	0.002052	0.001988	0.001926
	2.9	0.001589	0.001538	0.001489	0.001441	0.001395
	3	0.001144	0.001107	0.001070	0.001035	0.001001
4σ	3.1	0.000816	0.000789	0.000762	0.000736	0.000711
	3.2	0.000577	0.000557	0.000538	0.000519	0.000501
	3.3	0.000404	0.000390	0.000376	0.000362	0.000350
	3.4	0.000280	0.000270	0.000260	0.000251	0.000242
	3.5	0.000193	0.000185	0.000179	0.000172	0.000165
	3.6	0.000131	0.000126	0.000121	0.000117	0.000112
	3.7	8.84E-05	8.50E-05	8.16E-05	7.84E-05	7.53E-05
	3.8	5.91E-05	5.67E-05	5.44E-05	5.22E-05	5.01E-05
	3.9	3.91E-05	3.75E-05	3.60E-05	3.45E-05	3.31E-05
	4	2.56E-05	2.45E-05	2.35E-05	2.25E-05	2.16E-05
5σ	4.1	1.66E-05	1.59E-05	1.52E-05	1.46E-05	1.40E-05
	4.2	1.07E-05	1.02E-05	9.78E-06	9.35E-06	8.94E-06
	4.3	6.81E-06	6.51E-06	6.22E-06	5.94E-06	5.67E-06
	4.4	4.30E-06	4.10E-06	3.91E-06	3.74E-06	3.56E-06
	4.5	2.68E-06	2.56E-06	2.44E-06	2.33E-06	2.22E-06
	4.6	1.66E-06	1.58E-06	1.51E-06	1.44E-06	1.37E-06
	4.7	1.02E-06	9.69E-07	9.22E-07	8.78E-07	8.35E-07
	4.8	6.18E-07	5.88E-07	5.59E-07	5.31E-07	5.05E-07
	4.9	3.72E-07	3.53E-07	3.35E-07	3.18E-07	3.02E-07
	5	2.21E-07	2.10E-07	1.99E-07	1.89E-07	1.79E-07

https://staff.aist.go.jp/t.ihara/normsdist.html より

付録4 エクセルによる回帰分析表の見方

(EXEL2010 による.単回帰,重回帰ともに同じ形式)

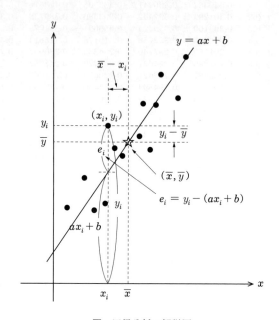

図 回帰分析の解説図

単回帰データ　　$\{(x_i, y_i)\}$　$(i = 1, 2, ..., n)$

相関係数　　$r_{xy} = S_{xy}/(\sqrt{S_x}\sqrt{S_y})$

回帰直線　　$y = ax + b$

残差　　$e_i = y_i - (ax_i + b)$

全変動　　$S_t = \sum(y_i - \overline{y})^2$
　観測値(データ) y_i とその平均値 $\overline{y}$ の差の 2 乗和

回帰変動　　$S_r = \sum\{(ax_i + b) - \overline{y}\}^2$
　予測値 $(ax_i + b)$ と $\overline{y}$ の差の 2 乗和

残差変動　　$S_e = \sum\{y_i - (ax_i + b)\}^2$
　残差,すなわち観測値(データ) y_i と予測値の差の 2 乗和

回帰分析とは,S_t を S_r と S_e に分割整理する手続き

$S_t = S_r + S_e = r_{xy}^2 S_t + (1 - r_{xy}^2)S_t$

概要（エクセル出力）		
回帰統計		
重相関 R	α_1	（無次元数）
重決定 R2	α_2	（無次元数）
補正 R2	α_3	（無次元数）
標準誤差	α_4	（y の単位）
観測数	n	（無次元数）

α_1：（重）相関係数

回帰モデルの予測値と観測値の間の相関係数（単回帰分析では相関係数の絶対値 $|r_{xy}|$ が表示される）

α_2：決定係数（寄与率）

$$\alpha_2 = \alpha_1^2 = \frac{S_r}{S_t} = 1 - \frac{S_e}{S_t} \quad \left(\frac{回帰変動}{全変動}\right)$$

α_3：自由度補正後決定係数 $\quad \alpha_3 = 1 - \dfrac{S_e/(n-k-1)}{S_t/(n-1)}$

α_4：残差の標準偏差 $\quad \alpha_4 = \sqrt{\dfrac{S_e}{n-k-1}} \quad \left(\sqrt{\dfrac{\sum(残差)^2}{自由度}}\right)$

n：観測数（= データ数）

分散分析表（エクセル出力）

	自由度	変動	分散	観測された分散比 *2	有意 F*3
回帰	$k \, (=1)$*1	S_r	S_r/k	$F = \dfrac{S_r/k}{S_e/(n-k-1)}$	P_F
残差	$n-k-1$	S_e	$S_e/(n-k-1)$		
合計	$n-1$	S_t	$S_t/(n-1)$*4		

*1 説明変数の数．単回帰分析では説明変数が 1 個なので $k=1$ である．

*2 この分散比 F（無次元数．F 値ともいう）は，「切片以外の説明変数 (x) の効果はゼロである」=「データはこのモデルでは説明できない」という帰無仮説のもとでは，自由度(k, $n-k-1$) の F 分布に従う．

*3 エクセル関数 FDIST($F, k, n-k-1$) の値．帰無仮説のもとで，*2 の F 以上の大きな分散比が観測される確率（この確率が小さいほど帰無仮説棄却の可能性大）．有意水準として $P_F = 0.05$ や 0.01 がよく目安とされる．物理実験などではずっと厳しく，5σ に対応する $P_F = 0.00006$ が取られることが多い．

*4 エクセルではこの値を表示していない．

残差出力（エクセル出力）

観測値 *5	予測値：y_i	残差 *6	標準残差 *7
1	$ax_1 + b$	e_1	ε_1
2	$ax_2 + b$	e_2	ε_2
…	…	…	…
n	$ax_n + b$	e_n	ε_n

*5 観測値となっているがデータ番号が表示される．この右隣にもう一列増やして観測値 y_i が出るようになっていると便利である．

*6 $e_i = y_i - (ax_i + b)$ （y の単位）

*7 $\varepsilon_i = e_i/\sqrt{S_e/(n-1)}$ （無次元数）残差をその標準偏差で規格化した数値

（エクセル出力）

	係数 [8]	標準誤差 [9]	t[12]	P 値 [13]	下限 95%	上限 95%[14,15]
切片	b	σ_b[10]	t_b	P_b	b_-	b_+
x	a	σ_a[11]	t_a	P_a	a_-	a_+

下限 99%	上限 99%[16]
b_-	b_+
a_-	a_+

[8] 回帰式の係数の最良推定値. b を切片（y と同じ単位）, a を回帰係数（y/x の単位）という.

[9] 回帰式の係数の最良推定値の不確かさ. 以下の [10] と [11] を参照.

[10] 次式で計算される値で y と同じ単位を持つ.

$$\sigma_b = \sqrt{\frac{S_e}{n-k-1}\left(\frac{1}{n} + \frac{\overline{x}^2}{\sum(x_i - \overline{x})^2}\right)}$$

[11] 次式で計算される値で y/x の単位を持つ.

$$\sigma_a = \sqrt{\frac{S_e}{n-k-1} \times \frac{1}{\sum(x_i - \overline{x})^2}}$$

[12] 係数の最良推定値に対する t 値（無次元数）: $t_b = b/\sigma_b$, $t_a = a/\sigma_a$.
「切片（b）は有意でない」という帰無仮説のもとでは t_b が,「説明変数 x への依存性（a）は有意でない」という帰無仮説のもとでは t_a が, それぞれ自由度 $n-k-1$ の t 分布に従う. これに基づいて, 係数の有意性に対する t 検定（以下の [13]）を行う.

[13] 係数の有意性の判断に用いる確率. エクセル関数 TDIST(t_a あるいは t_b, $n-k-1$, 2) の値（最後の '2' は両側確率であることを示すパラメータ. '1' なら片側確率）. 帰無仮説のもとで, 観測された t 値（t_a あるいは t_b）が実現する（両側）確率（t 分布に従って計算する）を示す. 単回帰分析のときは, P_a は P_F（分散分析表の有意 F）と一致する. t 分布は自由度が大きい（> 30）場合は正規分布との違いは小さい.

[14] 係数の推定値の信頼区間（この区間から外れる確率は両側合わせて 5%）. つまり 95%の確率で $a_- < a < a_+$, $b_- < b < b_+$ となる. $a_- = a_+$ = TINV(0.05)$\times \sigma_a$, $b_- = b_+$ = TINV(0.05)$\times \sigma_b$, で求められる. 通常は, $\Delta a \equiv (a_+ + a_-)/2$, $\Delta b \equiv (b_+ + b_-)/2$ として, 回帰係数：$a \pm \Delta a$, 切片：$b \pm \Delta b$ のように表す.

[15] 仮説検定の有意水準は両側 1%のように厳しく取る場合もある. その場合, 基準となる F 値や t 値は対応して変わる. たとえば両側 1%の場合は, [14] の式では, TINV(0.05) が TINV(0.01) に変わる.

[16] 仮説検定の有意水準としてデフォルトの 95%以外を選ぶと, その結果がここに表示される（この例では 99%. デフォルトのままだと 95%の結果が重複して表示される）.

付録 5　おもな物理定数と天文定数

表　おもな物理定数

物理量	記号と値	SI 単位系（MKSA 単位系）
真空中の光速度	$c = 2.99792458$	$\times 10^8\,\mathrm{m\,s^{-1}}$
万有引力定数	$G = 6.674$	$\times 10^{-11}\,\mathrm{N\,m^2\,kg^{-2}}$
プランク定数	$h = 6.626$	$\times 10^{-34}\,\mathrm{J\,s}$
ボルツマン定数	$k_\mathrm{B} = 1.381$	$\times 10^{-23}\,\mathrm{J\,K^{-1}}$
ステファン－ボルツマン定数	$\sigma = 5.670$	$\times 10^{-8}\,\mathrm{J\,s^{-1}\,m^{-2}\,K^{-4}}$
リュドベリ定数	$R_\infty = 1.097$	$\times 10^7\,\mathrm{m^{-1}}$
素電荷	$e = 1.602$	$\times 10^{-19}\,\mathrm{C}$
ボーア磁子	$\mu_\mathrm{B} = 9.274$	$\times 10^{-24}\,\mathrm{J\,T^{-1}}$
原子質量単位	$u = 1.661$	$\times 10^{-27}\,\mathrm{kg}$
電子の質量	$m_\mathrm{e} = 9.109$	$\times 10^{-31}\,\mathrm{kg}$
陽子の質量	$m_\mathrm{p} = 1.673$	$\times 10^{-27}\,\mathrm{kg}$
水素原子の質量	$m_\mathrm{H} = 1.674$	$\times 10^{-27}\,\mathrm{kg}$
ボーア半径	$a_0 = 5.292$	$\times 10^{-11}\,\mathrm{m}$
アボガドロ数	$N_\mathrm{A} = 6.022$	$\times 10^{23}\,\mathrm{mol^{-1}}$
モル気体定数	$R = 8.314$	$\mathrm{J\,mol^{-1}\,K^{-1}}$
真空の誘電率	$\varepsilon_0 = 8.854\cdots$	$\times 10^{-12}\,\mathrm{F\,m^{-1}}$
真空の透磁率	$\mu_0 = 4\pi$	$\times 10^{-7}\,\mathrm{N\,A^2}$
電子 1 個を 1 V の電位差で加速したときのエネルギー	$1\,\mathrm{eV} = 1.602$	$\times 10^{-19}\,\mathrm{J}$

出典：国立天文台編『理科年表平成 27 年版』，丸善（2014）

表　おもな天文基本定数

物理量	記号と値	SI 単位系（MKSA 単位系）
天文単位	$\mathrm{AU} = 1.49597870$	$\times 10^{11}\,\mathrm{m}$
パーセク	$\mathrm{pc} = 3.085678$	$\times 10^{16}\,\mathrm{m}$
	$= 3.261633$ 光年	
光年	$\mathrm{ly} = 9.460530$	$\times 10^{15}\,\mathrm{m}$
太陽年	$\mathrm{yr} = 365.24219$ 日	$= 3.1556925 \times 10^7\,\mathrm{s}$
平均恒星日	日 $= 23^\mathrm{h}56^\mathrm{m}4\overset{\mathrm{s}}{.}0905$	$= 86164.0905\,\mathrm{s}$
	平均太陽時	
太陽質量	$M_\odot = 1.9884$	$\times 10^{30}\,\mathrm{kg}$
太陽赤道半径	$R_\odot = 6.960$	$\times 10^8\,\mathrm{m}$
太陽光度	$L_\odot = 3.842$	$\times 10^{26}\,\mathrm{J\,s^{-1}}$
エネルギーフラックス密度	$\mathrm{Jy} = 1$	$\times 10^{-26}\,\mathrm{J\,s^{-1}\,m^{-2}\,Hz^{-1}}$

出典：シリーズ現代の天文学第 16 巻『宇宙の観測 II』，日本評論社（2009）

付録 6　角度と長さの換算

表　角度の換算

単位名	記号	換算比の定義	換算比の数値	換算単位
ラジアン	rad	$180/\pi$	57.2957795	°
度	°	$\pi/180$	$1.74532925 \times 10^{-2}$	rad
分	′	$\pi/(180 \times 60)$	$2.90888209 \times 10^{-4}$	rad
秒	″	$\pi/(180 \times 3600)$	$4.84813681 \times 10^{-6}$	rad

表　長さの換算

単位名	記号	換算比の定義	換算比の数値	換算単位
天文単位	AU	$c\tau_A/\mathrm{m}$	$1.49597871466 \times 10^{11}$	m
光年	ly	$c \times \mathrm{jy}$	$9.4607304725808 \times 10^{15}$	m
パーセク	pc	$\mathrm{AU}/(\sin 1'')$	$3.08567760 \times 10^{16}$	m

τ_A(天文単位の光差) $= 4.9900478639 \times 10^2\,[\mathrm{s}]$
出典：シリーズ現代の天文学第 13 巻『天体の位置と運動』日本評論社（2009）

付録 7　エネルギー換算表

	エネルギー（J）	エネルギー（erg）	エネルギー（eV）	質量（kg）
1 J =	—	$10^7\,\mathrm{erg}$	$6.24 \times 10^{18}\,\mathrm{eV}$	$1.11 \times 10^{-17}\,\mathrm{kg}$
1 erg =	$10^{-7}\,\mathrm{J}$	—	$6.24 \times 10^{11}\,\mathrm{eV}$	$1.11 \times 10^{-24}\,\mathrm{kg}$
1 eV =	$1.60 \times 10^{-19}\,\mathrm{J}$	$1.60 \times 10^{-12}\,\mathrm{erg}$	—	$1.78 \times 10^{-36}\,\mathrm{kg}$
1 kg =	$8.99 \times 10^{16}\,\mathrm{J}$	$8.99 \times 10^{23}\,\mathrm{erg}$	$5.61 \times 10^{35}\,\mathrm{eV}$	—
1 Hz =	$6.63 \times 10^{-34}\,\mathrm{J}$	$6.63 \times 10^{-27}\,\mathrm{erg}$	$4.14 \times 10^{-15}\,\mathrm{eV}$	$7.37 \times 10^{-51}\,\mathrm{kg}$
1 K =	$1.38 \times 10^{-23}\,\mathrm{J}$	$1.38 \times 10^{-16}\,\mathrm{erg}$	$8.62 \times 10^{-5}\,\mathrm{eV}$	$1.54 \times 10^{-40}\,\mathrm{kg}$

	周波数（Hz）	温度（K）	備考
1 J =	$1.51 \times 10^{33}\,\mathrm{Hz}$	$7.24 \times 10^{22}\,\mathrm{K}$	$1\,\mathrm{J} = 10^7\,\mathrm{erg}$
1 erg =	$1.51 \times 10^{26}\,\mathrm{Hz}$	$7.24 \times 10^{15}\,\mathrm{K}$	$1\,\mathrm{erg} = 10^{-7}\,\mathrm{J}$
1 eV =	$2.42 \times 10^{14}\,\mathrm{Hz}$	$1.16 \times 10^4\,\mathrm{K}$	$1\,\mathrm{eV} = 1.60 \times 10^{-19}\,\mathrm{J}$
1 Kg =	$1.36 \times 10^{50}\,\mathrm{Hz}$	$6.51 \times 10^{39}\,\mathrm{K}$	$E = mc^2,\, m = E/c^2$
1 Hz =	—	$4.80 \times 10^{-11}\,\mathrm{K}$	$E = h\nu,\, \nu = E/h$
1 K =	$2.08 \times 10^{10}\,\mathrm{Hz}$	—	$E = k_\mathrm{B}T,\, T = E/k_\mathrm{B}$

h：プランク定数($h = 6.626 \times 10^{-34}\,[\mathrm{J\,s}]$)
k_B：ボルツマン定数($k_\mathrm{B} = 1.381 \times 10^{-23}\,[\mathrm{J\,K^{-1}}]$)
c：光速度($c = 2.998 \times 10^8\,[\mathrm{m\,s^{-1}}]$)

付録 8　SI 基本単位と組立単位

長さ　メートル (metre, m) は，光が真空中で $(1/299\ 792\ 458)\,\mathrm{s}$ の間に進む距離である．

質量　キログラム (kilogram, kg) は質量の単位であり，国際キログラム原器の質量に等しい．

時間　秒 (second, s) は，$^{133}\mathrm{Cs}$ 原子の基底状態の 2 つの超微細準位の間の遷移に対応する放射の $9\ 192\ 631\ 770$ 周期の継続時間である．［補則］この定義は温度 $0\,\mathrm{K}$ のもとで静止した状態にある Cs 原子に基準を置いている．

電流　アンペア (ampere, A) は，真空中に $1\,\mathrm{m}$ の間隔で平行に置かれた，無限に小さい円形断面積を有する，無限に長い 2 本の直線状導体のそれぞれに流し続けたときに，これらの導体の長さ $1\,\mathrm{m}$ ごとに $2 \times 10^{-7}\,\mathrm{N}$ の力を及ぼし合う一定の電流である．

温度　熱力学温度の単位ケルビン (kelvin, K) は，水の三重点の熱力学温度の $1/273.16$ である．［補則］この定義は，つぎのように同位体比が厳密に規定された組成をもつ水に関するものである：$^{2}\mathrm{H}/^{1}\mathrm{H} = 1.5576 \times 10^{-4}$, $^{17}\mathrm{O}/^{16}\mathrm{O} = 3.799 \times 10^{-4}$, $^{18}\mathrm{O}/^{16}\mathrm{O} = 2.0052 \times 10^{-3}$.

物質量　モル (mole, mol) は $0.012\,\mathrm{kg}$ の $^{12}\mathrm{C}$ に含まれる原子と等しい数の構成要素を含む系の物理量である．モルを使用するときは，構成要素を指定しなければならない．構成要素は原子，分子，イオン，電子その他の粒子またはこの種の粒子の特定の集合体であってよい．［補則］この定義の中で，$^{12}\mathrm{C}$ の原子は結合しておらず，静止しており，基底状態にあるものを基準とすることが想定されている．

光度　カンデラ (candela, cd) は周波数 $540 \times 10^{12}\,\mathrm{Hz}$ の単色放射を放出し所定の方向の放射強度が $1/683\,\mathrm{W\,sr^{-1}}$ である光源の，その方向における光度である．

出典：国立天文台編『理科年表　平成 27 年版』，丸善 (2014)

組立単位

ここでは SI の組立単位のおもなものを表に掲げる.

表　SI 組立単位

量	単位	単位記号	他の SI 単位による表し方	SI 基本単位による表し方
平面角	ラジアン（radian）[*1]	rad		m/m
立体角	ステラジアン（steradian）[*2]	sr		m^2/m^2
周波数	ヘルツ（hertz）	Hz		s^{-1}
力	ニュートン（newton）	N		$m\,kg\,s^{-2}$
圧力，応力	パスカル（pascal）	Pa	N/m^2	$m^{-1}\,kg\,s^{-2}$
エネルギー，仕事，熱量	ジュール（joule）	J	N m	$m^2\,kg\,s^{-2}$
仕事率，電力	ワット（watt）	W	J/s	$m^2\,kg\,s^{-3}$
電気量，電荷	クーロン（coulomb）	C		s A
電圧，電位	ボルト（volt）	V	W/A	$m^2\,kg\,s^{-3}\,A^{-1}$
静電容量	ファラド（farad）	F	C/V	$m^{-2}\,kg^{-1}\,s^4\,A^2$
電気抵抗	オーム（ohm）	Ω	V/A	$m^2\,kg\,s^{-3}\,A^{-2}$
コンダクタンス	ジーメンス（siemens）	S	A/V	$m^{-2}\,kg^{-1}\,s^3\,A^2$
磁束	ウェーバー（weber）	Wb	V s	$m^2\,kg\,s^{-2}\,A^{-1}$
磁束密度	テスラ（tesla）	T	Wb/m^2	$kg\,s^{-2}\,A^{-1}$
インダクタンス	ヘンリー（henry）	H	Wb/A	$m^2\,kg\,s^{-2}\,A^{-2}$
セルシウス温度	セルシウス度（degree Celsius）[*3]	°C		K
光束	ルーメン（lumen）[*4]	lm	cd sr	cd
照度	ルクス（lux）[*5]	lx	lm/m^2	$m^{-2}\,cd$
放射能	ベクレル（becquerel）[*6]	Bq		s^{-1}
吸収線量	グレイ（gray）[*7]	Gy	J/kg	$m^2\,s^{-2}$
線量当量	シーベルト（sievert）[*8]	Sv	J/kg	$m^2\,s^{-2}$
酵素活性	カタール（katal）	kat		$s^{-1}\,mol$

[*1] ラジアンは円の周上で，その半径の長さに等しい長さの弧を切り取る 2 本の半径の間に含まれる平面角である．

[*2] ステラジアンは球の中心を頂点とし，その球の半径を 1 辺とする正方形に等しい面積を球の表面上で切り取る立体角である．

[*3] セルシウス温度 θ は熱力学温度 T によりつぎの式で定義される：$\theta\,[°C] = T\,[K] - 273.15$

[*4] 1 lm は，等方性の光度 1 cd の点光源から 1 sr の立体角内に放射される光束．

[*5] 1 lx は，$1\,m^2$ の面を，1 lm の光束で一様に照らしたときの照度．

[*6] 1 Bq は，1 s の間に 1 個の原子崩壊を起す放射能．

[*7] 1 Gy は，放射線のイオン化作用によって，1 kg の物質に 1 J のエネルギーを与える吸収線量．

[*8] 1 Sv は，1 Gy に放射線の生物学的効果の強さを考慮する因子を乗じた量．

付録 307

表　SI 組立単位（つづき）

量	単位	単位記号	SI 基本単位による表し方
面積	平方メートル	m^2	
体積	立方メートル	m^3	
密度	キログラム/立方メートル	kg/m^3	
速度，速さ	メートル/秒	m/s	
加速度	メートル/(秒)^2	m/s^2	
角速度	ラジアン/秒	rad/s	
力のモーメント	ニュートン・メートル	$N\,m$	$m^2\,kg\,s^{-2}$
表面張力	ニュートン/メートル	N/m	$kg\,s^{-2}$
熱容量 ⎫ エントロピー ⎰	ジュール/ケルビン	J/K	$m^2\,kg\,s^{-2}\,K^{-1}$
比熱 ⎫ 質量エントロピー ⎰	ジュール/(キログラム・ケルビン)	$J\,kg^{-1}\,K^{-1}$	$m^2\,s^{-2}\,K^{-1}$
熱伝導率 *9	ワット/(メートル・ケルビン)	$W\,m^{-1}\,K^{-1}$	$m\,kg\,s^{-3}\,K^{-1}$
電場の強さ	ボルト/メートル	V/m	$m\,kg\,s^{-3}\,A^{-1}$
誘電率	ファラド/メートル	F/m	$m^{-3}\,kg^{-1}\,s^4\,A^2$
磁場の強さ	アンペア/メートル	A/m	
モル濃度	モル/立方デシメートル	mol/dm^3	
輝度 *10	カンデラ/平方メートル	cd/m^2	
波数	1/メートル	m^{-1}	

*9 物体中の等温面を通って，垂直方向に流れる熱流密度と，その方向の温度勾配の比.

*10 物体を一定方向から見たとき，その方向に垂直な単位面積あたりの光度.

出典：国立天文台編『理科年表平成 27 年版』，丸善（2014）

　　　シリーズ現代の天文学第 15 巻『宇宙の観測 I』，日本評論社（2007）

付録9 慣用単位

長さ

尺 $= 1/33\,\mathrm{m} = 0.30303\,\mathrm{m}$

寸 $= 1/10$ 尺 $= 3.0303\,\mathrm{cm}$

分 $= 1/10$ 寸 $= 3.0303\,\mathrm{mm}$

間 $= 6$ 尺 $= 1.8182\,\mathrm{m}$

町（丁）$= 60$ 間 $= 109.09\,\mathrm{m}$

里 $= 36$ 町 $= 3.9273\,\mathrm{km}$

ヤード（yd）$= 0.9144\,\mathrm{m}$

フィート（ft）$= 1/3$ ヤード $= 0.3048\,\mathrm{m}$

インチ（in）$= 1/12$ フィート $= 2.54\,\mathrm{cm}$

チェーン $= 22$ ヤード $= 20.12\,\mathrm{m}$

マイル $= 1760$ ヤード $= 1.6093\,\mathrm{km}$

ファゾム $= 6$ フィート $= 1.8288\,\mathrm{m}$

海里 $= 1.852\,\mathrm{km}$

面積

歩 $=$ 坪 $= 1$ 平方間 $= 3.3058\,\mathrm{m}^2$

畝 $= 30$ 歩 $= 99.174\,\mathrm{m}^2$

段（反）$= 300$ 歩 $= 991.74\,\mathrm{m}^2$

町 $= 3000$ 歩 $= 9917.4\,\mathrm{m}^2$

平方フィート $= 929.03\,\mathrm{cm}^2$

平方インチ $= 6.4516\,\mathrm{cm}^2$

平方マイル $= 2.5900\,\mathrm{km}^2$

エーカー（ac）$= 10$ 平方チェーン
$= 4046.9\,\mathrm{m}^2$

体積

升 $= 1.8039\,\mathrm{L}$

合 $= 1/10$ 升 $= 180.39\,\mathrm{cm}^3$

斗 $= 10$ 升 $= 18.039\,\mathrm{L}$

石 $= 10$ 斗 $= 180.39\,\mathrm{L}$

パイント $= 0.5683\,\mathrm{L}$

クォート $= 1.137\,\mathrm{L}$

ガロン（英）$= 4.546\,\mathrm{L}$

ガロン（米）$= 3.785\,\mathrm{L}$

ブッシェル（英）$= 7.996$ ガロン（英）
$= 36.35\,\mathrm{L}$

ブッシェル（米）$= 9.309$ ガロン（米）
$= 35.24\,\mathrm{L}$

バレル $= 159.0\,\mathrm{L}$

容積トン $= 100$ 立方フィート $= 2.832\,\mathrm{m}^3$

質量

貫 $= 3.75\,\mathrm{kg}$

匁 $= 1/1000$ 貫 $= 3.75\,\mathrm{g}$

ポンド（lb）* $= 453.6\,\mathrm{g}$

オンス（oz）* $= 1/16$ ポンド $= 28.35\,\mathrm{g}$

英トン $= 2240$ ポンド $= 1016.1\,\mathrm{kg}$

米トン $= 2000$ ポンド $= 907.2\,\mathrm{kg}$

斤* $= 160$ 匁 $= 600\,\mathrm{g}$

カラット $= 200\,\mathrm{mg}$（宝石の質量）

速度

$\mathrm{km/h} = 0.2778\,\mathrm{m/s}$

マイル/h（mph）$= 0.4470\,\mathrm{m/s}$

ノット $= 1$ 海里/h $= 0.5144\,\mathrm{m/s}$

回転数

回転/min（rpm）$= 1/60\,\mathrm{Hz}$
$= 0.01667\,\mathrm{Hz}$

圧力

水銀柱ミリメートル（mmHg, torr）
$= 133.322\,\mathrm{Pa}$

気圧（atm）$= 760\,\mathrm{torr} = 101325\,\mathrm{Pa}$

ポンド/平方インチ（psi）$= 6895\,\mathrm{Pa}$

エネルギー（熱量）

BTU（英熱量）$= 1055.06\,\mathrm{J}$

$Q = 10^{18}\,\mathrm{BTU} = 1.05506 \times 10^{21}\,\mathrm{J}$

温度

$t/°\mathrm{C}$（摂氏度，セルシウス度）
$= T/\mathrm{K} - 273.15$

$t/°\mathrm{F}$（華氏度，ファーレンハイト度）
$= 1.8 \times t/°\mathrm{C} + 32$

$0\,\mathrm{K} = -273.15°\mathrm{C} = -459.67°\mathrm{F}$

$300\,\mathrm{K} = 26.85°\mathrm{C} = 80.33°\mathrm{F}$

$0°\mathrm{C} = 32°\mathrm{F} = 273.15\,\mathrm{K}$

$100°\mathrm{C} = 212°\mathrm{F} = 373.15\,\mathrm{K}$

$0°\mathrm{F} = -17.78°\mathrm{C} = 255.23\,\mathrm{K}$

$100°\mathrm{F} = 37.78°\mathrm{C} = 310.93\,\mathrm{K}$

その他

デシベル (dB) $= 10\log(P/P_0)$

P：測定する量，P_0：基準にする量（音響では，$P_0 = 10^{-12}\,\mathrm{W}$）

地震のマグニチュード (M)　$M = \log A + \log B$

A は地震計に記録された揺れの最大振幅を $\mu\mathrm{m}$ で表した数値

$\log B$ は震央からの距離の補正（『理科年表』参照）

（1935 年のリヒターによるこの定義以降，さまざまな定義が提案されている）

*これらの単位には計られる対象の種類によって異なるいくつかの変種がある．

出典：国立天文台編『理科年表平成 27 年版』，丸善 (2014)，附録 20

付録 10　ギリシア文字

読み方	大文字	小文字
アルファ	A	α
ベータ	B	β
ガンマ	Γ	γ
デルタ	Δ	δ
イプシロン	E	ε
ゼータ	Z	ζ
イータ	H	η
シータ	Θ	θ
イオタ	I	ι
カッパ	K	κ
ラムダ	Λ	λ
ミュー	M	μ

読み方	大文字	小文字
ニュー	N	ν
クサイ	Ξ	ξ
オミクロン	O	o
パイ	Π	π
ロー	P	ρ
シグマ	Σ	$\sigma\,(\varsigma)$
タウ	T	τ
ウプシロン	Υ	υ
ファイ	Φ	$\phi\,(\varphi)$
カイ	X	χ
プサイ	Ψ	ψ
オメガ	Ω	ω

付録 11　明るい星

一般名	星　名	赤経 (2000.0) h　m	赤緯 °　′	見かけの等級	スペクトル型	距離（光年）	絶対等級
シリウス	おおいぬ座 α 星	06　45.1	−16　43	−1.5	A1Vm	8.6	1.4
カノープス	りゅうこつ座 α 星	06　24.0	−52　42	−0.7	F0II	309	−5.6
リギル・ケンタウルス	ケンタウルス座 α 星	14　39.6	−60　50	−0.3	G2V +K1V	4.3	4.1
アークトゥルス	うしかい座 α 星	14　15.7	+19　11	0.0	K1IIIb	37	−0.3
ベガ	こと座 α 星	18　36.9	+38　47	0.0	A0Va	25	0.6
カペラ	ぎょしゃ座 α 星	05　16.7	+46　00	0.1	G5IIIe +G0III	43	−0.5
リゲル	オリオン座 β 星	05　14.5	−08　12	0.1	B8Iae	863	−7.0
プロキオン	こいぬ座 α 星	07　39.3	+05　14	0.4	F5IV–V	11	2.8
アケルナル	エリダヌス座 α 星	01　37.7	−57　14	0.5	B3Vpe	140	−2.7
ベテルギウス	オリオン座 α 星	05　55.2	+07　24	0.4	M1–2 Ia–Iab	497	−5.5
ハダル	ケンタウルス座 β 星	14　0.38	−60　22	0.6	B1III	392	−4.8
アルタイル	わし座 α 星	19　50.8	+08　52	0.8	A7V	17	2.2
アクルックス	みなみじゅうじ座 α 星	12　26.6	−63　06	0.8	B0.5IV +B1V	324	−4.2
アルデバラン	おうし座 α 星	04　35.9	+16　31	0.8	K5III	67	−0.8
アンタレス	さそり座 α 星	16　29.4	−26　26	1.0	M1.5Iab –Ib	553	−5.1
スピカ	おとめ座 α 星	13　25.2	−11　10	1.0	B1III– IV+B2V	250	−3.4
ポルックス	ふたご座 β 星	07　45.3	+28　02	1.1	K0IIIb	34	0.6
フォーマルハウト	みなみのうお座 α 星	22　57.6	−29　37	1.2	A3V	25	1.8
デネブ	はくちょう座 α 星	20　41.4	+45　17	1.3	A2Iae	1424	−6.9
ベクルックス	みなみじゅうじ座 β 星	12　47.7	−59　41	1.3	B0.5III	279	−3.4
レグルス	しし座 α 星	10　08.4	+11　58	1.3	B7V	79	−0.6
アダーラ	おおいぬ座 ε 星	06　58.6	−28　58	1.5	B2II	405	−4.0

出典：国立天文台編『理科年表平成 27 年版』，丸善 (2014)，「おもな恒星」より抜粋．絶対等級（星間吸収の補正なしの値）を補足

付録 12 人体標準値

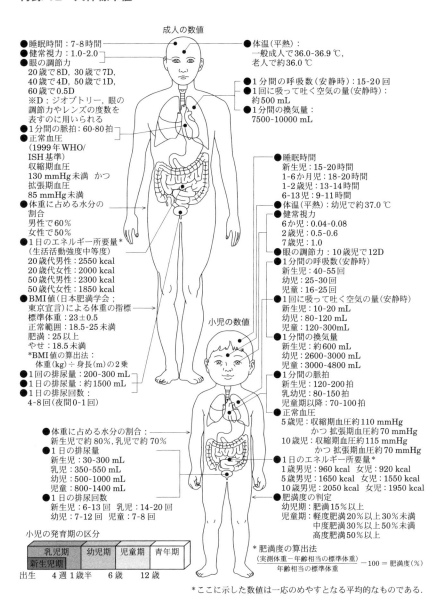

*ここに示した数値は一応のめやすとなる平均的なものである．

出典：大久保昭行監修『健康の地図帳』 講談社(1997)，厚生省保険医療局健康増進栄養課監修『第五次改定日本人の栄養所要量』第一出版(1994)，WHO/ISH 基準：日本肥満学会（東京宣言(1999)）より改変

付録13　脳の機能

大脳は左右の半球に分かれているが，左右半球間には脳梁といわれる約2億本の神経繊維の連絡があり，情報の交換がなされている．大脳の表面を 1–4 mm 程度の厚さで覆う灰白色の部分を大脳皮質という．大脳の研究でノーベル賞を取ったペンフィールド(W.G. Penfield, 1891–1976)は，大脳皮質のどの部分がどのような身体的・心的活動と関連しているかを示した．上の図は，そうした大脳皮質の機能局在について説明したものである．特に大脳の大きな割れ目である中心溝の前にある運動野と後にある体性感覚野は，身体各部の感覚・運動と対応していることが知られている．下の図を見ると，顔や手足の感覚・運動は繊細に細かくコントロールされ，逆に体幹部の感覚・運動はあまり細かくコントロールされていないことが分かる．

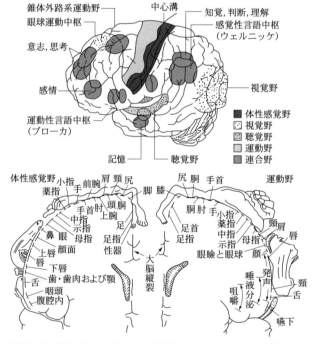

上：大脳皮質の機能（出典：世界大百科事典 CD-ROM 版(1998)）
下：体性感覚の身体再現図（出典：佐藤優子・佐藤昭夫・山口雄三『生理学』医歯薬出版(1991)）

参考文献

第 1 章

吉見俊哉著『大学とは何か』，岩波書店（岩波新書），2011 年

第 2 章

渡辺嘉二郎著『カントがつかんだ，落ちるリンゴ—観測と理解』，オーム社，2010 年

J.R. Taylor 著，林茂雄，馬場涼訳『計測における誤差解析入門』，東京化学同人，2000 年

竹内啓，広津千尋，公文雅之，甘利俊一著『統計学の基礎 II　統計学の基礎概念を見直す』（統計学のフロンティア 2），岩波書店，2003 年

中村士，岡村定矩著『宇宙観 5000 年史』，東京大学出版会，2011 年

猪谷千香著『つながる図書館』，ちくま新書，2014 年

菅谷明子著『未来をつくる図書館』，岩波新書，2003 年

第 3 章

井澤廣行，平越裕之著『項目応答分析 Rash モデル精察』，現代図書，2011 年

K. Yanagawa, *A partial validation of the contextual validity of the Centre Listening Test in Japan*, Unpublished doctoral dissertation, University of Bedfordshire, Luton, 2012

加藤豊著『例解 AHP：基礎と応用』，ミネルヴァ書房，2013 年

大友賢二著『項目応答理論入門』，大修館，1996 年

渡邊嘉二郎，城井信正，小林一行，小坂洋明，栗原洋介著『ものづくりのための創造性トレーニング—温故知新』，コロナ社，2015 年

R. Ramakrishnan and J. Gehrke, *Database Management Systems* (3rd edition), McGraw-Hill, 2007

特集「演繹データベース」，『情報処理学会誌』31 巻 2 号，1990 年

福田剛志, 徳山豪, 森本康彦著『データマイニング』（データサイエンス・シ

リーズ 3），共立出版，2001 年

石川博，新美礼彦，白石陽，横山昌平著『データマイニングと集合知—基礎から Web，ソーシャルメディアまで』（未来へつなぐデジタルシリーズ 11），共立出版，2012 年

A. Rajaraman, J. D. Ullman 著，岩野和生，浦本直彦訳『大規模データのマイニング』，共立出版，2014 年

第 4 章

G. Cook, 'The uses of reality: a reply to Ronald Carter' in B. Seidlhofer ed., *Controversies in applied linguistics*, pp.104–111, Oxford, Oxford University Press, 2003

H. Widdowson, 'The limitations of linguistics applied', *Applied Linguistics*, 21, 1, 3–25, 2000

藤原康弘著『国際英語としての「日本英語」のコーパス研究』，ひつじ書房，2014 年

石川慎一郎著『英語コーパスと言語教育』，大修館書店，2008 年

石川慎一郎著『ベーシックコーパス言語学』，ひつじ書房，2012 年

齋藤俊雄，中村純作，赤野一郎編『英語コーパス言語学』，研究社，2005 年

池田央著『行動科学の方法』，東京大学出版会，1971 年

伊藤隆一，千田茂博，渡辺昭彦著『現代の心理学』，金子書房，2003 年

槇田仁編著『パーソナリティの診断 総説 手引』，金子書房，2001 年

日本心理学会，倫理規程ホームページ，2011，

  http://www.psych.or.jp/publication/inst/rinri_kitei.pdf

日本心理臨床学会，倫理基準ホームページ，2009，

  http://www.ajcp.info/pdf/rules/rules_072.pdf

日本臨床心理士会，倫理綱領ホームページ，2009，

  http://www.jsccp.jp/about/pdf/sta_5_rinrikoryo0904.pdf

西平重喜著『統計調査法 改訂版』（新数学シリーズ 8），培風館，1985 年

酒井隆著『アンケート調査の進め方（第 2 版)』，日本経済新聞出版社（日経文庫），2001 年

A. Barnard and J. Spencer, *Encyclopedia of Social and Cultural Anthropology*, London, Routledge, 1996

R.H. Bernard and G.W. Ryan, *Analyzing Qualitative Data*, Los Angeles, Sage, 2010

佐藤郁也著『フィールドワーク：書をもって街へ出よう』，新曜社，1992 年

好井裕明著『「あたりまえ」を疑う社会学：質的調査のセンス』，光文社，2006 年

第 5 章

D. Crystal, *English as a Global Language*, 2nd ed., Cambridge, Cambridge University Press, 2003

D. Graddol, *English Next*, London, The British Council, 2006

B.B. Kachru, 'Standards, codification and sociolinguistic realism: the English language in the outer circle', in R. Quirk and H.G. Widdowson eds., *English in the World*, Cambridge, Cambridge University Press, 11–30, 1985

投野由紀夫編『英語到達度指標 CEFR-J ガイドブック』，大修館書店，2013 年

鳥飼玖美子著『国際共通語としての英語』，講談社（現代新書），2011 年

矢野安剛著『「外国語としての英語」から「国際語としての英語」へ：英語教育再考』，早稲田大学大学院教育学研究科紀要，14 号，179–195，2004 年

矢野安剛著『英語は国際語として生き残れるか』，池田雅之・大場静枝編著『国際化の中のことばと文化』，pp.68–83，成文堂，2011 年

T. Cowen, *Average is Over*, Kindle 版；邦訳 若田部昌澄解説，池村千秋訳『大格差』，NTT 出版，2014 年

大木充，西山教行編『マルチ言語宣言』，京都大学学術出版会，2011 年

M.J. Bennett, '*Towards a Developmental Model of Intercultural Sensitivity*' in R. Michael Paige ed., *Education for the Intercultural Experience*, Yarmouth, ME: Intercultural Press, 1993

G. Weber, '*Top Languages: The World's 10 Most Influential Languages*', 1997, https://www.frenchteachers.org/bulletin/articles/promote/advocacy/useful/toplanguages.pdf

八代京子他著『異文化コミュニケーションワークブック』，三修社，2001 年

多言語化現象研究会編『多言語社会日本—その現状と課題』，三元社，2013 年

坂野鉄也「第二外国語教育の「新しい発想」」滋賀大学経済学部 Working Paper, No.146, pp.1–14，2011 年，http://hdl.handle.net/10441/8924

岡本佐智子「「安泰な」言語であるために」『北海道文教大学論集』(8)，2007 年

阿部祐子「異文化交流の意義—互恵的学びを求めて—」九州・山口地域の大学国際化ワークショップ(3)交流支援のあり方：日本人学生と地域コミュニティを巻きこむには，2012 年，http://www.isc.kyushu-u.ac.jp/intlweb/cmn/event/g30/pdf/akita.pdf

阿部祐子「在日短期留学生の地域交流に対する認識と参加決定のプロセス」，『言語文化と日本語教育』，No.45, pp.1–10，お茶の水女子大学日本言語文化学研究会，2013 年 6 月

寺倉憲一「持続可能な社会を支える文化多様性—国際的動向を中心に」，国立国会図書館調査及び立法考査局調査報告書『持続可能な社会の構築』所収，2010 年 3 月

立花英裕他著『いかに 21 世紀の複言語能力を育てるか』，朝日出版社，2010 年

J. Bentley 著，小林健一郎訳『珠玉のプログラミング—本質を見抜いたアルゴリズムとデータ構造』，丸善出版，2014 年

第 6 章

滝沢誠，榎戸智也著『分散システム：P2P モデル』，コロナ社，2014 年

伊理正夫，藤野和建著『数値計算の常識』，共立出版，1985 年

高橋大輔著『数値計算』（理工系の基礎数学 8），岩波書店，1996 年

市田浩三，吉本富士市著『スプライン関数とその応用』（シリーズ新しい応用の数学 20），教育出版，1990 年

増原英彦＋東京大学情報教育連絡会著『情報科学入門—Ruby を使って学ぶ』，東京大学出版会，2010 年

川合慧編『情報』，東京大学出版会，2006 年

玉井哲雄著『ソフトウェア社会のゆくえ』，岩波書店，2012 年

W. Poundstone 著，松浦俊輔訳『囚人のジレンマ—フォン・ノイマンとゲームの理論』，青土社，1995 年

第 7 章

京都大学大学院人間・環境学研究科物質相関論講座編『物理学実験』，2014 年

東京大学教養学部基礎物理学実験テキスト編集委員会編『基礎物理学実験』，2011 秋–2012 春

第 8 章

Carmine Gallo 著，井口耕二訳『スティーブ・ジョブズ　驚異のプレゼン』，日経 BP 社，2010 年

Nick Varley 著，佐久間裕美子訳『日本はこうしてオリンピックを勝ち取った！世界を動かすプレゼン力』，NHK 出版，2014 年

後藤文彦著『良いプレゼン悪いプレゼン—わかりやすいプレゼンテーションのために』，(株)カットシステム，2008 年

田崎晴明『発表スライドについてのルール』，
http://www.gakushuin.ac.jp/~881791/presentation/slide.html

松田卓也『プレゼン道入門』，http://www.edu.kobe-u.ac.jp/fsci-astro/members/matsuda/review/PLAIN99.html

T. Hakes『理化学研究所におけるプレゼンセミナー』

橋本幸士著『プレゼン道講習(簡略版)』(理化学研究所セミナー)，2010 年

第 9 章

和達三樹，十河清著『キーポイント確率・統計』，岩波書店，1993 年

S. Brandt 著，吉城肇，高橋秀和，小柳義夫訳『データ解析の方法』，みすず書房，1976 年

竹村彰通，谷口正信著『統計学の基礎 I—線型モデルからの出発』(統計科学のフロンティア 1)，岩波書店，2003 年

索引

アルファベット

AHP	55, 62
CEFR（欧州言語共通参照枠）	133, 138
CEFR-J	133
CiNii Articles	45
CiNii Books	45
Cobol	161
concluding sentence	139
CPU	171
DNS	170
Fortran	161
FTP	170
FWHM	257
F 検定	262
F 分布	262, 282
GUI	174
HTTP	170
IBC 構造	225
intensive reading	139
IoT	170
IP	170
IP アドレス	170
K-means 法	291
KJ 法	41
NDL-OPAC	45
OPAC	44, 189
OS	91
reduced χ^2	273
sampling	111
scanning	139
skimming	139

TCP	169
TCP/IP	170
topic sentence	138
t 検定	264, 283
t 分布	262, 263, 272, 283
Unix	162
Windows マシン	174

あ

アセンブリ言語	157
アトミズム	3, 4
アリストテレス	4
一対比較法	62
意味論	85
因果関係	102
因子分析	76, 278, 286
インターネット	170
インタープリタ	163
インフォームド・コンセント	123
ウェブ調査法	107
運動方程式	193
エスペラント語	156
演繹データベース	71
欧州言語共通参照枠	133
オフィススィート	180
オブジェクト指向言語	162
オペレーティングシステム（OS）	91, 154
オルガノン	5, 7, 9
音韻論	85, 86
音声学	85

か

外延量	17, 18, 24
回帰係数	280, 281
回帰直線	247
回帰分析	76, 278, 279
階層化意思決定法（AHP）	55, 62, 191

階層クラスター分析	288, 289
カイ二乗検定	272, 276
カイ二乗分布	260, 270
ガウス分布	256
確率関数	249
確率分布	248, 266
確率変数	248
確率密度関数	248, 250, 256, 260, 262, 264
仮数部	33, 34
仮説検定	264
片側検定	266
片対数グラフ	210
片対数目盛	216
カテゴリー型	240
観察者効果	126
観察法	118
換算カイ 2 乗（reduced χ^2）	273
関数型言語	162
寛大化傾向	121
機械語	155
幾何分布	250
棄却域	266
危険率	266
記号学	84
記述統計学	239
期待値	251
規範文法	83
帰無仮説	265, 281, 282
共時態	84, 85
共変動	245
距離尺度	14, 22~24
寄与率	285
均衡コーパス	97, 98, 100
区間推定	268, 269
クラスター	288
クラスター分析	278, 287

グラフィカルユーザインタフェース	174
計算機イプシロン	35
計算誤差	35
形式文法	91
系統誤差	26, 259
ゲーム理論	192
桁落ち	35
決定係数	281
言語学	84
検定	264
検定統計量	266, 277
高級言語	155
構造主義言語学	85, 86
光背効果	121
コーパス	93, 95
コーパス言語学	95
誤差	25, 26
誤差楕円	274
誤差棒	214
コホート調査	107
コマンド言語	154, 164
固有値	182
コルモゴロフ−スミルノフ検定	276
コロケーション	94, 136
コンパイラ	163
コンピュータ言語	154

さ

最小自乗法	246, 280
最頻値	243, 257
最尤推定法	77
最尤法	77
最良推定値	29, 246, 259
サポートベクトルマシン	81
サンプリング	36
サンプリング誤差	36, 113
サンプリング理論	113

サンプル	36	人工言語	90, 155
ジェスチャ言語	164	人工生命	95
時系列分析	76, 107	人工知能	95
試行	249	信頼性	103
事象	249	心理テスト	116
指数関数	216	推測統計学	239, 240
指数部	33, 34	推定	264
システム・ダイナミクス	192	数値型	240
実験計画法	40	数値計算	181
実験ノート	198	数値積分	184
実験法	119	スクリプト言語	163, 164
シニフィアン	84	スマートフォン	175
シニフィエ	84	正規分布（ガウス分布）	77, 255
四分位数	244	正規母集団	262, 270〜272
シミュレーション	191	生成文法	87, 88, 92, 93
社会調査	103	精度	29, 31, 32
尺度	14〜16	説明変数	246, 279, 281
尺度の公準	19	線形グラフ	210
重回帰分析	244, 279	線形目盛	209, 210, 216
自由回答法	108	尖度	244
集合調査法	106	相関関係	102
自由七科	2	相関係数	245, 280
囚人のジレンマ	192	創生科学	8, 9, 12
従属変数	119, 209	相対誤差	29, 32
主成分得点	286	相対度数	240
主成分分析	76, 278, 283, 286	層別サンプリング	115, 116
述語論理	70		
順位法	110	**た**	
順序型	240	第一階述語論理	67
順序効果	121	第一種の誤り	266
純粋理性批判	5	大数の法則	259
常微分方程式	183	対数目盛	209, 210
情報落ち	35, 36	第二種の誤り	266
情報リテラシー	184	対比効果	121
剰余変数	119	対立仮説	264
序数尺度	14, 17, 20	多項選択法	110
		多段サンプリング	115

妥当性	103
多変量解析	76, 278
単回帰分析	279
単純無作為標本抽出	114
単精度浮動小数点数	34
中央値	243, 244, 257
中心化傾向	121
中心極限定理	259
通時態	84, 85
データ科学	74
データベース	67, 69
データベースソフト	180
データマイニング	41, 73, 74
デンドログラム	289
電話調査法	107
等間隔標本抽出	115
統計的実験	119
統語論	85
投射	122
等分散検定	271
特性値	244
独立変数	119, 209
度数	240
度数分布表	240
ドメイン名	170

な

二項選択法	110
二項分布	252, 253
二項母集団	240
ニコマコス倫理学	4
日本語入力	177
日本語入力 IME	178
捏造	197
ノード	168, 169
ノンパラメトリック検定	276

は

パーセンタイル	244
倍精度浮動小数点数	34
パケット	166
バス	172
波長分割多重化	167
パネル調査	107
パラメトリック検定	276
パロール	84
半値全幅（FWHM）	257
万有引力	193, 194
範列関係	85
比較言語学	83
ヒストグラム	241
ビッグデータ	13, 41, 74, 190, 238, 291
表計算ソフト	180
標準正規分布	257
標準偏差	28, 243, 244
氷床コア	42
剽窃	197
標本（サンプル）	36, 37, 111, 238, 239
標本誤差（サンプリング誤差）	36
標本抽出	104, 111
標本分散	244
標本平均	37
比例尺度	14, 22, 24
ビン	240
ビン幅	241
不確かさ	26
浮動小数点表示	33
不偏分散	244
普遍文法	6, 8, 88, 92, 93
ブロードバンド方式	167
プログラミング	154
プログラミング言語	154, 155
プロトコル	90, 166

分散	243, 244, 251
文脈自由文法	156
平均	251
平均値	28, 243, 257
ベースバンド方式	166, 167
べき関数	216
ベルヌーイ試行	249
偏見	122
偏差値	258
変動	243, 244
変動係数	244
ポアソン	254
ポアソン分布	54, 254
訪問面接調査法	105
訪問留置調査法	106
ホーリズム	3, 4
補間	183
母集団	36, 111, 238, 259
母集団比率	267, 268

ま

マークアップ言語	154, 165
マルウェア	188
丸め誤差	35
無作為抽出（ランダムサンプリング）	37
無作為標本（ランダムサンプル）	37, 112
無作為標本抽出	111
名義型	240
名義尺度	14, 17, 20
面接法	117
目的変数	246, 279, 281
モデム	173
モデル化	48, 190
モデル記述言語	154, 165, 191
モンテカルロ・シミュレーション	192

や

有意水準	266
有効数字	29, 32
郵送調査法	106

ら

ラッシュモデル	55, 56
ラテン方格実験	119
ラング	84
乱数表	112
ランダム誤差	26
ランダムサンプリング	37
ランダムサンプル	37
離散確率分布	254
離散分布	250
両側検定	266
両対数グラフ	210
両対数目盛	216
量の大きさに関する公準	17
リンク	168, 169
倫理規程	122
累積寄与率	285
累積相対度数	241, 276
累積度数	241
累積分布関数	251
連立1次方程式	181
論理型言語	163
論理データベース	70

わ

ワープロ	178
歪度	244

著者

法政大学理工学部創生科学科専任教員

伊藤　隆一	岡村　定矩	春日　　隆	加藤　　豊
呉　　暁林	小林　一行	小屋多恵子	佐藤　修一
塩谷　　勇	鈴木　　郁	滝沢　　誠	玉井　哲雄
梨本　邦直	福澤レベッカ	堀端　康善	松尾由賀利
三浦　孝夫	元木　淳子	森本　睦子	柳川　浩三
山田　啓一	横山　泰子	渡邊嘉二郎	（五十音順）

『理系ジェネラリストへの手引き』製作委員会

理系ジェネラリストへの手引き ── いま必要とされる知とリテラシー

2015 年 3 月 24 日　第 1 版第 1 刷発行

編　者	岡村定矩・三浦孝夫・玉井哲雄・伊藤隆一
発行者	串崎　　浩
発行所	株式会社 日本評論社
	〒170-8474 東京都豊島区南大塚 3-12-4
	電話　（03）3987-8621［販売］
	（03）3987-8599［編集］
印　刷	三美印刷株式会社
製　本	株式会社難波製本
装　画	千野 エー
装　幀	原田 恵都子

JCOPY 〈(社) 出版者著作権管理機構 委託出版物〉
本書の無断複写は著作権法上での例外を除き禁じられています．複写される場合
は，そのつど事前に，(社) 出版者著作権管理機構（電話 03-3513-6969，FAX
03-3513-6979，e-mail: info@jcopy.or.jp）の許諾を得てください．
また，本書を代行業者等の第三者に依頼してスキャニング等の行為によりデジタル化
することは，個人の家庭内の利用であっても，一切認められておりません．

ⓒ Sadanori Okamura *et al.* 2015　　　　　　　　Printed in Japan
ISBN978-4-535-78781-0

理工系&バイオ系
失敗しない大学院進学ガイド
偏差値にだまされない大学院選び
NPO法人サイエンス・コミュニケーション
日本評論社編集部[編著]

研究室選び、就職やトラブルに直面したときなど、現実にかかわる問題を取り上げた大学院進学に失敗しないための「真のガイドブック」。　◆本体2,000円+税

理工系&バイオ系
大学院で成功する方法
白楽ロックビル[監訳]
パトリシア・ゴスリング+バルト・ノールダム[著]

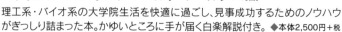

理工系・バイオ系の大学院生活を快適に過ごし、見事成功するためのノウハウがぎっしり詰まった本。かゆいところに手が届く白楽解説付き。　◆本体2,500円+税

これだけは知っておきたい
数学ビギナーズマニュアル[第2版]
佐藤文広[著]

教科書に書かれていない、講義でも教えられない、しかし数学を理解するのに重要なポイントをやさしく解説したロングセラーの第2版。　◆本体1,600円+税

日本評論社
http://www.nippyo.co.jp/